高等职业技术教育通信类“十三五”规划教材

NGN之VoIP技术应用实践教程

主　编　张玲丽　虞　沧

副主编　李　雪　曹　艳　冯友谊

西南交通大学出版社

·成都·

图书在版编目（CIP）数据

NGN之VoIP技术应用实践教程 / 张玲丽，虞沧主编
. 一成都：西南交通大学出版社，2018.8
高等职业技术教育通信类“十三五”规划教材
ISBN 978-7-5643-6339-0

Ⅰ. ①N… Ⅱ. ①张… ②虞… Ⅲ. ①互联网络 - 语音数据处理 - 高等职业技术 - 教材 Ⅳ. ①TN912.3

中国版本图书馆CIP数据核字（2018）第189629号

高等职业技术教育通信类“十三五”规划教材
NGN之VoIP技术应用实践教程

主　编 / 张玲丽　虞　沧
责任编辑 / 穆　丰
封面设计 / 何东琳设计工作室

西南交通大学出版社出版发行
（四川省成都市二环路北一段111号西南交通大学创新大厦21楼　610031）
发行部电话：028-87600564　028-87600533
网址：http://www.xnjdcbs.com
印刷：成都中永印务有限责任公司

成品尺寸　185 mm × 260 mm
印张　15　　字数　375千
版次　2018年8月第1版　　印次　2018年8月第1次

书号　ISBN 978-7-5643-6339-0
定价　39.00元

课件咨询电话：028-87600533
图书如有印装质量问题　本社负责退换

前 言

网络 IP 化是电信网络的重要发展趋势之一。IP 技术逐渐延伸到网络的各个层面，网络结构趋于扁平化。从互联网到电信网、从承载网到边际网、从数据业务到全业务、从多层次化的 TDM 网络架构到软交换以至 IMS，形成扁平化的网络架构，无一不是 IP 技术的引入所实现的。《NGN 之 VoIP 技术应用实践教程》编写的指导思想就是：以市场需求和岗位需求为导向，以岗位技能和职业素质培养为目标，“知识、技能、态度、素质”人才四要素融合。经过行业专家深入、细致、系统的分析，通过调研报告分析，本教程最终确定了以下工作 8 个学习情境：首先认识“NGN 语音融合初识”“软交换技术落地”“VoIP 网络电话”“VoIP 核心技术”“VoIP 中主要采用协议”“VoIP 中的网关技术”“内网搭建 VoIP”“跨网段实现 VoIP”课程教学模块，理实结合。内容的选取突出了对学生职业能力的训练，理论知识的选取紧紧围绕工作完成的需要来进行，并融合了相关职业资格证书对知识、技能和态度的要求。模块设计以工作为线索来进行。教学过程中，采取理实结合的教学方法，给学生提供丰富的实践机会。

本书内容的编排和组织是以通信行业的发展、通信企业的需求、学生的认知规律、多年的教学经验积累为依据确定的。以岗位工作流程为导向，在经过充分市场调研的基础上，立足于 NGN 网络基础原理、软交换技术、VoIP 基本原理、的职业能力培养；再根据 VOIP 网络建设与维护岗位的工作过程，分析出需要哪些岗位素质能力，确定行动领域；然后对行动领域进行归纳，在此基础上进行基于工作过程的学习领域开发，引申出所应具备的知识；最后根据岗位知识要求，设计选取相应的课程内容，确立若干个学习情境，知识的掌握通过相应的学习情境的学习来实现。从而打破以知识传授为主要特征的传统学科课程模式，转变为学习情境下驱动式的课程内容组织形式，并让学生在学习具体学习情境的实施过程中学会完成相应工作，并构建相关理论知识，发展职业能力。

随着三网融合的推进，中国语音 IP 化成了行业的热点，三大通信业务运营商全部成为 VOIP 业务运营商。本教程的设计目标就是在职业能力和职业素质两个方面，实现与专业人才工作岗位的需求无缝对接，内容涵盖了 VoIP 通信工程师资格认证的全部内容，是一门专业主干核心课程，很好地体现了通信技术专业的特色和优势。

本书编写过程中得到了中兴通讯公司的多方支持，由武汉职业技术学院张玲丽和虞沧老师担任主编，武汉职业技术学院李雪、曹艳、冯友谊老师任副主编。其中项目 1 由曹艳编写，项目 2 由冯友谊编写，项目 3 和项目 4 由虞沧编写，项目 5 和项目 6 由张玲丽编写，项目 7 和项目 8 由李雪编写。由于编者水平有限，书中难免有不当之处，恳请广大读者批评指正！

编 者

2018.5

目录

项目 1　NGN 语音融合初识

【教学目标】

知识目标	技能目标
了解 NGN 的概念、技术特征和标准； 掌握 NGN 的体系结构； 掌握 NGN 的分层技术	能描述 IP-PBX 设备功能； 能描述 IBX-1000 的设备定位、主要性能参数等； 能描述 IBX-1000 的硬件结构、槽位、单板、接口等

【项目引入】

NGN 的主要思想是在一个统一的网络平台上，以统一管理的方式提供多媒体业务，整合现有的市内固定电话、移动电话的基础上（统称 FMC），增加多媒体数据服务及其他增值型服务。其中话音的交换将采用软交换技术，而平台的主要实现方式为 IP 技术，逐步实现统一通信，其中 VoIP 将是下一代网络中的一个重点。PBX（Private Branch eXchange）是用户级交换机，即公司内部使用的电话业务网络，俗称为程控交换机、程控用户交换机、电话交换机、集团电话等。而 IP PBX 是一种基于 IP 的公司电话系统。许多公司发现传统的电话系统不仅维护费用昂贵，而且在支持员工分散工作的功能方面具有局限性。为使所有通信畅通无阻，IT 管理员现在开始部署基于 IP 的公司电话系统——IP PBX。这些系统可以完全将话音通信集成到公司的数据网络中，从而建立能够连接分布在全球各地办公地点和员工的统一话音和数据网络。

【相关知识】

1.1　NGN 概述

自 1876 年贝尔发明电话以来，通信的发展经历了若干阶段，时至今日，现代通信在经过 100 多年的发展后，已经深刻影响了人类社会的方方面面。

分析通信行业百年来的发展规律，有三个主要的驱动力在驱动着通信网的不断发展，首先是业务驱动，主要是人们对于信息需求的快速增长，对通信的多样化、个性化、服务质量、安全保障等要求，都要求电信网向多业务、多接入方式、高质量、高保障的方面发展；其次是资源与成本的驱动，由于资源的有限性，对于降低资源占用成本，提高资源的利用率，提高资源的管理水平等方面的需求，也驱动着电信网的继续发展；最后是通信网技术的自身发展，为业务提供、资源利用提供了新的解决方案。

1.1.1 NGN 的概念

NGN 是“下一代网络（Next Generation Network）”或“新一代网络（New Generation Network）”的缩写。NGN 是以软交换为核心，能够提供话音、视频、数据等多媒体综合业务，采用开放、标准体系结构，能够提供丰富业务的下一代网络。

NGN 是基于分组的网络，能够提供电信业务，可利用多种宽带能力和具有 QoS 保证的传输技术，业务与传送技术分离，用户可自由接入到不同的业务提供商，并支持通用移动性。主要思想是在一个统一的网络平台上以统一管理的方式提供多媒体业务，整合现有的市内固定电话、移动电话的基础上（统称 FMC），增加多媒体数据服务及其他增值型服务。其中话音的交换将采用软交换技术，而平台的主要实现方式为 IP 技术，逐步实现统一通信，其中 VoIP 将是下一代网络中的一个重点。

1.1.2 NGN 技术特征和标准

NGN 是目前运营商和设备厂商都在讨论的热点技术，也是国外许多标准化组织和论坛的研究工作重点。国际上研究 NGN 的四个大的标准化组织主要是：ITU、ETSI、3GPP 和 IETF。除此之外还有美国的 ATIS，中、日、韩 CJK，日本的 NTT 及韩国等国家也在积极开展 NGN 方面的研究。在此我们重点介绍 ITU 和 IETF 两大组织的研究。

长期以来，国际电信联盟（ITU）是主要的国际标准研究机构。在电信网络管理标准方面，ITU 推出了有名的电信管理网（TMN）的系列标准。ITU-T 设有多个研究组在研究电信网络管理专题。ITU-T 第 13 研究组在 2004 年 2 月召开的会议上经过激烈的辩论，提出了 NGN 的定义，同时提出了相关的 11 份草案，但没有特别实质性的内容。2004 年 6 月份成立了 NGN Focus Group 组织，这是 ITU 为了加速标准化进程而新成立的部门，专门对 NGN 进行研究。每两个月开一次会（6, 7, 9, 11/2004 and 3, 4, 6,8,11/2005），这种频繁的会议加速了研究的进程。NGN Focus Group 应该说涵盖了目前对 NGN 的研究范围的诸多领域：① SR（业务需求）；② FAM（功能结构和移动性）；③ QoS（服务质量）；④ SeC（安全能力）；⑤ EVOL（演进）；⑥ FPBN（基于分组网的未来），等等，进展比较多的是前三个方面，其他组都有一些草案，但是没有一些实质性的内容。值得一提的是在 SR 研究里给出了 Release 1 标准，给出了 NGN 的功能体系结构模型，端到端的业务质量 QoS，业务平台 APIs，网络管理，安全性，广泛移动性，网络控制体系结构与协议，业务能力和业务体系结构，在 NGN 中业务与网络的互操作性，以及编号、命名与寻址等 11 个领域。NGN 的体系结构组成如图 1-1 所示。

IETF（因特网工程任务组）同样也在致力于 NGN 标准的研究，其工作重点在于业务承载层以及业务层。IETF 在业务承载层上的规范集中在 IPv6 协议，在业务层的规范主要基于智能终端采用端到端控制方式。IETF 主要制定了如下方面的规范。

IPv6 分组在不同媒体上的承载方式：包括以太网、PPP 链路、FDDI、令牌环、ARCnet 等。

IPv6 基本协议：包括 RFC2460（互联网协议版本 6），RFC2675（IPv6 巨型包），IPv6 巨型包承载 TCP、UDP，RFC2507（IPv6 头压缩等）。

IPv6 地址相关协议：包括 RFC3513（IPv6 地址结构），RFC2374（IPv6 可聚合全球单播地址），RFC1887（IPv6 单播地址分配），RFC2375（组播地址分配等）。

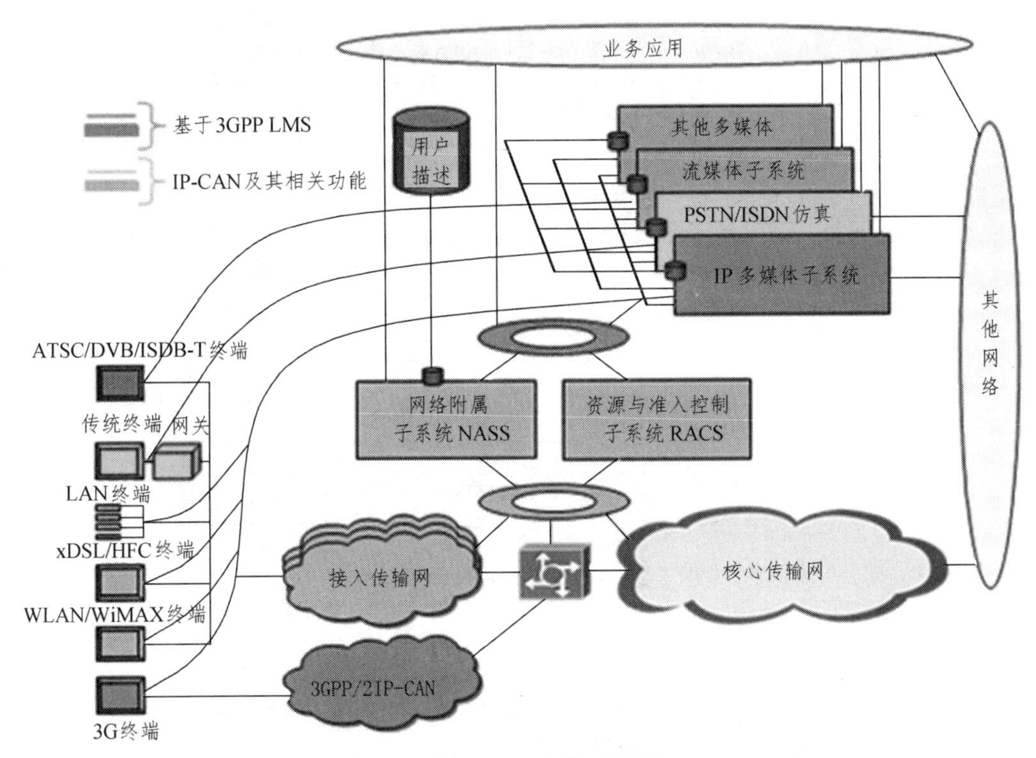

图 1-1　ITU-T 对未来 NGN 网络的描述（Release 1）

IPv6 组播相关协议：RFC2710（IPv6 MLD）；RFC3306（基于单播地址的 IPv6 组播地址等）。

业务相关协议：包括 SIP 会话初始协议用以建立语音或者视频会话；MGCP 媒体网关控制协议用于控制媒体网关；MEGACO 协议类似 MGCP 等同 ITU 的 H.248 等。

1.2　NGN 的体系结构

1.2.1　以软交换为核心的 NGN 网络结构

软交换网络中业务与控制相分离，传输与接入相分离，各个实体间均以标准的协议进行连接和通信。软交换网络分成 4 层：媒体接入层、传输层、控制层以及业务应用层。

基于软交换的 NGN 体系结构如图 1-2 所示。

1. 接入/媒体层

将各类用户接至网络，集中用户业务并送至目的地，提供各种接入手段，完成媒体格式相互转换。功能实体包括信令网关 SG、媒体网关 MG、网络接入服务器 NAS、以及各类接入网关。

2. 核心传输层

透明传送业务信息，可采用 ATM 技术，目前共识是采用基于 IP 协议、光纤传输的分组网络。

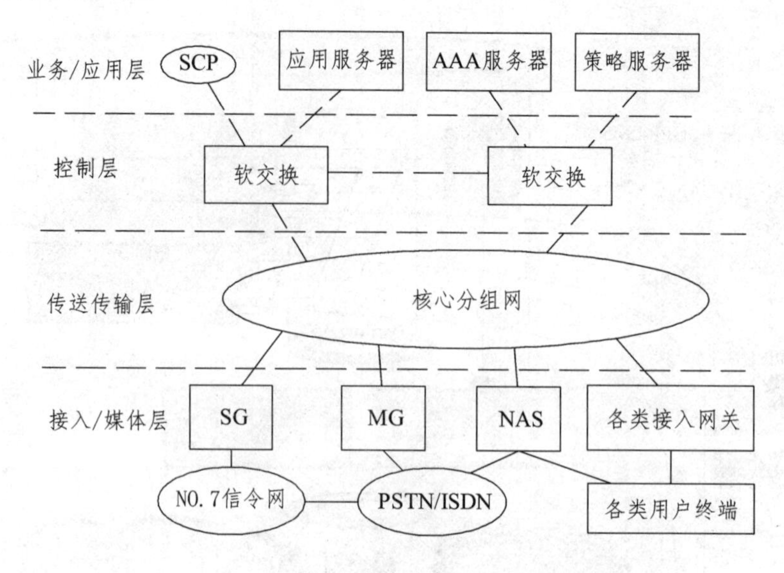

图 1-2　软交换的 NGN 体系结构

3. 控制层

主要功能是完成业务呼叫的智能控制，依据业务呼叫请求控制低层网络元素对业务流处理，并向业务层设备提供业务能力或特殊资源支持。

4. 业务/应用层

主要功能是创建、执行、管理软交换网络的增值业务，其主要设备是应用服务器，还包括其他一些功能服务器，如鉴权服务器、策略服务器等，也可以连接智能网的 SCP。

1.2.2　基于 IMS 的 NGN 体系结构

IMS（IP 多媒体子系统）最初是 3GPP 组织制定的 3G 网络核心技术标准，目前已被 ITU-T 和 ETSI（欧洲电信标准化委员会）认可，纳入 NGN（下一代网络）的核心标准框架，并被认为是实现未来 FMC（固定/移动网络融合）的重要技术基础。

IMS 是一个在 PS 域上的多媒体控制/呼叫控制平台，支持会话类和非会话类多媒体业务，为未来的多媒体应用提供一个通用的业务平台，它是向 All IP Network 业务提供体系演进的一步。IMS 的框架结构如下图 1-3 所示。

IMS 包括 CSCF（Call Session Control Function）、MGCF（Media Gateway Control Function）、IMS-MGW（IMS-Media Gateway）、MRFC（Multimedia Resource Function Controller）、MRFP（Multimedia Resource Function Processor）、BGCF（Breakout Gateway Control Function）等功能实体。其中 CSCF 是整个网络的核心，支持 SIP 协议处理 SIP 会话。P-CSCF 是 UE 接入 IMS 系统的入口，实现了在 SIP 协议中的 Proxy 和 UserAgent 功能；MGCF 和 IMS-MGW 是与 CS 域和 PSTN 互通的功能实体，分别负责控制信令和媒体流的互通；MRFC 和 MRFP 是实现多方会议的功能实体，控制层面的 MRFC 通过 H.248 控制 MRFP；BGCF 是 IMS 域与外部网络的分界点。

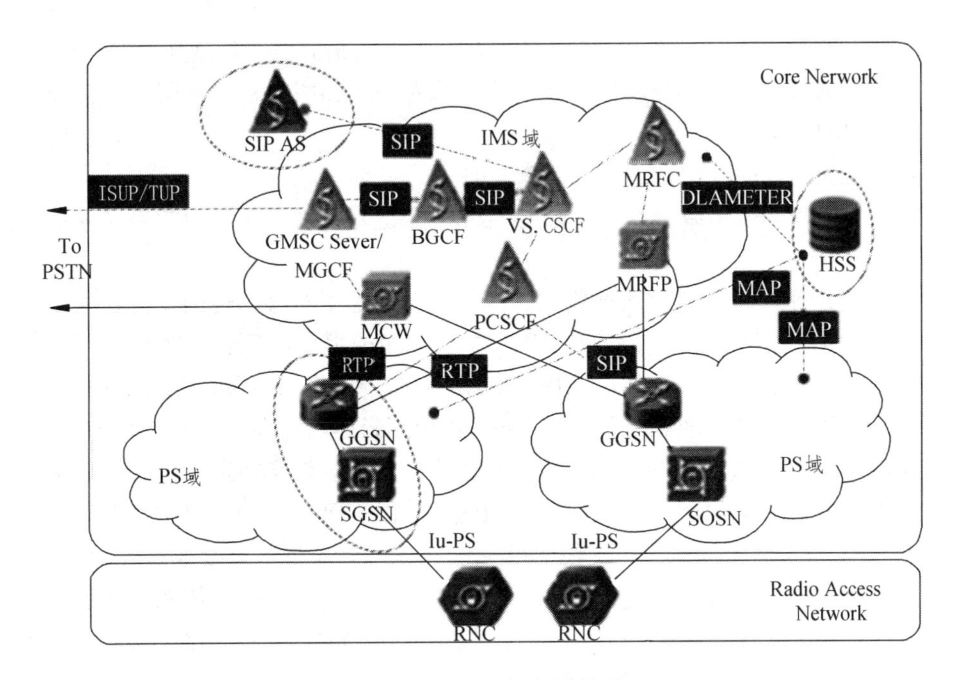

图 1-3　IMS 的框架结构图

IMS 架构完全实现用户数据、业务逻辑、控制、承载、接入的分离。提供三种主要签约业务模式 IM-SSF/SCF，Parlay/OSA 和 SIP AS，其中 Parlay/OSA 模式提供开放的业务架构，实现对第三方业务的接入、计费和管理，可以融合多种异质网络的电信业务能力（包括基于 SIP 的和非基于 SIP 的）。IMS 只提供业务控制能力，不提供具体的业务逻辑，借以将业务平台从网络核心推至业务平台网络和终端平台。

IMS 最大程度保护了电信运营商的利益，使当前的网络能够平滑过渡到下一代网络；引导未来的移动多媒体业务发展方向，既适用于基于 IP 的移动多媒体业务（如 POC、IM 等），也适用于传统语音、数据和视频业务；同时提出完全开放的业务构架，打破原有网络封闭的业务提供模式，既能为电信运营商快速地接入新业务，又为业务提供商创造一个开放的公平的竞争环境；便于网络融合和演进，便于新业务的部署。

1.2.3　软交换和 IMS 的区别

IMS 在 3GPPRelease 5 版本中提出，是对 IP 多媒体业务进行控制的网络核心层逻辑功能实体的总称。3GPP R5 主要定义 IMS 的核心结构，网元功能、接口和流程等内容：R6 版本增加了部分 IMS 业务特性、IMS 与其他网络的互通规范和无线局域网（WLAN）接入特性等；R7 版本加强了对固定、移动融合的标准化制订，要求 IMS 支持数字用户线（xDSL）、电缆调制解调器等固定接入方式。

软交换技术从 1998 年就开始出现并且已经历了实验、商用等多个发展阶段，目前已比较成熟。全球范围早已有多家电信运营商开展了软交换试验，发展至今，软交换技术已经具备了替代电路交换机的能力，并具备一定的宽带多媒体业务能力。在软交换技术已发展如此成熟的今天，IMS 的出路在何方？又该如何发展和定位呢？首先需要对 IMS 和软交换进行较为全面的比较和分析。

如果从采用的基础技术上看，IMS 和软交换有很大的相似性：都是基于 IP 分组网；都实现了控制与承载的分离；大部分的协议都是相似或者完全相同的；许多网关设备和终端设备甚至是可以通用的。

IMS 和软交换最大的区别在于以下几个方面：

（1）在软交换控制与承载分离的基础上，IMS 更进一步实现了呼叫控制层和业务控制层的分离。

（2）IMS 起源于移动通信网络的应用，因此充分考虑了对移动性的支持，并增加了外置数据库——归属用户服务器（HSS），用于用户鉴权和保护用户业务触发规则。

（3）IMS 全部采用会话初始协议（SIP）作为呼叫控制和业务控制的信令，而在软交换中，SIP 只是可用于呼叫控制的多种协议的一种，更多的使用媒体网关协议（MGCP）和 H.248 协议。

总体来讲，IMS 和软交换的区别主要是在网络构架上。软交换网络体系基于主从控制的特点，使得其与具体的接入手段关系密切，而 IMS 体系由于终端与核心侧采用基于 IP 承载的 SIP 协议，IP 技术与承载媒体无关的特性使得 IMS 体系可以支持各类接入方式，从而使得 IMS 的应用范围从最初始的移动网逐步扩大到固定领域。此外，由于 IMS 体系架构可以支持移动性管理并且具有一定的服务质量（QoS）保障机制，因此 IMS 技术相比于软交换的优势还体现在宽带用户的漫游管理和 QoS 保障方面。

1.2.4 ITU-T 的 NGN 模型

由于现有通信网络技术的局限性，目前还没有一种通信网络可以用户能接受的价格为用户提供包括多媒体业务在内的各种新业务。为了灵活地提供多种业务，必须要有新的网络来支持，这种新的网络就是下一代网络（NGN）。对 NGN 的研究得到了业界的高度重视，用户也开始期盼 NGN 及其相关业务的早日到来。

ITU-T 根据 NGN 的特点和基本功能描述，将 NGN 分为业务层、承载层和传送层三个层次。根据 ITU-T 对下一代网络 NGN 功能模型的基本描述，结合实践和经验，下一代网络的功能模型可以进行扩充和细化。

在此功能模型中，将网络分为传送层、承载层、业务层三个层次，其中每个层次又可以细分为三个子层。

1. 传送层

传送层由管理维护层、控制层和传输层三个子层组成。

传输层作为传送层最基本的组成部分，负责通过具体的传输通道，将用户数据流从源端传输到目的端。在骨干网，传输层主要指基于 SDH 或 DWDM 等技术组建的光网络；在城域网，传输层可以由城域 SDH 网络、CWDM 网络或者 RPR 网络实现；在接入和驻地网，传输层的实现手段和范围就更加广泛，无线通信（固定无线和移动无线）的 WLAN、移动 IP 技术、同轴电缆/HFC（混合光纤同轴电缆）、双绞线/xDSL（各种数字环路技术）、五类线/以太网等，都是目前应用很广泛的有效传输接入手段。

随着网络业务的不断发展，对现代传输光网络不仅提出了大交换容量的要求，更要求光网络能够快速、高质量地为用户提供各种带宽服务和应用，要求光网络能够进行实时的流量工程控制，根据数据业务的需求实时、动态地调整网络的逻辑拓扑结构，以避免拥塞，实现资源的最佳配置；同时要求光网络具有更加完善的保护和恢复能力；要求光网络设备具有更强的互操作性和网络的可扩展性，等等。这些功能要求的实质是希望光传输网络具有更强的控制能力和对网络的管理能力。

控制层将根据业务的需求，动态地实现传输资源的最佳配置，通过流量工程等控制手段，快速、高质量地为用户提供各种粒度的带宽传输服务。

而管理维护层则通过网络的实时监控和检测，随时发现故障并排除故障，实现光网络的自我保护和自我恢复。

2. 承载层

承载层由业务元传递层、控制/路由层、管理层三个子层组成。承载层起到承上启下的作用，对它的基本要求是：

（1）按照业务层的要求把每个业务信息流从源端引导到目的端；

（2）按照每种业务的属性要求调度网络资源确保业务的功能和性能；

（3）实现多媒体业务对通信形态的特殊要求；

（4）它将适应各种类型数据流的非固定速率特性，并提供统计复用功能；

（5）通过在承载层组建不同的承载 VPN，可以为不同类型和性质的通信提供其所需要的 QoS 保证和网络安全保证。

承载层主要通过路由交换完成用户端到端的连接，并且通过提高共享网络资源的合理配置与管理，实现端到端的 QoS 以及灵活高效的连接。

承载层是分组网络，普通路由器可以实现第一个要求，但对第二个要求却无能为力，而对第三个要求，尽管有多播等功能可以完成部分要求，但是尚没有在公网上大规模实现。ATM/FR 交换可以比较好地实现第一、二个要求，但是也无法实现第三个要求。

随着 IP 技术的迅猛发展，承载层将主要由以 IP 网络为主的分组网络实现。但是，目前信息化需求已从单纯的数据信息向交互式多媒体信息发展，从分别服务向数据、语音、图像统一服务和一网传输发展。传统 IP 网络已无法满足新业务的需求，新型的基于 IP 的承载网要求不仅有大的交换和存储转发容量，同时要求能够为多媒体业务等多种业务提供可靠的、有质量保障的服务。此外，还要求网络具有结构简单、安全、可扩展等特点。这样就对承载层的控制和路由交换的功能以及管理功能提出了很高的要求。

MPLS 技术的发展为 IP 核心网中的路由转发技术带来了革命性的变革。MPLS 技术将 IP 路由控制与第二层的简单性无缝地结合起来，是 ATM 技术和 IP 技术的有机结合，能够在不改变用户现有网络的情况下提供高速、安全、多业务统一的网络平台，在下一代网络的选路、交换和分组转发中扮演着非常重要的作用，满足用户丰富多样的需求。

网络的管理和维护在公众电信网中十分重要，它可以简化网络操作、检测网络性能、降低网络运行成本，在提供服务质量保障的网络中，网络维护和管理的功能尤为重要。与传统 SDH/SONET 以及 ATM 中的管理维护功能不同，承载层的维护管理与控制/路由层的功能密切相关，MPLS 作为可扩展的下一代网络关键承载技术，提供具有 QoS 保障的多业务能力，因而基于 MPLS 的维护管理功能就显得尤为关键和重要。

3. 业务层

业务层由媒体处理与会晤、呼叫控制以及应用服务三个子层构成。

由于传统的 PSTN 网的交换机采用垂直、封闭和专用的系统结构，其业务提供模式单一、周期长、成本高，而且实现方式封闭，无法对外提供开放的业务平台和接口，因此软交换的概念应运而生，通过实现呼叫控制、媒体承载及业务相分离，从而使系统具有基于标准的、开放的系统结构。

NGN 功能模型的业务层中，其媒体处理与会晤层主要负责对不同媒体进行适配、调整等处理以及对会话类型业务的组织与配置，而呼叫控制子层则负责对业务呼叫进行逻辑和信令控制，应用服务子层完成对业务创建、实现和实施。

NGN 的业务层应该对运营商、ISP、ICP、ASP 和用户完全开放，他们都可以在业务层上创建业务、经营业务。最典型的是 IP 电话业务，网络运营商可以提供 IP 电话业务，ISP、ICP，甚至用户也有可能开展 PC 到 PC 的 IP 电话服务。

由于各种业务特点不同、业务属性不同，业务在 NGN 业务层的实现有两种主要的解决方式：一是把业务的特点、属性等映射成承载层的各种参数，如带宽、QoS、通信形态、路由限定、保护、安全等，同时将源和目的地址解析确定，交给承载层处理，完成业务通信；二是对于不能由承载层很好支持的、覆盖面广、处理特殊、网络安全性要求高的业务，可以通过组建业务网或者业务系统，利用承载层的业务层承载 VPN 来实现业务通信。

目前，因特网业务可以通过第一种方式在 NGN 中实现，但高质量话音业务、视听多媒体业务等还要通过第二种办法来实现，因为目前承载层还无法完成承担如此高质量的业务要求。随着技术的发展，如果承载层能够很好地支持各种业务的不同业务属性，既能够承载又能够交换各种端到端的业务，同时又能使网络的安全性得到充分的保障，那么就可以将各种业务完全地交由承载层，由承载层来满足不同业务对网络的要求，业务层主要负责对业务逻辑的控制、提供和管理。

1.3 NGN 的分层技术

1.3.1 下一代传输网

传送网是整个电信网的基础，它为整个网络所承载的业务提供传输通道和传输平台。下一代传送网需要更高的速率、更大的容量。因此，用于下一代传送网的最理想的技术是以光纤传输为基础的光传送网（OTN，Optical Transport Network）、自动交换光网络（ASON，Automatically Switched Optical Network）、分组传送网（PTN，Packet Transport Network）等技术。

1. 光传送网 OTN

全业务运营时代，电信运营商都将转型成为 ICT 综合服务提供商。业务的丰富性带来对带宽的更高需求，直接反映为对传送网能力和性能的要求。光传送网（OTN，Optical Transport Network）技术由于能够满足各种新型业务需求，从幕后渐渐走到台前，成为传送网发展的主要方向。

OTN 是以波分复用技术为基础、在光层组织网络的传送网，是下一代的骨干传送网。OTN

跨越了传统的电域（数字传送）和光域（模拟传送），是管理电域和光域的统一标准。OTN 处理的基本对象是波长级业务，它将传送网推进到真正的多波长光网络阶段。由于结合了光域和电域处理的优势，OTN 可以提供巨大的传送容量、完全透明的端到端波长/子波长连接以及电信级的保护，是传送宽带大颗粒业务的最优技术。

OTN 的主要优点是完全向后兼容，它可以建立在现有的 SONET/SDH 管理功能基础上，不仅提供了存在的通信协议的完全透明，而且还为 WDM 提供端到端的连接和组网能力，它为 ROADM 提供光层互联的规范，并补充了子波长汇聚和疏导能力。

OTN 概念涵盖了光层和电层两层网络，其技术继承了 SDH 和 WDM 的双重优势，关键技术特征体现为：多种客户信号封装和透明传输；大颗粒的带宽复用、交叉和配置；强大的开销和维护管理能力；增强了组网和保护能力。

2. 自动交换光网络 ASON

ASON（Automatically Switched Optical Network）即自动交换光网络。ASON 的概念来源于 ION（智能光网络）。2000 年的 ITU-T 正式确定由 SGL5 组开展对 ASON 的标准化工作。ITU-T 进一步提出自动交换传送网（ASTN）的概念，明确 ASON 是 ASTN 应用与 OTN 的一个子集。ASON 是在选路和信令控制下，完成自动交换功能的新一代光网络，是一种标准化了的智能光传送网，代表了未来智能光网络发展的主流方向，是下一代智能光传送网络的典型代表。

ASON 首次将信令和选路引入传送网，通过智能的控制层面来建立呼叫和连接，使交换、传送、数据三个领域又增加了一个新的交集，实现了真正意义上的路由设置、端到端业务调度和网络自动恢复，是光传送网的一次具有里程碑意义的重大突破，被广泛认为是下一代光网络的主流技术。

ASON 是以 SDH 和光传送网（OTN）为基础的自动交换传送网，它用控制平面来完成配置和连接管理的光传送网，以光纤为物理传输媒质，SDH 和 OTN 等光传输系统构成的具有智能的光传送网。根据其功能可分为传送平面、控制平面和管理平面，这三个平面相对独立，互相之间又协调工作。

与传统传送技术相比，ASON 技术的最大特点是引入了控制平面。控制平面的主要功能是通过信令来支持建立、拆除和维护端到端连接的能力，并通过选路来选择最合适的路径，以及与此紧密相关的需要提供适当的名称和地址机制。

3. 分组传送网 PTN

分组传送网（PTN）是基于分组交换的、面向连接的多业务统一传送技术，是传送技术和数据技术结合的产物，不仅能较好承载电信级以太网业务，满足标准化业务、高可靠性、灵活扩展性、严格服务质量（QoS）和完善的运行管理维护（OAM）等五个基本属性，而且兼顾了支持传统的 TDM 和 ATM 业务，继承了 SDH 网管的图形化界面、端到端配置等管理功能。目前，PTN 主要应用在城域网范围，主要承载移动回传、企事业专线/专网等 QoS 要求的业务，实现我国运营商城域传送网从 TDM 向分组化的逐步演进。

作为 PTN 主流的技术的 MPLS-TP 技术抛弃了基于 IP 地址的逐跳转发机制并且不依赖于控制平面来建立传送路径，保留了 MPLS 面向连接的端到端标签转发能力，去掉了其无连接和非端到端的特性（不采用倒数第二跳标签弹出 PHP、LSP 合并（LSP Merge）、等价多路径（ECMP）等），从而具有确定的端到端传送路径，并增强了满足传送网需求、具有传送网风格的网络保护机制和 OAM 能力。

在我国运营商的城域网中，PTN 技术主要定位于汇聚层和接入层，解决以下需求：

（1）多业务承载：无线基站回传的 TDM/ATM 以及今后的以太网业务、企事业单位和家庭用户的以太网业务。

（2）业务模型：城域的业务流向大多是从业务接入节点到核心/汇聚层的业务控制和交换节点，为点到点（P2P）和点到多点（P2MP）汇聚模型，业务路由相对确定，因此中间节点不需要路由功能。

（3）严格的 QOS：TDM/ATM 和高等级数据业务需要低时延、低抖动和带宽保证，而宽带数据业务峰值流量大且突发性强，要求具有流分类、带宽管理、优先级调度和拥塞控制等 QOS 能力。

（4）电信级可靠性：需要可靠的、面向连接的电信级承载，提供端到端的 OAM 能力和网络快速保护能力。

（5）网络成本（TCO）控制和扩展性：我国许多大中型城市都有几千个业务接入点和上百个业务汇聚节点，因此要求网络具有低成本、统一管理和可维护性，同时在城域范围内业务分布密集且广泛，要求具有较强的网络扩展性。

1.3.2　下一代承载网

IP 承载网是各运营商以 IP 技术构建的一张专网，用于承载对传输质量要求较高的业务（如软交换、视讯、重点客户 VPN 等）。IP 承载网一般采用双平面、双星双归属的高可靠性设计，精心设计各种情况下的流量切换模型，采用 MPLS TE、FRR、BFD 等技术，快速检测网络断点，缩短故障设备/链路倒换时间。网络设计要求其承载的业务轻载，并部署二层/三层 QOS，保障所承载业务的质量。通过采取以上措施，使 IP 承载网既具备 IP 网络的低成本、扩展性好、承载业务灵活等特点，同时具备传输系统的高可靠性和安全性。

1. 多协议标签交换技术 MPLS

多协议标签交换（MPLS）是一种用于快速数据包交换和路由的体系，它为网络数据流量提供了目标、路由、转发和交换等能力。更特殊的是，它具有管理各种不同形式通信流的机制。MPLS 独立于第二和第三层协议，诸如 ATM 和 IP。它提供了一种方式，将 IP 地址映射为简单的具有固定长度的标签，用于不同的包转发和包交换技术。它是现有路由和交换协议的接口，如 IP、ATM、帧中继、资源预留协议（RSVP）、开放最短路径优先（OSPF）等等。

在 MPLS 中，数据传输发生在标签交换路径（LSP）上。LSP 是每一个沿着从源端到终端路径上结点的标签序列。现今使用着一些标签分发协议，如标签分发协议（LDP）、RSVP 或者建于路由协议之上的一些协议，如边界网关协议（BGP）及 OSPF。因为固定长度标签被插入每一个包或信元的开始处，并且可被硬件用来在两个链接间快速交换包，所以使数据的快速交换成为可能。

MPLS 主要设计来解决网络问题，如网络速度、可扩展性、服务质量（QoS）管理以及流量工程，同时也为下一代 IP 中枢网络解决宽带管理及服务请求等问题。

在这部分，我们主要关注通用 MPLS 框架。有关 LDP、CR-LDP 和 RSVP-TE 的具体内容可以参考个别文件。

多协议标签交换 MPLS 最初是为了提高转发速度而提出的。与传统 IP 路由方式相比，它在数据转发时，只在网络边缘分析 IP 报文头，而不用在每一跳都分析 IP 报文头，从而节约了处理时间。

MPLS 起源于 IPv4（Internet Protocol version 4），其核心技术可扩展到多种网络协议，包括 IPX（Internet Packet Exchange）、Appletalk、DECnet、CLNP（Connectionless Network Protocol）等。“MPLS”中的“Multiprotocol”指的就是支持多种网络协议。MPLS 包头结构如图 1-4 所示。

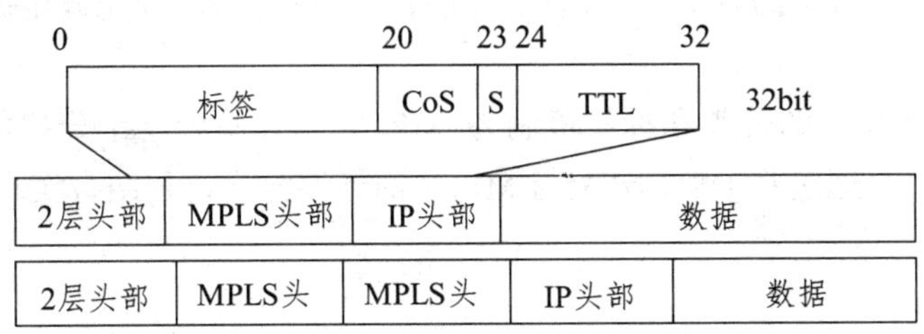

MPLS包头有32bit：
20个bit用作标签；
3个bit的EXP，协议中没有明确，通常用作COS；
1个bit的S，用于标识是否是栈底，表明MPLS的标签可以嵌套；
8个bit的TTL。

图 1-4　MPLS 包头结构

1）基于 MPLS 的 VPN

传统的 VPN 一般是通过 GRE（Generic Routing Encapsulation）、L2TP（Layer 2 Tunneling Protocol）、PPTP（Point to Point Tunneling Protocol）、IPSec 协议等隧道协议来实现私有网络间数据流在公网上的传送。而 LSP 本身就是公网上的隧道，所以用 MPLS 来实现 VPN 有天然的优势。

基于 MPLS 的 VPN 就是通过 LSP 将私有网络的不同分支联结起来，形成一个统一的网络。基于 MPLS 的 VPN 还支持对不同 VPN 间的互通控制。

CE（Customer Edge）是用户边缘设备，可以是路由器，也可以是交换机或主机。

PE（Provider Edge）是服务商边缘路由器，位于骨干网络。

在骨干网络中，还存在 P（Provider），是服务提供商网络中的骨干路由器，不与 CE 直接相连。P 设备只需要具备基本 MPLS 转发能力，可以将其配置为 M-BGP 的路由反射器，不维护 VPN 信息。

基于 MPLS 的 VPN 具有以下特点。

（1）E 负责对 VPN 用户进行管理、建立各 PE 间 LSP 连接、同一 VPN 用户各分支间路由分派。

（2）E 间的路由分派通常是用 LDP 或扩展的 BGP 协议实现。

（3）持不同分支间 IP 地址复用和不同 VPN 间互通。

（4）化了寻路步骤，提高了设备性能，加快了报文转发。

2）基于 MPLS 的 QoS

NE80E 支持基于 MPLS 的流量工程和差分服务 Diff-Serv 特性，在保证网络高利用率的同时，可以根据不同数据流的优先级实现差别服务，从而为语音，视频数据流提供有带宽保证的低延时、低丢包率的服务。

由于全网实施流量工程的难度比较大，因此，在实际的组网方案中往往通过差分服务模型来实施 QoS。

Diff-Serv 的基本机制是在网络边缘，根据业务的服务质量要求将该业务映射到一定的业务类别中，利用 IP 分组中的 DS（Differentiated Service）字段（由 ToS 域而来）唯一标记该类业务；然后，骨干网络中的各节点根据该字段对各种业务采取预先设定的服务策略，保证相应的服务质量。

Diff-Serv 对服务质量的分类和标签机制与 MPLS 的标签分配十分相似。事实上，基于 MPLS 的 Diff-Serv 就是通过将 DS 的分配与 MPLS 的标签分配过程结合实现的。

3）工作过程

其具体工作过程如下。

（1）LDP 和传统路由协议（如 OSPF、ISIS 等）一起，在各个 LSR 中为有业务需求的 FEC 建立路由表和标签映射表。

（2）入节点 Ingress 接收分组，完成第三层功能，判定分组所属的 FEC，并给分组加上标签，形成 MPLS 标签分组，转发到中间节点 Transit。

（3）Transit 根据分组上的标签以及标签转发表进行转发，不对标签分组进行任何第三层处理。

（4）在出节点 Egress 去掉分组中的标签，继续进行后面的转发。

由此可以看出，MPLS 并不是一种业务或者应用，它实际上是一种隧道技术，也是一种将标签交换转发和网络层路由技术集于一身的路由与交换技术平台。这个平台不仅支持多种高层协议与业务，而且，在一定程度上可以保证信息传输的安全性。

4）体系结构

在 MPLS 的体系结构中，控制平面（Control Plane）之间基于无连接服务，利用现有 IP 网络实现。转发平面（Forwarding Plane）也称为数据平面（Data Plane），是面向连接的，可以使用 ATM、帧中继等二层网络。MPLS 使用短而定长的标签（label）封装分组，在数据平面实现快速转发。在控制平面，MPLS 拥有 IP 网络强大灵活的路由功能，可以满足各种新应用对网络的要求。

对于核心 LSR，在转发平面只需要进行标签分组的转发。对于 LER，在转发平面不仅需要进行标签分组的转发，也需要进行 IP 分组的转发，前者使用标签转发表 LFIB，后者使用传统转发表 FIB（Forwarding Information Base）。

2. IPv6 技术

IPv6（Internet Protocol Version 6）它是 IETF（Internet Engineering Task Force，互联网工程任务组）设计的用于替代现行版本 IP 协议-IPv4-的下一代 IP 协议。

全球因特网所采用的协议族是 TCP/IP 协议族。IP 是 TCP/IP 协议族中网络层的协议，是 TCP/IP 协议族的核心协议。

我们使用的第二代互联网 IPv4 技术，核心技术属于美国。它的最大问题是网络地址资源有限，从理论上讲，编址 1 600 万个网络、40 亿台主机。但采用 A、B、C 三类编址方式后，可用的网络地址和主机地址的数目大打折扣，以至 IP 地址已于 2011 年 2 月 3 日分配完毕。其中北美占有 3/4，约 30 亿个，而人口最多的亚洲只有不到 4 亿个，中国截至 2010 年 6 月 IPv4 地址数量达到 2.5 亿，落后于 4.2 亿网民的需求。地址不足，严重地制约了中国及其他国家互联网的应用和发展。

一方面是地址资源数量的限制，另一方面是随着电子技术及网络技术的发展，计算机网络将进入人们的日常生活，可能身边的每一样东西都需要连入全球因特网。在这样的环境下，IPv6 应运而生。单从数量级上来说，IPv6 所拥有的地址容量是 IPv4 的约 8×10^{28} 倍，达到 2^{128}（算上全零的）个。这不但解决了网络地址资源数量的问题，同时也为除电脑外的设备连入互联网在数量限制上扫清了障碍。

但是与 IPv4 一样，IPv6 一样会造成大量的 IP 地址浪费。准确地说，使用 IPv6 的网络并没有 2^{128} 个能充分利用的地址。首先，要实现 IP 地址的自动配置，局域网所使用的子网的前缀必须等于 64，但是很少有一个局域网能容纳 2^{64} 个网络终端；其次，由于 IPv6 的地址分配必须遵循聚类的原则，地址的浪费在所难免。

但是，如果说 IPv4 实现的只是人机对话，而 IPv6 则扩展到任意事物之间的对话，它不仅可以为人类服务，还将服务于众多硬件设备。如家用电器、传感器、远程照相机、汽车等，它将无时不在，无处不在地深入社会每个角落的真正的宽带网。而且它所带来的经济效益将非常巨大。

1）IPv6 特点

（1）IPv6 地址长度为 128 位，地址空间增大了 2 的 96 次方倍。

（2）灵活的 IP 报文头部格式。使用一系列固定格式的扩展头部取代了 IPv4 中可变长度的选项字段。IPv6 中选项部分的出现方式也有所变化，使路由器可以简单路过选项而不做任何处理，加快了报文处理速度。

（3）IPv6 简化了报文头部格式，字段只有 8 个，加快报文转发，提高了吞吐量。

（4）提高安全性。身份认证和隐私权是 IPv6 的关键特性。

（5）支持更多的服务类型。

（6）允许协议继续演变，增加新的功能，使之适应未来技术的发展。

2）IPv6 的应用

IPv6 的普及一个重要的应用是网络实名制下的互联网身份证/VIeID，基于 IPv4 的网络之所以难以实现网络实名制，一个重要原因就是因为 IP 资源的共用，因为 IP 资源不够，所以不同的人在不同的时间段共用一个 IP，IP 和上网用户无法实现一一对应。

在 IPv4 下，根据 IP 查人也比较麻烦，电信局要保留一段时间的上网日志才行，通常因为数据量很大，运营商只保留三个月左右的上网日志，比如查前年某个 IP 发帖子的用户就不能实现。

IPv6 的出现可以从技术上一劳永逸地解决实名制这个问题，因为那时 IP 资源将不再紧张，运营商有足够多的 IP 资源，那时候，运营商在受理入网申请的时候，可以直接给该用户分配一个固定 IP 地址，这样实际就实现了实名制，也就是一个真实用户和一个 IP 地址的一一对应。

当一个上网用户的 IP 固定了之后，你任何时间做的任何事情都和一个唯一 IP 绑定，你在网络上做的任何事情在任何时间段内都有据可查，并且无法否认。

在多种 IPv6 应用中，物联网应用覆盖了智慧农业、智能环保、智能建筑、智能交通等广泛领域，提供“无所不在的连接和在线服务”，包括在线监测、定位追溯、报警联动、指挥调度和远程维保等服务。

3）IPv6 的优势

与 IPv4 相比，IPv6 具有以下几个优势：

（1）IPv6 具有更大的地址空间。IPv4 中规定 IP 地址长度为 32，最大地址个数为 2^{32}；而 IPv6 中 IP 地址的长度为 128，即最大地址个数为 2^{128}。与 32 位地址空间相比，其地址空间增加了 2^{128}-2^{32} 个。

现在，IPv4 采用 32 位地址长度，约有 43 亿个地址，而 IPv6 采用 128 位地址长度，有足够的地址资源。地址的丰富将完全消除在 IPv4 互联网应用上的很多限制，如 IP 地址，每一个电话，每一个带电的东西可以有一个 IP 地址，真正形成一个数字家庭。IPv6 的技术优势，目前在一定程度上解决 IPv4 互联网存在的问题，这是使得 IPv4 向 IPv6 演进的重要动力之一。

（2）IPv6 使用更小的路由表。IPv6 的地址分配一开始就遵循聚类（Aggregation）的原则，这使得路由器能在路由表中用一条记录（Entry）表示一片子网，大大减小了路由器中路由表的长度，提高了路由器转发数据包的速度。

（3）Pv6 增加了增强的组播（Multicast）支持以及对流的控制（Flow Control），这使得网络上的多媒体应用有了长足发展的机会，为服务质量（QoS，Quality of Service）控制提供了良好的网络平台。

（4）IPv6 加入了对自动配置（Auto Configuration）的支持。这是对 DHCP 协议的改进和扩展，使得网络（尤其是局域网）的管理更加方便和快捷。

（5）IPv6 具有更高的安全性。在使用 IPv6 网络中用户可以对网络层的数据进行加密并对 IP 报文进行校验，在 IPv6 中的加密与鉴别选项提供了分组的保密性与完整性，极大地增强了网络的安全性。

（6）允许扩充。如果新的技术或应用需要时，IPv6 允许协议进行扩充。

（7）更好的头部格式。IPv6 使用新的头部格式，其选项与基本头部分开，如果需要，可将选项插入到基本头部与上层数据之间。这就简化和加速了路由选择过程，因为大多数的选项不需要由路由选择。

（8）新的选项。IPv6 有一些新的选项来实现附加的功能。

4）IPv6 的关键技术

（1）IPv6 DNS 技术。DNS，是 IPv6 网络与 IPv4 DNS 的体系结构，是统一树状型结构的域名空间的共同拥有者。在从 IPv4 到 IPv6 的演进阶段，正在访问的域名可以对应于多个 IPv4 和 IPv6 地址，未来的 IPv6 网络的普及，IPv6 地址将逐渐取代 IPv4 地址。

（2）IPv6 路由技术。IPv6 路由查找与 IPv4 的原理一样，是最长的地址匹配原则，选择最优路由还允许地址过滤、聚合、映射操作。原来的 IPv4IGP 和 BGP 的路由技术，如 ISIS，OSPFv2 和 BGP-4 动态路由协议一直延续 IPv6 网络中，使用新的 IPv6 协议，新的版本分别是 ISISv6、OSPFv3，BGP4+。

（3）IPv6 安全技术。相比 IPv4，IPv6 没新的安全技术，但更多的 IPv6 协议通过 128 字节的，IPsec 报文头包的，ICMP 地址解析，和其他安全机制来提高安全性的网络。从 IPv6 的关键技术的角度来看，IPv6和IPv4的互联网体系改革，重点是修正IPv4的缺点。IPv6将进一步改善互联网的结构和性能，因此它能够满足现代社会的需要。

1.3.3　下一代移动网

随着人们对移动通信系统的各种需求与日俱增，曾经投入商用的2G、2.5G、3G系统已经不能满足现代移动通信系统日益增长的高速多媒体数据业务。2013年12月4日我国工信部正式向三大运营商发布4G牌照，中国移动、中国电信和中国联通均获得TD-LTE牌照。2015年2月27日，工信部向中国电信集团公司和中国联合网络通信集团有限公司发放“LTE/第四代数字蜂窝移动通信业务（FDD-LTE）”经营许可。

3GPP从“系统性能要求”“网络的部署场景”“网络架构”“业务支持能力”等方面对4G-LTE进行了详细的描述。与3G相比，4G-LTE具有如下技术特征：

（1）通信速率有了提高，下行峰值速率为100 Mb/s、上行为50 Mb/s。

（2）支持更高的终端移动速度（250 km/h）。

（3）全IP网络架构、承载与控制分离。

（4）提供无处不在的服务、异构网络协同。

（5）提供更高质量的多媒体业务。

其关键技术有：正交频分复用、MIMO技术、智能天线、软件无线电、基于IP的核心网等。

前几代移动通信网络的发展，都是以典型的技术特征为代表，同时诞生出新的业务和应用场景。5G将不同于前几代移动通信，它不仅是更高速率、更大带宽、更强能力的空口技术，更是面向业务应用和用户体验的智能网络；5G不再由某项业务能力或者某个典型技术特征所定义，它将是一个多业务多技术融合的网络，通过技术演进和创新，满足未来包含广泛数据和连接的各种业务的快速发展需要，提升用户体验。

1. 5G的业务需求

5G面向的业务形态已经发生了巨大的变化：传统的语音、短信业务逐步被移动互联网业务取代；云计算的发展，使得业务的核心放在云端，终端和网络之间主要传送控制信息；机器与机器通信（M2M）和物联网（IoT）带来的海量数据连接，超低时延业务，超高清、虚拟现实业务等，这些都是现有4G技术无法满足的，期待5G来解决。

1）云业务的需求

目前云计算已经成为一种基础的信息架构，不同于传统的业务模式，云计算业务部署在云端，终端和云端之间大量采用信令交互，信令的时延、海量的信令数据等，要求5G端到端时延小于5 ms，数据速率大于1 Gb/s。

2）虚拟现实的需求

虚拟现实（VR）是利用计算机模拟合成三维视觉、听觉、嗅觉等感觉的技术，产生一个三维空间的虚拟世界，相应的视频分辨率要达到人眼的分辨率，要求网络速度必须达到300 Mb/s以上，端到端时延小于5 ms，移动小区吞吐量大于10 Gb/s。

3）高清视频的需求

现在高清视频已经成为人们的基本需求，4K视频将成为5G的标配业务。要保证用户在任何地方可以欣赏到高清视频，就要保证移动用户随时随地获得超高速的、端到端的通信速率。

4）物联网的需求

M2M/loT 带来的海量数据连接，要求 5G 具备充足的支撑能力。M2M 业务定位于高可靠与低时延性，例如成为远程医疗、自动驾驶等远程精确控制类应用的成功关键，要求网络时延缩短到 1 ms。

2. 5G 的技术需求

一般来说，5G 的技术包含七个方面的指标，分别是峰值速率、时延、同时连接数、移动性、小区频谱效率、小区边缘吞吐量、bit 成本效率。

（1）峰值速率比 4G 提升 20 ~ 50 倍，达到 20 ~ 50 Gb/s。

（2）要保证用户在任何地方都具备 1 Gb/s 的用户体验速率。

（3）3.5G 的时延缩减到 4G 时延的 1/10，即端到端时延减少到 5 ms，空口时延减少到 1 ms。

（4）相比于 4G，5G 需要提升 10 倍以上的同时连接数，最终到达同时支持包括 M2M/loT 在内的 120 亿个连接的能力。

（5）相比于 4G，5G 需要提升 50 倍以上的 bit 成本效率，每 bit 成本大大降低，从而促使网络的 CAPEX 和 OPEX 下降。

3. 中国的 5G

中国于 2013 年成立 IMT-2020(5G)推进组，开展 5G 策略、需求、技术、频谱、标准、知识产权等研究及国际合作，取得了阶段性进展。先后发布了《5G 愿景与需求》《5G 概念》《5G 无线技术架构》和《5G 网络技术架构》白皮书。

1）关键指标

5G 系统的能力指标包括用户体验速率、连接数密度、端到端时延、峰值速率、移动性等关键技术指标和频谱效率、能效、成本效率等性能指标。

具体情况如下：设备密集度达到 600 万个/km^2；流量密度在 20 Tb/km^2 以上；移动性达到 500 km/h，实现高铁运行环境的良好用户体验；用户体验速率为 Gb/s 量级，传输速率在 4G 的基础上提高 10 ~ 100 倍；端到端时延降低到 4G 的 1/10 或 1/5，达到毫秒级水平；实现百倍能效增加、十倍频谱效率增加、百倍成本效率增加。

2）主要场景

5G 的主要技术场景有四个：连续广域覆盖、热点高容量、低功耗大连接和低时延高可靠。

连续广域覆盖场景面向大范围覆盖及移动环境下用户的基本业务需求；热点高容量场景主要面向热点区域的超高速率、超高流量密度的业务需求；低功耗大连接场景面向低成本、低功耗、海量连接的 M2M/IOT 业务需求；低时延高可靠场景主要满足车联网、工业控制等对时延和可靠性要求高的业务需求。

3）核心技术

在核心技术方面，5G 不再以单一的多址技术作为主要技术特征，而是由一组关键技术来共同定义，包括大规模天线阵列、超密集组网、全频谱接入、新型多址技术以及新型网络架构。

大规模天线阵列可以大幅提升系统频谱效率；超密集组网通过增加基站部署密度，可实现百倍量级的容量提升；新型多址技术通过发送信号的叠加传输来提升系统的接入能力，可有效支撑 5G 网络的千亿级设备连接需求；全频谱接入技术通过有效利用各类频谱资源，有效缓解 5G 网络频谱资源的巨大需求；新型网络结构，采用 SDN、NFV 和云计算等技术实现更灵活、智能、高效和开放的 5G 新型网络。

4）空口技术

5G 将沿着 5G 新空口（含低频和高频）及 4G 演进两条技术路线发展，其中 5G 新空口是主要的演进方向，4G 空口演进是有效补充。

5G 新空口将采用新型多址、大规模天线、新波形（FBMC、SCMA、PDMA、MUSA）、超密集组网和全频谱接入等核心技术，在帧结构、信令流程、双工方式上进行改进，形成面向连续广域覆盖、热点高容量、低功耗大连接和低时延高可靠等场景的空口技术方案。同时，为实现对现有 4G 网络的兼容，将通过双连接（同时使用 5G 和 4G 演进空口）等方式共同为用户提供服务。

5）新网络架构

5G 网络架构需要满足不同部署场景的要求，具有增强的分布式移动性管理能力，保证稳定的用户体验速率和毫秒级的网络传输时延能力，支持动态灵活的连接和路由机制以及具备更高的服务质量和可靠性。

5G 网络架构将引入全新的网络技术，SDN、NFV 将成为 5G 网络的重要特征。

技能训练　ZXECS IBX1000 设备认知

一、实训项目单

编制部门：　　　　　　　　　　　　编制人：　　　　　　　　　　　　编制日期：

<table>
<tr><td>项目编号</td><td>1</td><td>项目名称</td><td colspan="2">ZXECS IBX1000 设备介绍</td><td>学时</td><td>2</td></tr>
<tr><td>学习领域</td><td colspan="3">VoIP 系统组建、维护与管理</td><td>教材</td><td colspan="2">《NGN 之 VoIP 技术应用实践教程》</td></tr>
<tr><td>实训目的</td><td colspan="6">了解 NGN 语音系列产品设备 ZXECS IBX1000 的硬件组成；
熟悉 ZXECS IBX1000 系统结构以及常用单板、接口。</td></tr>
<tr><td colspan="7">实训内容
通常 ZXECS IBX1000 的安装内容如图 1-5 所示，图中，粗实线部分通常为需要安装的内容。介绍设备安装流程，并对设备安装流程的主要部分做出简要说明。
实训设备与工具
ZXECS IBX1000 主机框：
（1）ZXECS IBX1000 业务模块（ISU）。
（2）ZXECS IBX1000 电源模块（定制、可选冗余电源或单电源两种）。
（3）MCU 主控板（必配、槽位固定，必须安装于 M0、M1 槽位）。
（4）MRU 资源板（必配、槽位固定，必须安装于 MRU 槽位，资源数可定制）。
（5）用户资源单板，包括 8FXS、8FXO、4FXS4FXO、4E14EXP（选配、槽位限于 S0、S1、S2）。</td></tr>
</table>

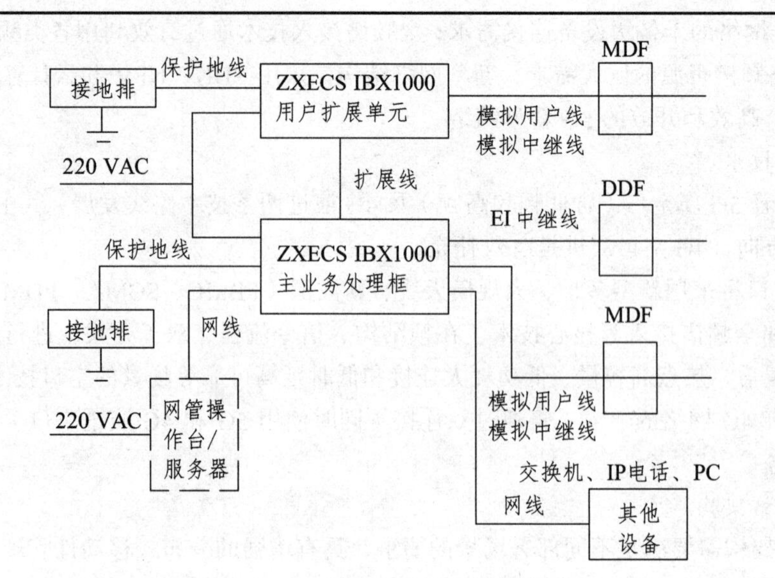

图 1-5 ZXECS IBX1000 的安装图

注意事项

（1）要求 VoIP 设备的单板必须按照规定位置插好，在运行过程中不能带电拔插电源板。

（2）必须了解设备的上电和下电顺序。上电顺序为：先开机架总电源，再开电源板电源和风扇电源。下电顺序为上电顺序的反过程。

（3）带电插拔其他单板（非电源板）时需要戴上防静电手环。

推荐认知步骤

（1）整机认知：ZXECS IBX1000 简介、产品定位、关键特征、规格与参数等。

（2）槽位认知：ISU 槽位、M0/M1 槽位、MRU 槽位、S0、S1、S2 槽位等。

（3）单板认知：熟悉重要的单板如交换网板，交换网接口板以及 MP 和通信板的结构框图，单板功能，安装槽位等。

（4）接口认知：了解各单板上的不同接口，用户可以通过这些接口接入 PSTN 网络、Internet 网络、局域网；连接模拟电话、IP 电话、PC 等终端设备；扩展系统容量。

评价要点

（1）熟练掌握设备的配置。（20 分）

（2）硬件组成。（20 分）

（3）熟练掌握系统结构。（40 分）

（4）熟悉常用单板与接口。（20 分）

二、实施向导

1. ZXECS IBX1000 简介

ZXECS IBX1000 综合业务交换设备是中兴通讯研发的一体化 IP PBX 设备，不仅满足 IP 语音网基础应用，而且内置业务服务器，可提供方便的增值业务部署方式。

ZXECS IBX1000 综合业务交换设备支持 E1/T1、FXS、FXO 各种语音接口，支持 NO.7/ISDN PRI/NO.1、SIP/H.323 多种协议，并内置业务服务器，可实现 ACD、CTI 增值服务功能。单台设备实现了：接入网关+中继网关+IP PBX+业务服务器的功能。板卡采用插板式设计，配置灵活实用。

2. 产品定位

ZXECS IBX1000 是主干 IP 语音网（用户数在 2 000 线及以下）的核心控制一体化设备，在应用 IBX1000 时作为大容量中继网关设备和业务服务器，在应用 UC 时作为软电话注册管理服务器和语音会议媒体服务器，同时也是呼叫中心、调度指挥的一体化语音平台。

3. 产品的关键特征

1）插板式设计，高可靠性

系统采用插板式设计，可根据用户需求灵活选择配置；

专业电信级嵌入式系统+MPC 组合，安全可靠，稳定性高；

双路交流电源输入，提供最高级别的电源冗余备份。

2）多接口、多协议支持，兼容性高

支持 E1/T1、FXO、FXS 接口，可灵活方便的与运营商或用户原有 PBX 对接；

支持 SS7/ISDN PRI/NO.1 协议，支持 SIP/H.323 协议，与多厂家的程控交换机或软交换均有对接经验，兼容性高；

3）内置业务服务器，提供丰富增值业务支持

支持自动值机、语音信箱、统一消息、电话会议、一号通等增值应用；

支持 ACD 排队功能，支持 CTI 可编程接口，方便部署呼叫中心、调度指挥服务器，实现 IPCC 和应急调度业务。

4）完善的管理功能

支持图形化 Web 网管，简单直观，适合企业用户使用。

可以进行远程网管和软件版本升级。

支持完善的日志管理。

4. 规格与参数

ZXECS IBX1000 综合业务交换设备采用模块化设计。ZXECS IBX1000 主业务处理框，是综合业务交换设备所有核心业务的处理设备（包括 IP-PBX 业务、数据业务、增值业务、NAT 穿越、管理维护等）。高度为 3.5U，外形尺寸（宽×深×高）为：436 mm×518 mm×155 mm。如图 1-6 所示是 ZXECS IBX1000 正面图，图 1-7 所示是 ZXECS IBX1000 背面图。

1）功能介绍

ZXECS IBX1000 满足企业和行业用户的融合通信的应用。系统采用 All-In-One 的设计思想，各功能单板采用可插拔设计，配置灵活、便于维护。能够提供多种类型的业务接口，适应各种应用环境和用户需求。

2）硬件接口

ZXECS IBX1000 具有丰富的硬件接口类型。用户可以通过这些接口接入 PSTN 网络、Internet 网络、局域网；连接模拟电话、IP 电话、PC 等终端设备；扩展设备模拟用户和模拟中继接入容量。

图1-6　ZXECS IBX1000 正面图

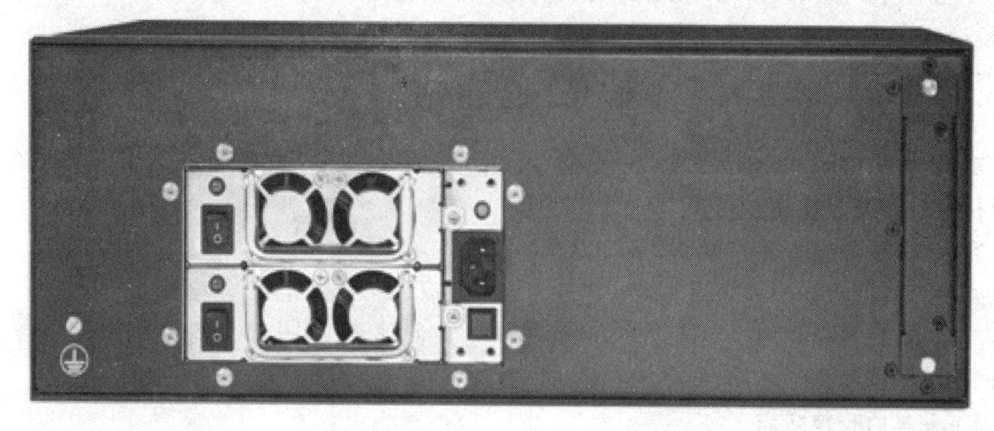

图1-7　ZXECS IBX1000 背面图

ZXECS IBX1000 采取插板式设计，主要功能单板槽位集中在 IBX1000 正面。表 1.1 所示是其槽位说明。

表1.1　槽位说明

槽位名称	可插单板	说明
ISU	ISU 业务模块	位于正面左边最大的槽位，只能插入 ISU 业务模块，提供 Web 网管、增值业务等功能
M0、M1	MCU	位于正面右边区域，可插入 MCU 板，插入一块即可工作，插入两块时实现主控冗余热备
MRU	MRU	可插入多资源板，提供 VoIP 通道、会议功能等
S0、S1、S2	4FXS4FXO 8FXS 8FXO 4E14EXP	可插入四种单板，任意组合，提供用户所需不同接口

表 1.2 所示是所有单板介绍。

表 1.3 所示是接口参数说明。

表 1.4 所示是功能参数说明。

表 1.2　所有单板介绍

板卡名称	说明
MCU	主控单元板，双 MCU 设计，热拔插方式，备份数据安全，属必备单板
MRU	多资源板。提供 4 个 10/100 M 自适应网络接口和 1 个 100 M/1G 自适应以太网口，最大 144 路 VoIP 语音资源，外加最大 384 方会议资源数
8FXS	8 模拟用户板。提供 8 个普通模拟电话的接入功能
4FXS4FXO	4 模拟用户和 4 模拟中继板。模拟用户与模拟中继组合板
8FXO	8 模拟中继板。提供 8 个外线接入模拟中继功能
4E14EXP	4 数字中继和 4 扩展单元板。支持 PRI 信令、SS7 信令和中国 1 号；提供通过 2 M 的 A 接口与传统 PSTN 互联的功能以及模拟用户及模拟中继扩展用户单元

表 1.3　接口参数

接口类型	接口数量	接口说明
FE 广域网接口（WAN）	1	连接外网，提供用户穿越
FE 以太网接口（LAN）	4	连接局域网，提供接入配置维护等功能
GE 以太网接口（LAN）	1	连接局域网，提供接入配置维护等功能
E1 数字中继接口	最大 12	连接运营商，与 PSTN 互通
模拟环路中继（FXO）	最大 96	连接运营商，与 PSTN 互通
模拟用户接口（FXS）	最大 624	提供模拟电话接入功能
扩展端口（EXP）	最大 12	连接 ZXECS 扩展框，扩展模拟中继和模拟用户接入数
MCU 板串口（COM1）	1	维护接口
业务模块串口（COM2）	1	维护接口
键盘/鼠标接口（PS/2）	1	维护接口
显示器接口（VGA）	1	维护接口
USB 接口	2	预留接口

表 1.4　接口参数

功能类型	说明
支持多类型终端接入	模拟电话终端 624 用户；SIP 终端 2 000 用户；H323 终端 512 用户，三者可同时支持
支持丰富的接口	数字中继接口 E1/T1 最大 12 个；模拟中继接口最大 96 个；模拟用户接口最大 624 个；LAN 口 5 个；WAN 口 1 个
支持丰富的协议	PSTN 信令：ISDN PRI/NO.7/中国一号（R2）/模拟环路启动信令 VoIP 信令：H323/SIP
支持丰富的 VoIP 功能	各种语音编解码能力：G.711 A-Law/MU-Law、G.723.1、G.729； QoS 技术：支持回声抑制（G.165/G.168-2000 echo cancellation）、语音优先标记（TOS）、动态抖动缓冲区（JITTER　BUFFER）、语音侦测（VAD）、舒适背景噪音生成（CNG）、DiffServ；

续表

功能类型	说明
支持丰富的 VoIP 功能	DTMF 发送方式：RFC2833/带内/带外； 传真：T.30、T.38； 私网/防火墙穿越方式：支持 SIP/323 的信令流/媒体流穿越，并发穿越的最大用户数 100
支持丰富的增值业务	自动值机：提供自动语音值机和二次收号功能，最大 144 路并发； 语音信箱：用户无法接电话时可将呼叫转入语音信箱，之后通过分机收听留言，最大 500 小时录音容量； 传真邮件：以邮件方式收发传真，无纸化办公； 电话会议：IVR 方式召集，支持最大申请 174 个会议厅，每会议厅最大 20 方参与。支持所有会议厅同时在线与会者之和为 384 方； 一号通：最多可设置 8 号码绑定，支持不同时间段不同策略； 呼叫队列和呼叫分发（ACD）策略：支持多种分发策略； CTI 接口：提供上层业务应用，如呼叫中心、调度指挥等
支持计费功能	提供最大 30 万条原始话单信息，结合 CDR 客户端可实现话单查询统计功能，提供接口与计费软件对接
支持丰富的管理方式	支持 Web 网管：简单方便的管理； 支持统一网管：提高了管理效率； 提供了状态监控功能和数据备份恢复功能

三、项目参考步骤

1. 步骤 1：槽位认知及安装

ZXECS IBX1000 主框设备采用的是模块化设计方案。其重要部件均可灵活安装和更换。设备的用户接口均可定制。根据定制的不同，安装清单中的部分组件也会出现略微的不同。这里对这些灵活的组件和用户单元板进行说明。

设备前、后面板示意图如图 1-8，1-9 所示。

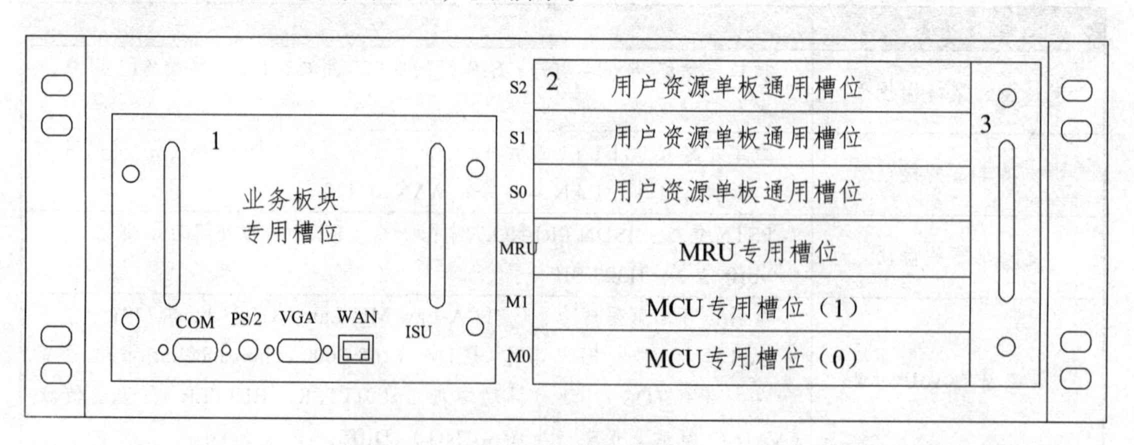

图 1-8　ZXECS IBX1000 前面板示意图

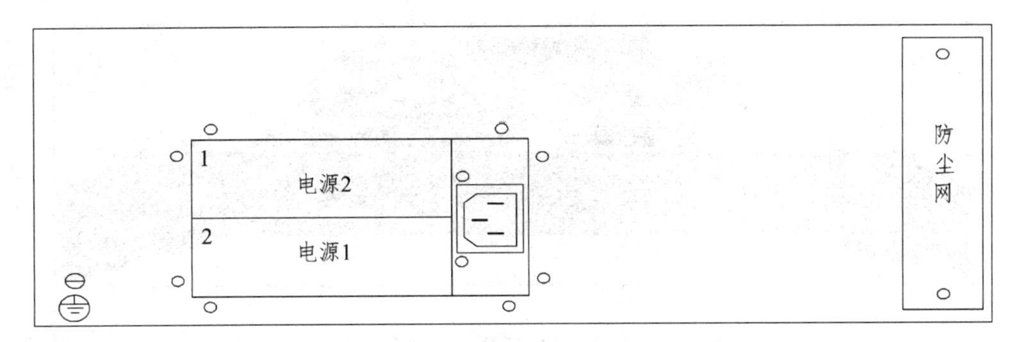

图 1-9　ZXECS IBX1000 后面板示意图

机框前面板主要分为以下三个区域。

区域 1：业务模块（ISU）部分。

区域 2：单板槽位部分，区域 2 又分为三种类型。

（1）M0、M1：MCU 板专用槽位，插入一块 MCU 即可正常运行，插入两块将形成主控的冗余备份（目前暂不支持两块 MCU 形成冗余，单块 MCU 可在 0 和 1 中任选槽位）

（2）MRU：MRU 板专用槽位。

（3）S0、S1、S2：用户资源单板专用槽位，可插入如下类型单板：8FXS、8FXO、4FXSFXO、4E14EXP。

区域 3：风扇部分。

区域 1 和区域 2 的模块运输时采用独立运输包装，条件具备时建议最好由厂家实施人员现场安装，后面项目会对此安装方式及注意进行详细说明。后面板主要是电源模块和防尘网，安装较容易。

2. 步骤 2：单板认知

熟悉重要的单板如交换网板，交换网接口板以及 MP 和通信板的结构框图。

前面介绍了需要实施人员现场安装的模块介绍，其中关于组合用户单元的部分因为涉及多种不同的板卡，这里对板卡及板卡的安装位置进行说明。

⚠注意：不同的单板要安装到指定的槽位上，如安装错误会导致卡槽或者板卡的针脚损坏。

组合用户单元的槽位标识如表 1.5 所示。

表 1.5　组合用户单元的槽位标识

序号	名称	说明
1	M0 ~ M1	MCU 插槽
2	MRU	MRU 插槽
3	S0 ~ S2	4 类用户资源单板插槽

板卡介绍如下。

（1）MCU：呼叫处理主控制板（必配）。

安装位置：组合用户单元 M0 ~ M1 标识槽位任选其一。

板卡正面图如图 1-10 所示。

图 1-10　MCU 板卡正面图

（2）MRU：多资源板（必配）。

安装位置：组合用户单元 MRU 标识槽位。

板卡正面图如图 1-11 所示。

图 1-11　MCU 板卡正面图

MRU 多资源板其资源容量为可定制形式，在使用时可以对其板载的会议资源和 VoIP 资源进行增加。一般情况设备出厂时会按客户要求将需要数量的会议资源和 VoIP 资源安装完整，如是在设备上线之后需要再行增加，需要遵循安装规范。

⚠警告：会议资源和 VoIP 资源采用的是芯片卡座和针脚针孔对位的安装方式，如芯片安装到卡座上未完全接触会导致该会议资源不可用。如是针脚和针孔错位则直接会导致板卡出现异常或者短路。

（3）用户资源单板：包括 4E14EXP，4FXS4FXO，8FXS，8FXO 等四种单板（选配）

安装位置：S0 ~ S2 三个槽位。

通用槽位共有三个，即单机框的用户资源单板最大安装数量为三块，在四类单板中可自由选择不同的单板进行组合，可自由选择任意槽位安装任意单板（系统不会自动识别插入的单板类型，上电后需要登录 IBX1000 网管进行单板安装，这个在本产品用户手册中有详细描述），不过单板安装完毕，数据配置完成后，建议不要再去随意更换单板槽位。

3. 步骤 3：接口认知

ZXECS IBX1000 具有丰富的硬件接口类型。用户可以通过这些接口接入 PSTN 网络、Internet 网络、局域网；连接模拟电话、IP 电话、PC 等终端设备；扩展系统容量。

图 1-12 所示是 ZXECS1000 主业务处理框主要端口视图。

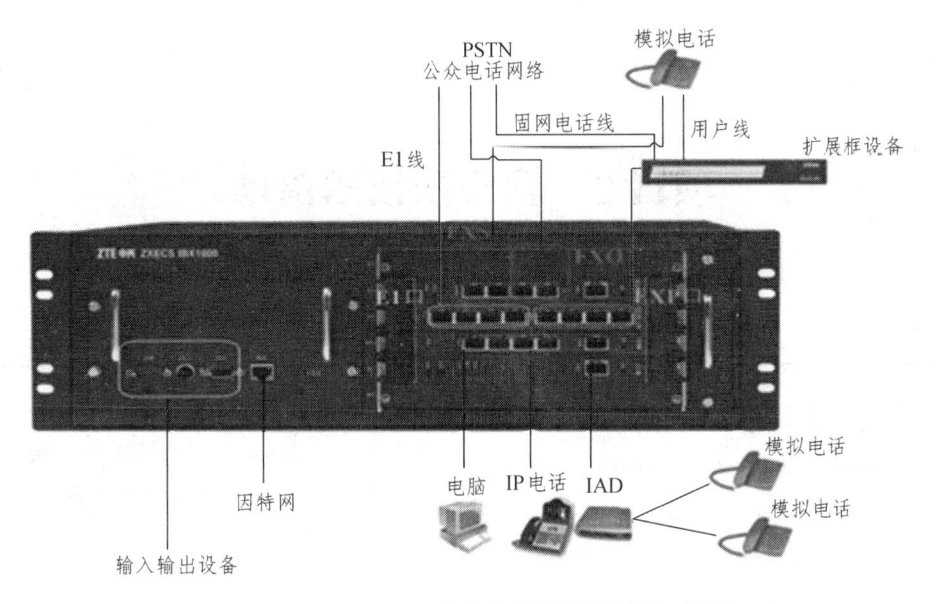

图 1-12　ZXECS1000 主业务处理框主要端口视图

理论训练

1. 传统通信网常见的三种交换技术：____、____、____。
2. 软交换的概念基于新的网络功能模型分层：____、____、____、____。
3. 国际上研究 NGN 的四个大的标准组织主要是：___、____、____、____。
4. 在 NGN 体系架构中____是整个软交换网络架构的核心。
5. 分组交换的通信过程是：___、____、____、____。
6. 软交换网络以____网作为承载网络，呼叫控制集中在设备上。
7. 3GPP 提出的支持 IP 多媒体业务的子系统（IMS）技术标准，将____技术和 Internet 技术有机地结合起来，是解决固定网络和移动网络融合的重要方式。
8. 3GPP IMS 的体系采用了分层结构，由下往上分为____、____和业务网络层。
9. 请画出 NGN 软交换体系的系统架构图。
10. 简要说明 NGN 的定义。
11. 简要说明 NGN 的特点。
12. 下一代网络如何实现与呼叫控制分离、与接入和承载分离？
13. 简要说明固定电话网向 NGN 的演进步骤。
14. 简要说明下一代网络业务的主要特点。
15. 简要说明 MPLS 网络的结构。
16. 简要说明多协议标签交换技术提高服务质量的原理。

项目 2　软交换技术落地

【教学目标】

知识目标	技能目标
掌握软交换技术的原理、主要特点和技术指标； 掌握软交换的主要设备的硬件结构、功能组成和协议； 掌握软交换的网络架构、功能要求、发展趋势； 了解智能网领域的应用	能设计基于 IBX1000 组网的典型拓扑结构； 能对 IBX1000 设备进行开局数据配置； 能描述 IBX1000 重要参数的设置要点； 能对 IBX1000 端的故障做检修

【项目引入】

SoftSwitch（软交换）技术随着通信网络技术的不断发展和软交换各种标准的制定与补充而应运而生的，不少厂家都推出了软交换的解决方案，如西门子、阿尔卡特、爱立信、北电、中兴等都提出了软交换在下一代网络中的解决方案。

软交换是 NGN 的控制功能的实现，它为 NGN 提供实时性业务的呼叫控制和连接控制功能，是 NGN 呼叫与控制的核心。软交换技术作为业务/控制与传送/接入分离思想的体现，是 NGN 体系结构中的关键技术，其核心思想是硬件软件化，通过软件方式实现原来交换机的控制、接续和业务处理等功能，各实体之间通过标准的协议进行连接和通信，便于在 NGN 中更快地实现各类复杂的协议及更方便地提供业务。

【相关知识】

2.1　软交换技术概述

2.1.1　软交换的概念

软交换技术是在 IP 电话基础上产生的，思想来源于业务可编程、分解网关功能等概念。在软交换体系中，将 IP 电话网关分解为媒体网关、信令网关和媒体网关控制器，随着标准化进展，软交换设备代替了媒体网关控制器，从而为各种业务应用提供了第三方可编程环境。

1. 软交换解决方案

软交换技术，以松绑传统电路交换机核心功能为前提，以软组件形式把这些核心功能分散跨越在一个分组骨干网上，并运行在商用标准的计算机上来实现。软交换解决方案，对于想要创建和提供新业务的业务提供者及任何第三方功能开发者，其非捆绑的和分散的功能结构都是开放的，并且可编程，从而能为竞争化的市场提供所要求的伸缩性和可靠性。电路交换模式与软交换模式的对应关系如图 2-1 所示。

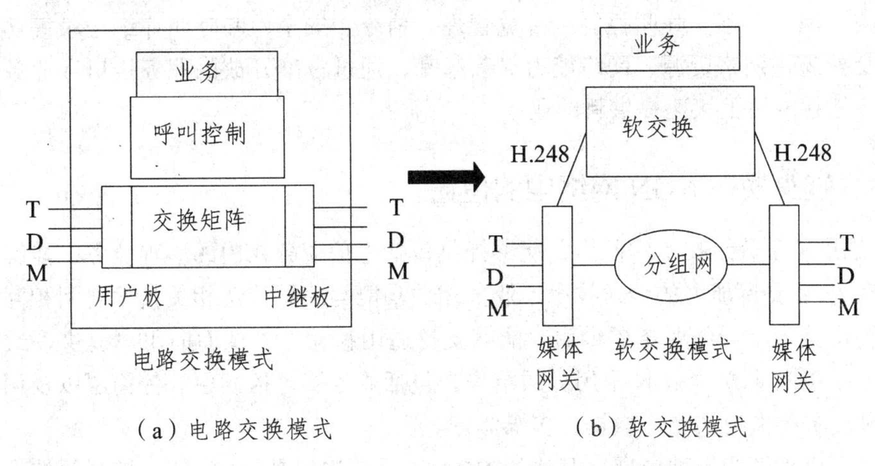

（a）电路交换模式　　　　　（b）软交换模式

图 2-1　电路交换模式与软交换模式的对应关系

2. 软交换设计思想

软交换是提供呼叫控制功能的软件实体，是多种逻辑功能实体的集合，提供融合业务的呼叫控制、连接和部分业务功能。软交换的主要设计思想是业务与控制分离，传送和接入分离，各实体之间通过标准的协议进行连接和通信。创建一个可伸缩的、分布式的与底层硬件/操作系统无关的软件系统，能够处理各种各样的通信协议，支持第三方应用业务开发和部署。

2.1.2　软交换产生的背景和意义

1. 软交换产生的背景

传统 PSTN 网络仅能够提供话音业务，而且业务增加需要对整个网络进行改造，远远无法满足迅速为用户提供业务的要求。目前，传统交换领域的需求增长减缓，而相对来说，数据业务日渐成为一种新的趋势迅猛发展。随着 IP 电话技术的不断发展，人们发现 IP 电话的用户语音流传输和 IP 电话的呼叫控制两者之间没有必然的物理上的联系，于是有了网关分离的思想。网关分解之后得到的媒体网关控制器就是与传统“硬交换”不同的“软交换”，它的主要功能之一就是实现 IP 网络传输层地址的交换。因此有了软交换概念的产生。

软交换的概念是由美国贝尔实验室首先提出来的。软交换的基本定义为：软交换是一种支持开放标准的软件，能够基于开放的计算机平台完成分布式的通信功能，并且具有传统的 TDM 电路交换机的业务功能。

2. 软交换的意义

软交换概念一经提出，很快便得到了业界的广泛认同和重视，ISC（International SoftSwitch Consortium）的成立更加快了软交换技术的发展步伐，软交换相关标准和协议得到了 IETF、ITU-T 等国际标准化组织的重视。

根据国际 SoftSwitch 论坛 ISC 的定义，SoftSwitch 是基于分组网利用程控软件提供呼叫控制功能和媒体处理相分离的设备和系统。因此，软交换的基本含义就是将呼叫控制功能从媒体网关（传输层）中分离出来，通过软件实现基本呼叫控制功能，从而实现呼叫传输与呼叫控制的分离，为控制、交换和软件可编程功能建立分离的平面。软交换主要提供连接控制、翻译和选路、网关管理、呼叫控制、带宽管理、信令、安全性和呼叫详细记录等功能。与此同时，软交换还将网络资源、网络能力封装起来，通过标准开放的业务接口和业务应用层相连，可方便地在网络上快速提供新的业务。

2.1.3 软交换在 NGN 网络中的位置

NGN 是指基于分组技术的网络，能够提供包括电信业务在内的多种业务，能够利用多种宽带和具有 QoS 支持能力的传送技术，业务相关功能与底层传送相关技术之间相互独立，能够让用户自由接入不同的业务提供商，能够支持通用移动性，从而向用户提供一致的和能无处不在的网络接入业务。NGN 采用分层结构，包括业务层、控制层、传输层以及用户终端，能提供多种业务类型有语音、数据、多媒体等。

软交换可以理解为一种分层、开放的 NGN 体系结构，是 NGN 核心控制层技术之一。软交换实际上是“控制”，而非“交换”，因为“交换”更多体现在承载层，所以“软交换网是下一代话音网或下一代分组通信网”的说法更贴切。

以控制和承载分离为基本特征的软交换技术的基本定位是在一个基于 IP 技术的网络上提供传统的长途等 5 类语音业务。软交换的灵活部署和高集成度为运营商带来了网络建设成本和维护成本的大幅度降低，但由于受到终端能力、QoS、安全以及业务接口标准化等诸多方面的限制，目前较为成熟的软交换（包括固定软交换和 3GPPR4）的应用也仅限于此，它还没有给最终用户带来新的业务。

2.2 软交换技术原理

2.2.1 软交换的基本技术特征

软交换的技术发展与演进是基于业务驱动的。

软交换技术架构可以抽象为如图 2-2 所示的网络模型。

由该模型带来了如下的特点：

（1）全网用户数据统一管理。

完成统一的用户签约、认证、鉴权和安全，同时对用户标志、状态和计费进行统一管理，为 PHS、PSTN、软交换、3G 网络融合提供基础。

（2）全网业务统一提供。

基于开放的 NGN 开放的业务平台架构，提供新型宽带业务价值链，为运营商提供快速、持续的新业务生成能力及多途径的业务运营和精细化业务管理能力；为用户提供全面、融合的多媒体业务能力，并可以根据细分市场进行融合及定制。

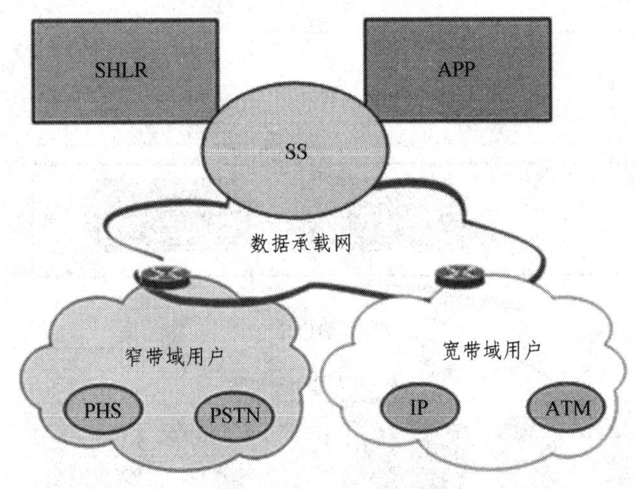

图 2-2　软交换网络模型

（3）实现了所有网络的融合。

由软交换核心控制设备完成全网统一的会话、路由、媒体、QoS 等方面的端到端调度和控制。

（4）用户接入手段多样性，包括宽带域和窄带域。

（5）用户可全网移动。

通过这样的组网方式，将为其业务的发展带来网络智能化、宽带化、移动化、标准化这些特征。

2.2.3　软交换的网络架构

作为 NGN 的核心技术，软交换是一种基于软件的分布式交换和控制平台。软交换的概念基于新的网络功能模型分层（分为接入层、承载层、控制层与业务层 4 层，见图 2-3）概念，从而对各种功能作不同程度的集成，使得业务与控制，控制与承载分离开来，通过各种接口协议，使业务提供者可以非常灵活地将业务传送和控制协议结合起来，实现业务融合和业务转移，非常适用于不同网络并存互通的需要，也适用于从语音网向多业务/多媒体网的演进。

1. 边缘接入层

边缘接入层主要是指与现有网络相关的各种网关和终端设备，完成各种类型的网络或终端到核心层的接入，完成媒体处理的转换作用。

边缘接入层的主要设备介绍：

信令网关（SG）：完成电路交换网（基于 MTP）和分组交换网（基于 IP）之间的 NO.7 信令的转换，将 NO.7 信令利用分组交换网络传送。

中继网关（TG）：在软交换的控制下，完成媒体流的转换等功能，主要用于中继（NO.7 信令）接入。

接入网关（AG）：在软交换的控制下，完成媒体流的转换和非 NO.7 信令处理等功能，主要用于终端用户/PBX 接入和中继（非 NO.7 信令接入）。

宽带网关（BAC）：完成两个异构宽带网络中协议控制流和媒体流的中继功能。并具有流控，黑白名单等功能。

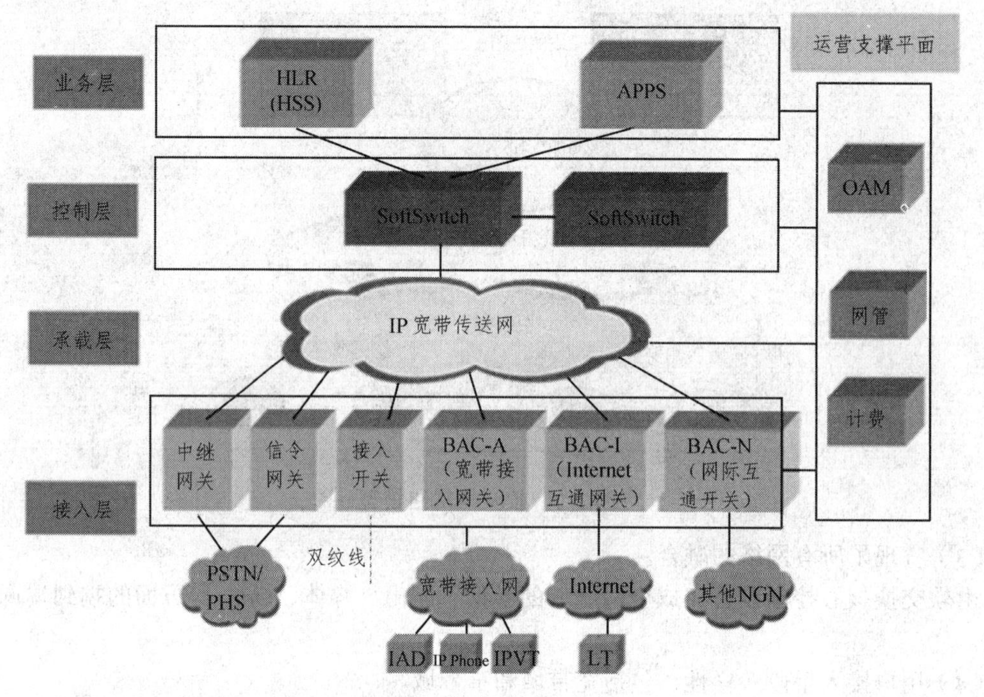

图 2-3　软交换系统架构

综合接入设备（IAD）：完成用户端数据、语音、图像等多媒体业务的综合接入功能。

SoftPhone：安装于用户电脑上的软件，实现数据、语音、图像等多媒体业务的终端。

2. 承载层

承载层是一个基于 IP/ATM 的分组交换网络。软交换体系网络通过不同种类的媒体网关将不同种类的业务媒体转换成统一格式的 IP 分组或 ATM 信元，利用 IP 路由器或 ATM 交换机等骨干传输设备，由分组交换网络实现传送。

3. 控制层

控制层是整个软交换网络架构的核心，主要指软交换控制设备。软交换是网络中的核心控制设备，它所完成的主要功能有：

（1）呼叫处理控制，完成基本的和增强的呼叫处理过程；

（2）接入协议适配，完成各种接入协议的（信令）的适配处理过程；

（3）业务接口提供，向业务平台提供开放的标准接口；

（4）互联互通功能，与其他对等实体互联互通；

（5）应用支持系统功能，完成计费、认证、操作维护等功能。

4. 业务层

业务层主要指面向用户提供各种应用和服务的设备。除了继承了传统交换网络的 AAA 服务器、数据库、SCP、OSS 等设备外，还根据下一代网的基本特征，定义了两个新的实体。

APPS（应用服务器）：作为全网统一的业务平台，利用 Parlay API 技术，提供业务生成环境，向用户提供增值业务、多媒体业务的创建和维护功能。

SHLR（Smart Home Location Rigester，智能归属位置寄存器）：作为固网、NGN 用户数

据属性存储及管理中心。

2.2.3　软交换系统的功能要求

软交换技术是一个分布式的软件系统，可以在基于各种不同技术、协议和设备的网络之间提供无缝的互操作性，其基本设计原理是设法创建一个具有很好的伸缩性、接口标准性、业务开放性等特点的分布式软件系统，它独立于特定的底层硬件/操作系统，并能够很好地处理各种业务所需要的同步通信协议，在一个理想的位置上把该架构推向摩尔曲线轨道。并且它应该有能力支持下列基本要求：

（1）独立于协议和设备的呼叫控制、呼叫处理同步、话务管理等应用的开发。

（2）在其软交换网络中能够安全地执行多个第三方应用而不存在由恶意或错误行为的应用所引起的任何有害影响。

（3）第三方硬件销售商能增加支持新设备和协议的能力。

（4）业务和应用提供者能增加支持全系统范围的策略能力而不会危害其性能和安全。

（5）有能力进行同步通信控制，以支持包括账单、网络管理和其他运行支持系统的各种各样的运营业务系统。

（6）支持运行时间捆绑或有助于结构改善的同步通信控制网络的动态拓扑。

（7）从小到大的网络可伸缩性和支持彻底的故障恢复能力。

软交换的实现目标是在媒体设备和媒体网关的配合下，通过计算机软件编程的方式来实现对各种媒体流进行协议转换，并基于分组网络（IP/ATM）的架构实现 IP 网、ATM 网、PSTN 网等的互联，以提供和电路交换机具有相同功能并便于业务增值和灵活伸缩的设备。

技能训练　ZXECS IBX1000 数据配置

一、实训项目单

编制部门：　　　　　　　　　　　编制人：　　　　　　　　编制日期：

<table>
<tr><td>项目编号</td><td>2</td><td>项目名称</td><td colspan="2">ZXECS IBX1000 数据配置</td><td>学时</td><td>6</td></tr>
<tr><td>学习领域</td><td colspan="3">VoIP 系统组建、维护与管理</td><td>教材</td><td colspan="2">NGN 之 VoIP 技术应用实践教程</td></tr>
<tr><td>实训
目的</td><td colspan="6">通过本单元实习，熟练掌握以下内容。
（1）熟练掌握登录 ZXECS1000 的网管平台。
（2）熟练掌握 ZXECS IBX1000 的单项配置。</td></tr>
<tr><td colspan="7">◘实训内容
IBX1000 设备的所有配置均在 Web 网管上操作。
Web 网管总共分为三个区域：标题区、导航区和操作区。
标题区为界面顶端蓝色标题部分，包含标题内所有功能项。
导航区为界面左侧导航菜单伸缩部分，使用导航菜单右侧的“<<”箭头可隐藏展开导航菜单 导航菜单 <<，菜单前的“-”代表该项目仅有此项配置，“+”代表此项目下有分项，点击可以展开目录，查看分项。</td></tr>
</table>

熟练掌握 ZXECS IBX1000 的以下单项配置。

（1）槽位类型配置。

（2）用户配置。

（3）模拟用户配置。

（4）SIP 用户配置。

（5）H323 用户配置。

（6）路由配置。

（7）中继配置。

◘实训设备与工具

ZXECS IBX1000 若干台，计算机若干台。

◘注意事项

（1）必须首先完成槽位配置才可进行其余的数据配置操作。

（2）槽位类型的配置必须与硬件槽位内接插的板卡类型一致才能正常配置数据。

（3）每个配置项中的红色*号项为必填项。其余默认存在的参数数据如无特殊情况，不可擅自更改。

（4）如未配置槽位类型，红色框体内则无显示，无法配置模拟用户。

◘方法与步骤（见详细步骤说明）

（1）正常登录网管后，整个界面右上角则为标题区。

（2）导航区采用的是树形结构，点击“⊞”可对母项进行展开，显示子项信息。导航栏还可点击“<<”隐藏导航区。

（3）进入操作区主要对设备的功能配置。

（4）槽位类型配置。

（5）用户配置。

（6）模拟用户配置。

（7）SIP 用户配置。

（8）H323 用户配置。

（9）七号信令配置。

（10）链路集配置。

（11）路由配置。

（12）中继配置。

（13）配置状态检查。

◘评价要点

（1）槽位类型配置（10 分）。

（2）用户配置（10 分）。

（3）模拟用户配置（10 分）。

（4）SIP 用户配置（10 分）。

（5）H323 用户配置（10 分）。

（6）七号信令配置（10 分）。

（7）链路集配置（10 分）。
（8）路由配置（10 分）。
（9）中继配置（10 分）。
（10）配置状态检查（10 分）。

二、实施向导

1. 熟悉网络环境

了解配置计算机、IAD 与 IBX1000 的硬件连接关系。图 2-4 所示是本融合通信实训室的硬件连接图。

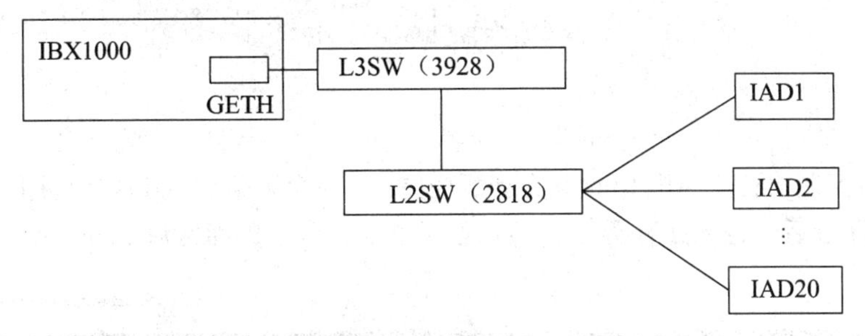

图 2-4　本融合通信实训室的硬件连接图

2. 登录前准备

网管登录默认使用 Windows 系统的 IE 浏览器。登录前，请保持设备与登录 PC 网络互通。开启电源，等待 3 ~ 6 min，系统启动完成，准备登录。

要点：Web 网管平台是 ZXECS 系列产品面对用户使用的唯一数据操作平台。有两种安装方式，如客户采购了 Server 模块，则出厂时网管平台已经安装在 Server 模块内，无须再次安装，可直接登录。如客户未采购 Server 模块，则需另行在 Windows 系统平台下安装网管登录平台。

三、配置参考步骤

1. 配置 Server 模块的登录方式

（1）保持登录 PC 与设备网络互通。打开 IE 浏览器，输入 http：//xxx.xxx.xxx.xxx/rt-nm 登录。xxx.xxx.xxx.xxx 为网管平台安装地址 IP。带 Server 模块，则为 Server 模块网络地址；不带 Server 模块，安装在 Windows 系统下的，则为系统 PC 网络地址。例如 Server 模块设备地址为 192.168.10.2，则按图 2-5 所示输入登录。

图 2-5　输入登录界面

注意：在 Windows 系统平台下安装基础支撑软件时，会要求填写端口号，一般默认填写为 8080。则输入方式更改为 http://192.168.10.2:8080/rt-nm。

（2）正常输入后，进入登录界面，如图 2-6 所示。填写用户名，密码及交换机 IP 地址。默认初始操作员为 admin，密码为 123456。交换机地址为 192.168.10.1。

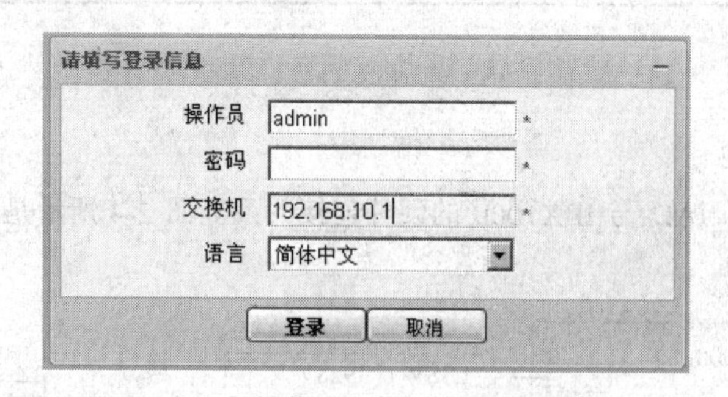

图 2-6　登录界面

说明：部分定制设备交换机 IP 地址会有所变更，一般会张贴 IP 标识在设备上，请注意查看。

（3）正常登录后，进入操作界面，显示如图 2-7 所示。界面区域划分说明如下。

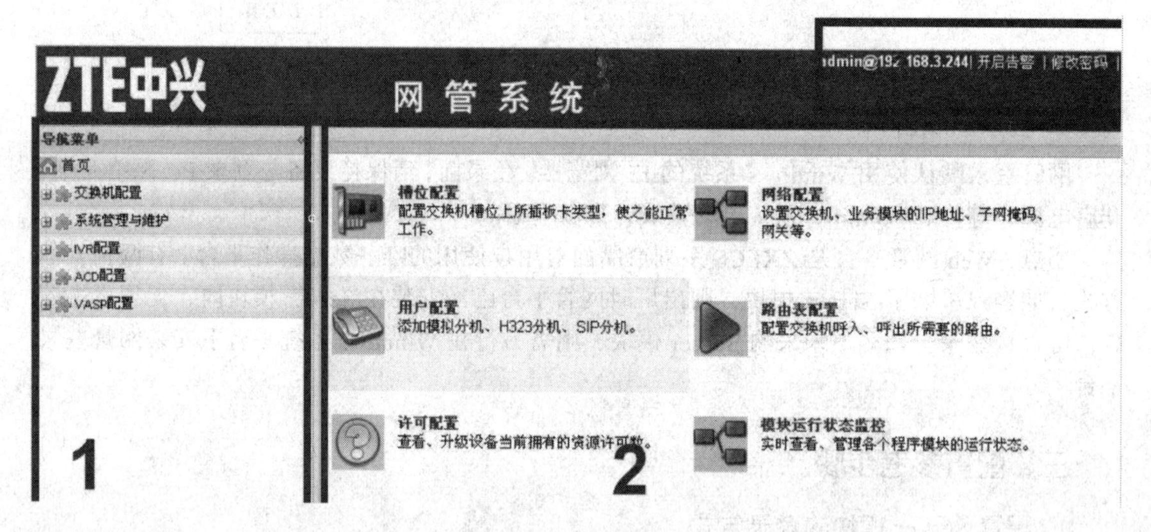

图 2-7　操作界面

说明：1 为导航菜单栏；2 为快捷操作栏及数据操作栏；3 为管理员操作栏。后续章节讲解数据配置时均按此名称进行操作区域说明。

2. 基本配置

进入网管平台，修改相关基本信息。如操作员密码，设备相关 IP 地址等。

1）修改操作员密码

注意：这里的操作员密码为超级用户操作员密码，密码一旦丢失，请联系厂商。

点击操作员区域内的修改密码按钮，弹出如图 2-8 所示提示框，输入旧密码，再输入新密码，提交即可。

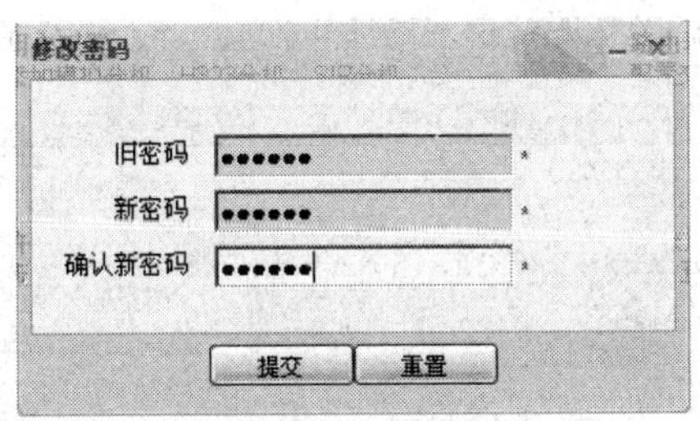

图 2-8　修改密码

2）IP 地址的修改

注意：设备 IP 地址一旦修改变更，请注销正在使用的网管，按新地址重新登录。修改设备 IP 地址系统会重启，需 3 ~ 6 min。

（1）单击快捷操作栏内的网络配置图标，如图 2-9 所示。可设置交换机、业务模块 IP 地址、子网掩码及网关。

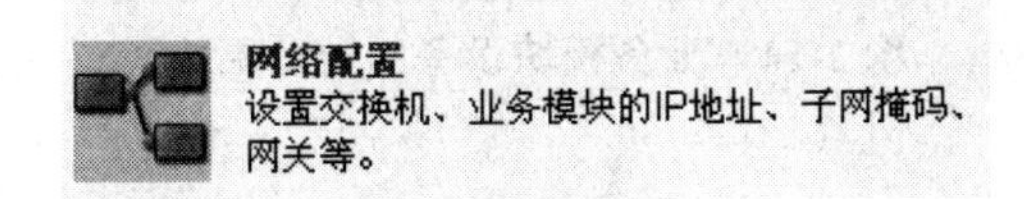

图 2-9　网络配置图标

（2）点击后，弹出如图 2-10 所示网络配置提示框，对框内显示项进行逐项修改。

说明：交换机是指设备的 MCU 地址，业务模块是 Server 模块的地址，NFS1 选择项是指为 MCU 提供的网络存储地址，一般默认为 Server 模块的 eth0 地址。Windows 下的网管平台，只含有交换机 IP 地址的修改。

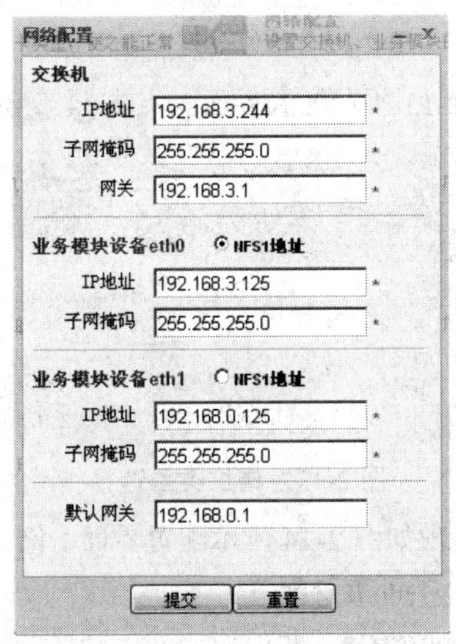

图 2-10　网络配置提示框

注意：交换机的 IP 地址必须与业务模块设备 eth0 的地址在同一网段下，否则无法正常使用业务模块下的 Web 网管平台连接交换机地址。eth1 为 Server 的 wan 口地址。

（3）业务模块设备的地址更改以及交换机 IP 地址的变更，相应的登录地址也随之改变。如更改交换机的地址为 10.20.0.100，业务模块 eth0 的地址为 10.20.0.101，那么登录地址则变成如图 2-11 所示。

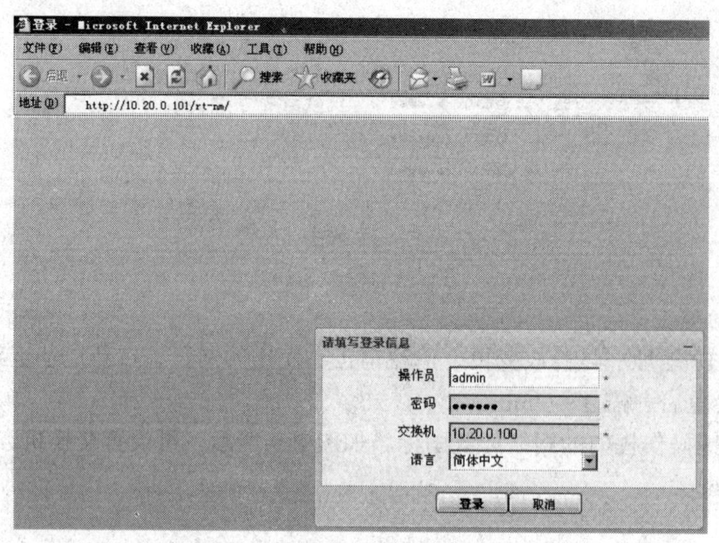

图 2-11　业务模块设备的地址更改

3）槽位类型配置

槽位类型配置是指对插接在 S0 ~ S2 用户槽位内的用户板进行绑定配置。

（1）单击如图 2-12 所示快捷操作界面内的槽位类型配置图标。

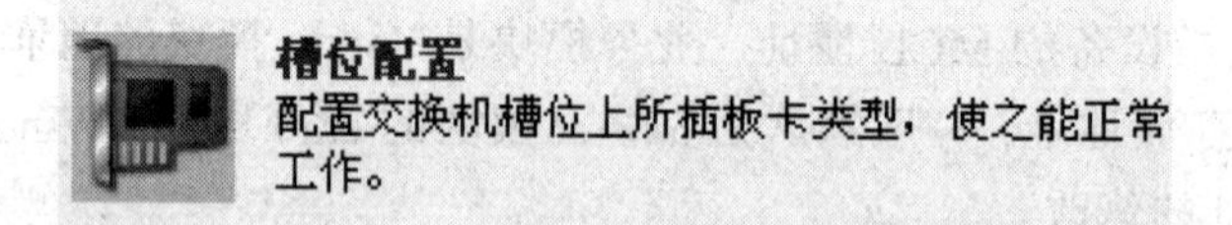

图 2-12　槽位类型配置图标

（2）点击后，会出现如图 2-13 所示配置界面。点击添加按钮进行槽位类型添加。

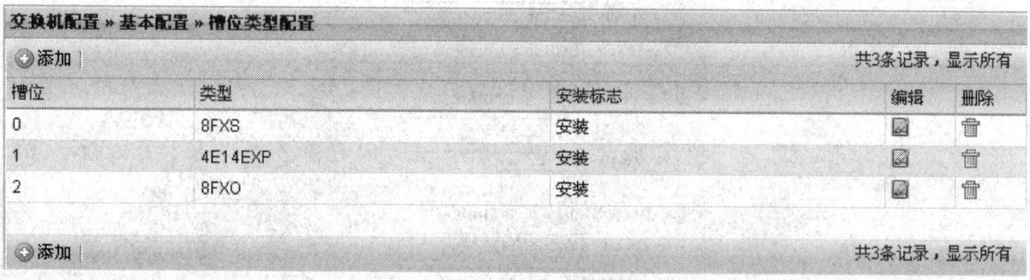

交换机配置 » 基本配置 » 槽位类型配置

添加　　共3条记录，显示所有

槽位	类型	安装标志	编辑	删除
0	8FXS	安装		
1	4E14EXP	安装		
2	8FXO	安装		

添加　　共3条记录，显示所有

图 2-13　槽位类型选择

（3）点击添加按钮后，出现如图 2-14 所示配置界面。例如：S0 槽位接插的为 4E14EXP 子板，则按图示输入保存即可。不可重复配置。

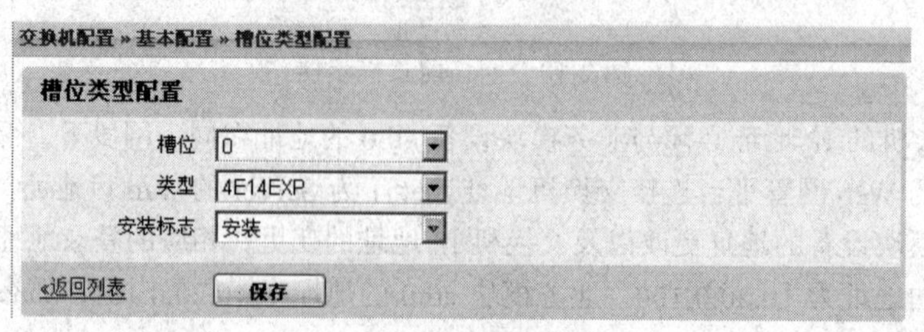

图 2-14　槽位类型配置

（4）配置完成，检查槽位配置是否正确。点击导航菜单栏内的系统管理与维护→槽位状态监控项。出现如图 2-15 所示显示框，查看当前状态，需显示“已配置的板卡与检测板卡类型一致”，才可正常配置数据。

图 2-15　槽位状态查看

注意：槽位类型配置完成，且在该槽位下配置了相关数据，如需更改该槽位的子板类型，需删除该槽位下配置的所有数据才可删除该槽位的配置进行重新槽位类型的配置。

4）模拟用户配置

要点：IBX1000 支持的用户类型有三类：模拟用户、SIP 用户和 H323 用户。SIP 和 H323 用户添加方式相同，区别于模拟用户。模拟用户在添加时，必须选择槽位类型下的对应端口才可进行配置。

（1）单击快捷操作界面内的用户配置图标，如图 2-16 所示。

图 2-16　槽位状态查看

（2）点击后，出现如图 2-17 所示配置界面。点击添加按钮进行用户添加。

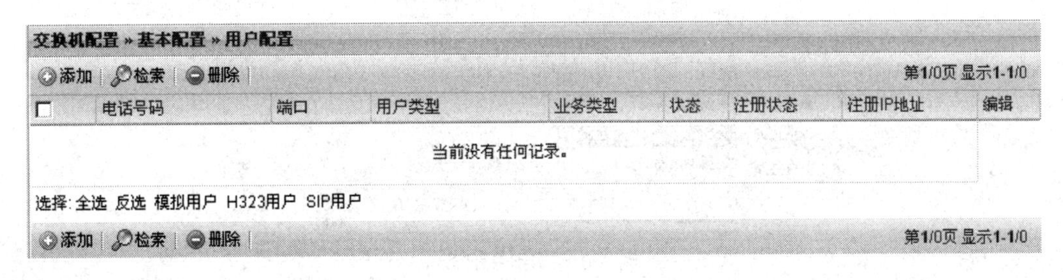

图 2-17　槽位状态查看

注意：如不存在可以配置模拟用户的用户子板，则不可以配置模拟用户。如存在，则在槽位下会显示可以配置的板卡类型。

（3）选择槽位类型如图 2-18 所示的配置端口，选择完毕，输入需要配置的号码，点击保存即可。

批量添加、业务配置和补充业务根据具体要求进行选择配置。

范例：S1 槽位为 8FXS 用户板，批量添加此用户板下端口 0 ~ 3 的电话号码为 8000 ~ 8002，呼出权限为本地呼叫。

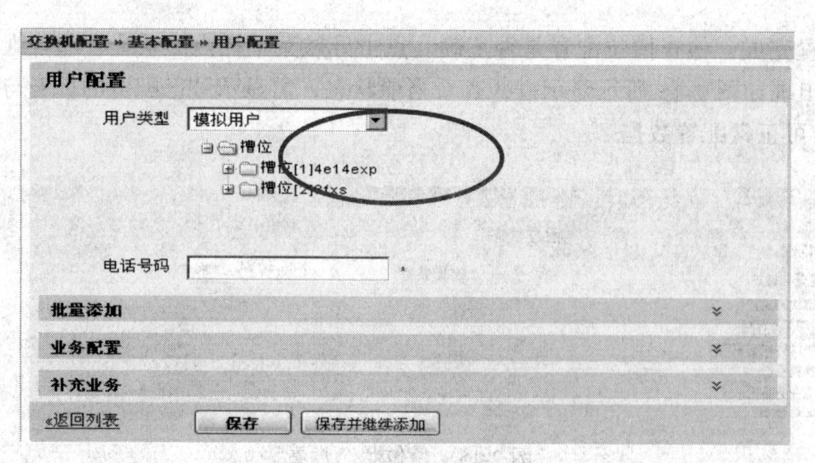

图 2-18 模拟用户配置界面

（4）单击槽位 1，下拉会显示端口 0 ~ 7 的信息，选择端口 0，弹出如图 2-19 所示配置界面。配置电话号码为 8000，下拉批量添加，选上批量按钮，数量 3，步长 1，下拉业务配置，选择呼出权限为本地呼叫，点击保存。

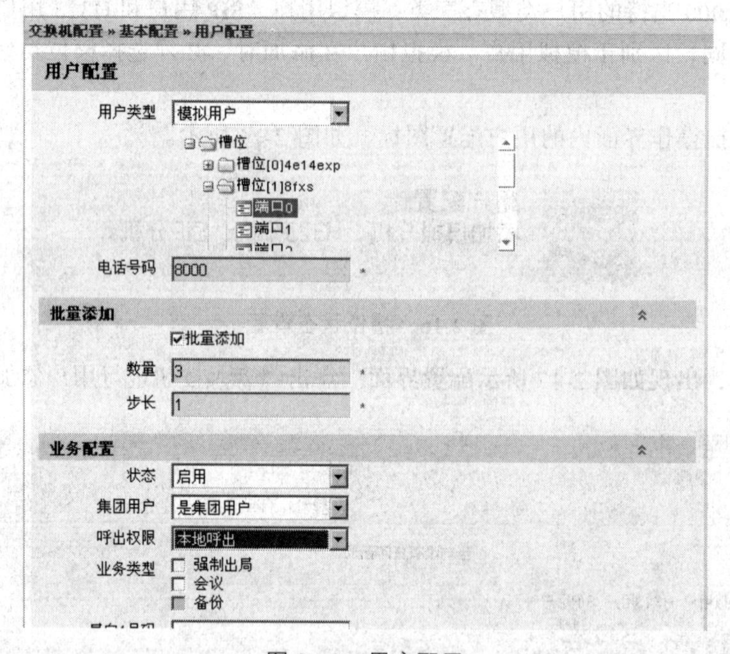

图 2-19 用户配置

5）IP 用户配置

说明：SIP 和 H323 用户为 IP 用户，需要配合的 IP 终端用户才可正常使用，IBX 下配置的 SIP 和 H323 用户只是为 IP 终端用户提供注册地址和号码。IP 终端在注册时需要对应 IBX 下的用户密码、电话号码，并且注册到 IBX 的设备 MCU IP 地址下。

（1）单击快捷操作界面内的用户配置图标。

（2）点击后，会出现如下配置界面。点击添加按钮进行用户添加。

（3）选择用户类型为 SIP 用户或者 H323 用户，界面如图 2-20 所示。选择完毕，输入域名、用户密码、电话号码，点击保存即可。

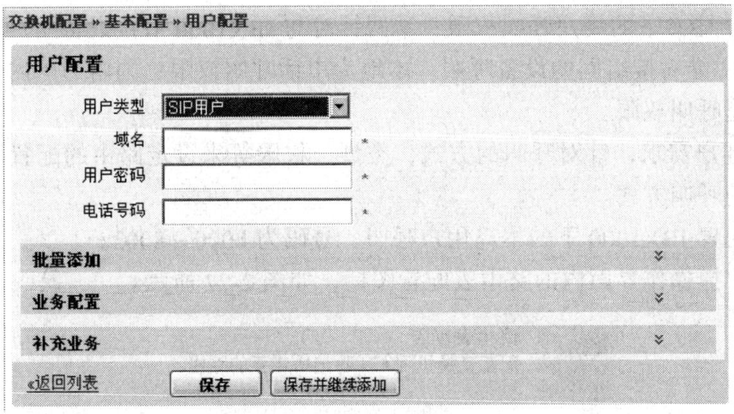

图 2-20　SIP 用户配置选择

域名为对此电话的命名，用户密码为注册此电话时的密码。批量添加、业务配置和补充业务根据具体要求进行选择配置。

范例：配置号码为 8000 ~ 8003，密码为 123456 的 SIP 用户。

具体配置如图 2-21 所示。选择用户类型为 SIP 用户，选择完毕，输入域名，用户密码为 123456，电话号码为 8000，展开批量添加，输入数量为 3，长度为 1，点击保存即可。

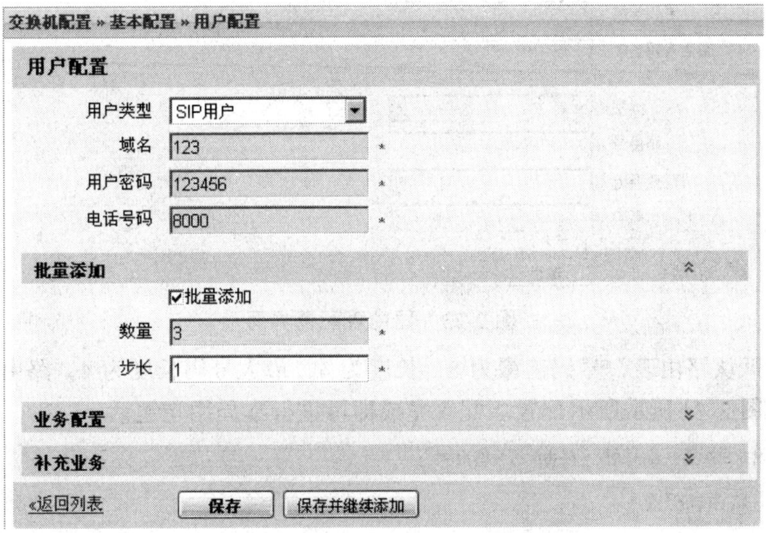

图 2-21　SIP 用户配置示例

（4）配置完成，如该 SIP 分机为 IP 终端，则进入 IP 终端 Web 网管输入正确的注册信息，点击注册。如 SIP 分机为 IAD 分机则进入 IAD 控制界面输入正确的注册信息，点击注册。正常注册后，点击 IBX 网管可看到注册地址。

3. 路由配置

要点：路由配置是 IBX1000 设备的配置重点，也是配置难点，需要操作人员对路由的相关知识有一个初步的了解。这里只是简单地介绍单个路由的配置方式，对于复杂的路由配置在后续章节的范例中会有说明。如不清晰，请在专业工程人员指导下配置。

路由表分为默认路由表和路由表两种，类型分为本局、本网、本地、国内和国际五种权限。本局为针对 IBX 下的用户呼叫权限；本网针对与 IBX1000 对接设备用户呼叫权限，如通过 E1 或者 IP 中继对接组网的设备呼叫；本地为市话呼叫权限；国内为国内长途呼叫权限；国际为国际长途呼叫权限。

根据现场客户需求，针对呼叫的方式，类型，权限等来设定路由的配置。不同的组合方式可实现不同的呼叫方式。

范例：如配置 IBX1000 下的本局用户呼叫，号码为 8000 ~ 8003。

（1）单击快捷操作界面内的路由表配置图标，如图 2-22 所示。

路由表配置
配置交换机呼入、呼出所需要的路由。

图 2-22　路由表配置图标

（2）点击后，会出现如图 2-23 所示路由表配置界面。点击 添加 按钮进行用户添加。

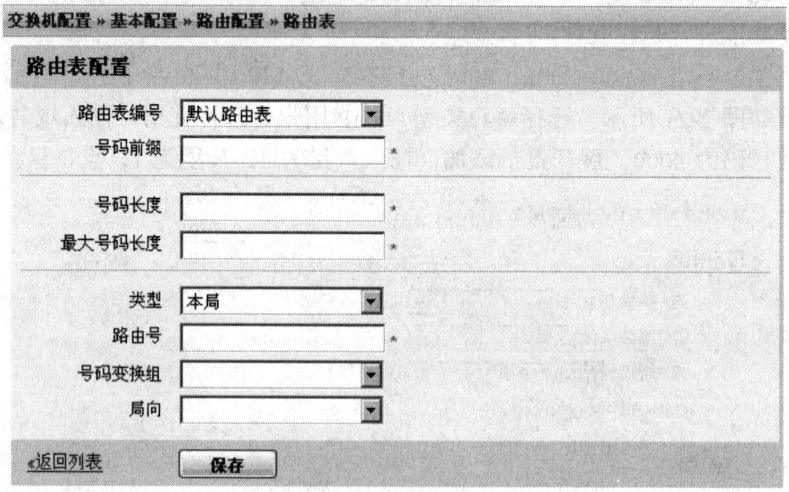

交换机配置 » 基本配置 » 路由配置 » 路由表

路由表配置

路由表编号 默认路由表
号码前缀 *
号码长度 *
最大号码长度 *
类型 本局
路由号 *
号码变换组
局向

«返回列表　保存

图 2-23　路由表配置界面

（3）添加默认路由表，号码前缀为 8，长度为 4，最大号码长度为 4，路由号为 255 的本局路由，则如图 2-24 所示所示配置。配置完成即可进行本局用户通话。

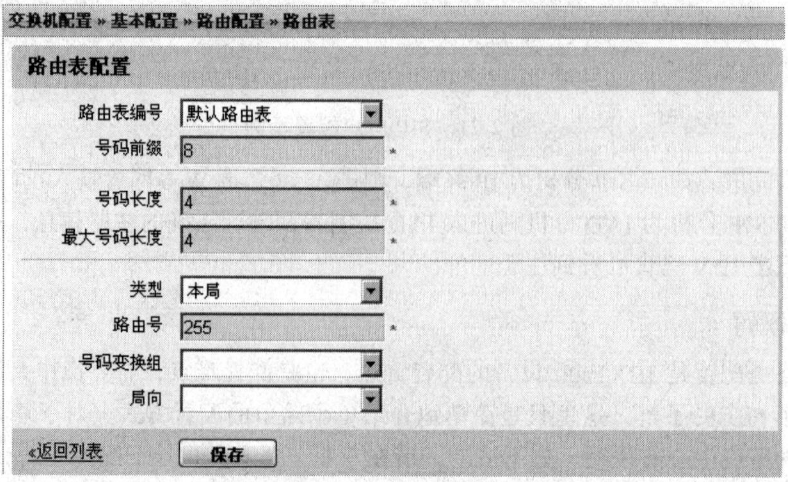

交换机配置 » 基本配置 » 路由配置 » 路由表

路由表配置

路由表编号 默认路由表
号码前缀 8 *
号码长度 4 *
最大号码长度 4 *
类型 本局
路由号 255 *
号码变换组
局向

«返回列表　保存

图 2-24　路由表配置

说明：复杂的路由配置在组合案例当中会有详细的说明，请注意查阅。

四、配置要求及结果测试

1. 数据规划

表 2.1 所示为数据规划表，教师可将学生分组，然后按要求配置。

表 2.1　数据规划表

IAD	IP 地址	电话号码
1	192.168.13.101	880101-----880108
2	192.168.13.102	880201-----880208
…	…	…
15	192.168.13.115	881501-----881508
…	…	…
19	192.168.13.119	881901-----881908
20	192.168.13.120	882001-----8820008

2. 实验要求

本实验主要要求如下：

（1）按实验拓扑图来连接网络设备；

（2）分别对 IAD 进行设置，使其能互联互通；

（3）设置高级功能如同一 IAD 互打短号，呼叫转移等。

理论训练

1. 软交换系统容量是指软交换可接入的____或____。

2. 软交换设备的处理能力以____为衡量单位。

3. 软交换控制设备的硬件结构由网络接口____、____、____、后台的维护管理子系统和计费网关组成。其中，___又称为“主机”或“前台”，是软交换控制设备的核心部分，主要完成业务处理、资源管理等功能。

4. 软交换设备的运行软件由____和____两大部分组成。

5. 媒体网关在软交换网络中处于____层，负责不同____之间的转换。

6. 按照媒体网关所在位置的不同，媒体网关可分为____和____。

7. ____是软交换体系中的小型用户接入层设备，用来将用户的数据、语音及视频等业务接入到分组网络中，其用户端口数一般不超过 48 个。

8. 简要说明软交换设备的业务提供功能。

9. 简要说明软交换设备的业务交换功能。

10. 简要说明软交换设备的硬件结构。

11. 简要说明软交换设备软件系统的结构。

12. 简要说明软交换设备的主要数据。
13. 软交换网络中提供的基本业务有哪些?
14. 简要说明基于软交换的业务实现方式。
15. 简要说明软交换技术给运营商带来的优势。

项目 3　VoIP 网络电话

【教学目标】

知识目标	技能目标
掌握 VoIP 基本原理； 掌握 VoIP 主要技术指标、特点； 掌握 VoIP 的协议体系、基本结构、种类、发展趋势等	能够描述 VoIP 基本原理，主要技术指标、特点； 能对常见的 IP 软电话如 X-Lite 进行配置

【项目引入】

VoIP（Voice over Internet Protocol）是一种以 IP 电话为主，并推出相应的增值业务的技术。VoIP 最大的优势是能广泛地采用 Internet 和全球 IP 互联的环境，提供比传统业务更多、更好的服务。

VoIP 可以在 IP 网络上便宜地传送语音、传真、视频和数据等业务，如统一消息、虚拟电话、虚拟语音/传真邮箱、查号业务、Internet 呼叫中心、Internet 呼叫管理、电视会议、电子商务、传真存储转发和各种信息的存储转发等。

【相关知识】

3.1　VoIP 网络结构

随着光网络的飞速发展和数字传输技术的应用，原来在数据通信网中被视为应用“瓶颈”的带宽和服务质量等问题一一得到解决，推动了 IP 技术的飞速发展，带动各种应用向 IP 靠拢，VoIP 网络电话（又称 IP Phone 或 VoIP）业务就是其中一个典型的应用。

3.1.1　VoIP 网络电话的概念

VoIP 网络电话是一种利用 Internet 技术或网络进行语音通信的新业务。从网络组织来看，目前比较流行的方式有两种：一种是利用 Internet 网络进行的语音通信，我们称之为网络电话；另一种是利用 IP 技术，电信运营商之间通过专线点对点联结进行的语音通信，有人称之为经济电话或廉价电话。两者比较，前者具有投资省，价格低等优势，但存在着无服务等级和全程通话质量不能保证等重要缺陷，该方式多为计算机公司和数据网络服务公司所采纳。

后者相对于前者来讲投资较大，价格较高，但因其是专门用于电话通信的，所以有一定的服务等级，全程通话质量也有一定保证，该方式多为电信运营商所采纳。VoIP 网络电话与传统电话具有明显区别。首先，传统电话使用公众电话网作为语音传输的媒介；而 VoIP 网络电话则是将语音信号在公众电话网和 Internet 之间进行转换，对语音信号进行压缩封装，转换成 IP 包，同时，IP 技术允许多个用户共用同一带宽资源，改变了传统电话由单个用户独占一个信道的方式，节省了用户使用单独信道的费用。其次，由于技术和市场的推动，将语音转化成 IP 包的技术已变得更为实用、便宜，同时，VoIP 网络电话的核心元件之一数字信号处理器的价格在下降，从而使电话费用大大降低，这一点在国际电话通信费用上尤为明显，这也是 VoIP 网络电话迅速发展的重要原因。

3.1.2　VoIP 网络电话的基本原理

VoIP 是建立在 IP 技术上的分组化、数字化传输技术，其基本原理是：通过语音压缩算法对语音数据进行压缩编码处理，然后把这些语音数据按 IP 等相关协议进行打包，经过 IP 网络把数据包传输到接收地，再把这些语音数据包串起来，经过解码解压处理后，恢复成原来的语音信号，从而达到由 IP 网络传送语音的目的。VoIP 网络电话系统把普通电话的模拟信号转换成计算机可联入因特网传送的 IP 数据包，同时也将收到的 IP 数据包转换成声音的模拟电信号。经过 VoIP 网络电话系统的转换及压缩处理，每个普通电话传输速率约占用 8 ~ 11 kb 带宽，因此在与普通电信网同样使用传输速率为 64 kb/s 的带宽时，VoIP 网络电话数是原来的 5 ~ 8 倍。VoIP 网络电话的核心与关键设备是 VoIP 网络电话网关。VoIP 网络电话网关具有路由管理功能，它把各地区电话区号映射为相应的地区网关 IP 地址。这些信息存放在一个数据库中，有关处理软件完成呼叫处理、数字语音打包、路由管理等功能。在用户拨打 VoIP 网络电话时，VoIP 网络电话网关根据电话区号数据库资料，确定相应网关的 IP 地址，并将此 IP 地址加入 IP 数据包中，同时选择最佳路由，以减少传输时延，IP 数据包经因特网到达目的地 VoIP 网络电话网关。对于因特网未延伸到或暂时未设立网关的地区，可设置路由，由最近的网关通过长途电话网转接，实现通信业务。

3.1.3　VoIP 网络电话的基本结构

VoIP 网络电话的基本结构由网关（GW）和网守（GK）两部分构成。网关的主要功能是信令处理、H.323 协议处理、语音编解码和路由协议处理等，对外分别提供与 PSTN 网连接的中继接口以及与 IP 网络连接的接口。网守的主要功能是用户认证、地址解析、带宽管理、路由管理、安全管理和区域管理。一个典型的呼叫过程是：呼叫由 PSTN 语音交换机发起，通过中继接口接入到网关，网关获得用户希望呼叫的被叫号码后，向网守发出查询信息，网守查找被叫网守的 IP 地址，并根据网络资源情况来判断是否应该建立连接。如果可以建立连接，则将被叫网守的 IP 地址通知给主叫网关，主叫网关在得到被叫网关的 IP 地址后，通过 IP 网络与对方网关建立起呼叫连接，被叫侧网关向 PSTN 网络发起呼叫并由交换机向被叫用户振铃，被叫摘机后，被叫侧网关和交换机之间的话音通道被连通，网关之间则开始利用 H.245 协议进行能力协商，确定通话使用的编解码，在能力协商完成后，主被叫方即可开始通话。

3.1.4　VoIP 网络电话的优点

VoIP 网络电话是将语音数据集成与分组技术进行结合，从而迎来一个新的网络环境，这个新环境提供了低成本、高灵活性、高生产率及效率的增强应用等优点。VoIP 网络电话的这些优点使企业、服务供应商和电信运营商们看到了许多美好的前景，把语音和数据集成在一个分组交换网络中的契机是由以下因素推动的：

（1）通过统计上的多路复用而提高的效率。

（2）通过语音压缩和语音活动检测（安静抑制）等增强功能而提高的效率。

（3）通过在私有数据网络上传送电话呼叫而节省长途费用。

（4）通过联合基础设施组件降低管理成本。

（5）利用计算机电话集成的新应用的可能性。

（6）数据应用上的语音连接。

（7）有效使用新的宽带 WAN 技术。

分组网络提高的效率和在统计学上随数据分组多路复用语音数据流的能力，允许公司最大限度地得到在数据网络基础设施上投资的回报。而把语音数据流放到数据网络上也减少了语音专用线路的数目，这些专用线路的价格往往很高。LAN，MAN 和 WAN 环境中吉位以太网、密集波分多路复用和 Packet over SDH 等新技术的实现，以更低的价位为数据网络提供更多的带宽。同样，与标准的 TDM 连接相比，这些技术提供了更好的性价比。

3.1.5　VoIP 网络电话的种类

VoIP 网络电话就有 4 种：电话到电话、电话到 PC（计算机）、PC 到电话和 PC 到 PC。具体如下：

（1）PC 到 PC：最初 VoIP 网络电话方式主要是 PC 到 PC，利用 IP 地址进行呼叫，通过语音压缩、打包传送方式，实现因特网上 PC 机间的实时话音传送，话音压缩、编解码和打包均通过 PC 上的处理器、声卡、网卡等硬件资源完成，这种方式和公用电话通信有很大的差异，且限定在因特网内，所以有很大的局限性。

（2）电话到电话：电话到电话即普通电话经过电话交换机连到 VoIP 网络电话网关，用电话号码穿过 IP 网进行呼叫，发送端网关鉴别主叫用户，翻译电话号码/网关 IP 地址，发起 VoIP 网络电话呼叫，连接到最靠近被叫的网关，并完成话音编码和打包，接收端网关实现拆包、解码和连接被叫。

（3）电话到 PC：电话到 PC 是由网关来完成 IP 地址和电话号码的对应和翻译，以及话音编解码和打包。

（4）PC 到电话：PC 到电话也是由网关来完成 IP 地址和电话号码的对应和翻译，以及话音编解码和打包。

3.2　VoIP 网络电话需解决的问题

VoIP 网络电话还有很多的问题需要解决。会有很多政策方面的问题要解决，比如运营许可证，还有像号码资源、网络之间互通互联这样跨技术和政策领域的问题需要解决，撇开这些问题，在技术上还有很多地方需要突破。其实这些技术问题也并非仅仅存在于未来的IP市话方面。现在国内运营商的长途VoIP网，多建设在专用通信网上。IP地址、安全这样的问题并不突出。但是专网的方式毕竟只是一个过渡方式，从三网融合的角度看，VoIP网络电话必然要融入到公共IP网当中。要达到这一目标，无论是长途网还是本地网，这些问题都必须解决。

1. 网络地址

对于如此大规模的一个VoIP网络电话网络，IP地址资源的匮乏是首先要解决的问题。其实这也是困扰着中国宽带接入发展的一个问题，只是在VoIP网络电话通信方面会更明显。采用私有地址是运营商非常不愿意看到的事情，运营商不可能在每一个地方都采用私有地址，这样在构建全国网络时就很不方便。而整个互联网采用私有地址，在网间互联也难以避免相应的问题。采用私有地址自然要涉及NAT的问题，对于Web浏览和收发电子邮件一般的NAT设备都可以支持，但是很多NAT不能支持VoIP网络电话双向通信。同样的问题在PC to PC和PC to Phone形式的VoIP网络电话服务方面也存在，比如，如果按照现在ISP提供的拨号上网方式，上网的PC机一般只能获得一个动态分配的IP地址，用户只能拨出，对方不能确切地知道主叫方的位置，结果是无法呼入。IPv6自然是最佳的结果，但是现在还不能非常确切地知道在什么时间IPv6会在全球推广使用，

即使开始推广，必然需要一定的时间。有些人认为现阶段还是应该在NAT上面下些功夫，比如支持更多种的应用，像VoIP网络电话通信。

2. 安全问题

VoIP网络电话的安全问题也是亟待解决的问题。安全的问题分为两方面，一是对于IP网和承载它的以太网在信息安全方面有先天的缺陷，而作为一种通信服务必须能保证用户的个人隐私和商业安全。另一方面，是对于运营商的，如何保证自己业务的安全性，不受欺诈。在没有安全保证的情况下，如果有人将其VoIP网络电话网关接入某运营商的网络，通过运营商的网守获得该运营商网关的IP地址信息，神不知鬼不觉地实现VoIP网络电话的“落地”并非是不可能的故事。H.235是人们谈论颇多的安全解决方案，利用H.235是否就真能保证安全性，而相应带来的成本、控制问题都需要仔细考虑。另外，采用了保密措施的VoIP网络电话设备，不同厂商在互操作性方面可能又需要一个协调的过程。

3. 服务质量

除了地址和安全，另一个非常重要的问题是服务质量。现在的IP网在对实时业务的服务质量支持方面有先天的缺陷，要解决VoIP网络电话的服务质量，一定要解决IP网的质量问题。人们把很大的希望寄托在IP DiffServe、MPLS等技术上，独立资源的VoIP网络电话VPN方案也被认为是一种很好的解决方案。光通信，特别是DWDM技术，使通信网带宽的增长速率远远超过摩尔定律，有人认为利用无限的带宽可以解决IP网的服务质量。但流量工程仅仅可以改善服务质量，不能彻底解决服务质量的问题，分类服务是方向。电信级的VoIP网络电话网应该引入新的思路和新的概念。解决VoIP网络电话的服务质量，不能仅仅依赖于IP网的改善，应该同时在VoIP网络电话自身寻找解决的办法。

4. 供电问题

传统的电话在馈电方面历经百年风雨已经非常成熟，在发生市电断电的情况下，电话线仍能保证与外界的通信。语音通信作为大多数国家的基本电信业务，很大程度上扮演着生命线的角色。在企业的 IP PBX 中，Cisco、Avaya 等公司已经可以通过在以太网交换机上增加供电模块，通过 5 类线解决馈电的问题，而像 Cisco 最早可以实现馈电的交换机 Catalyst6500 系列，有多个冗余的电源来保证不间断电源的供应。但是，类似的方案可以满足未来 IP 市话的要求，而且利用以太网线对话机和网关供电的标准还没有出来。除了少数的厂家以外，我们大多能见到的终端还做不到这一点，需要另加电源。另外，对于这些终端设备来说，功耗问题也待解决。应该说，供电的问题在以太网接入领域是不可回避的问题，许多放置在楼头的交换机都直接通过市电供电，出于成本的考虑，许多交换机没有冗余的电源，即使有，当市电断掉以后一切通信也就必须结束。从通信的角度看，我们可以实现三网融合，从供电的角度看，有人认为，还是不能把 RJ11 的双绞线融合掉。其实不仅仅是供电的问题，对于新生的 VoIP 网络电话技术，设备的可靠性、稳定性也是人们关注的焦点。一些厂商在网守和软交换设备进行着努力。网守和软交换的呼叫服务器，都基于通用的计算机平台。电信级产品一般都采用像 Unix 这样非常稳定的运算平台，多台服务器互为热备份，有的厂商在他们软交换的解决方案中还集成 Cluster、负载均衡等技术，采用各种技术避免单点的故障对通信的影响。在计算机行业的眼中采取的措施可谓是登峰造极。但是对于一些传统电信领域的人来说，似乎还是难以让人足够信服。如果把这一问题扩大，在整个 IP 网上，网络设备的稳定性、可靠性都不能让人们满意，至少让人怀疑。而可管理性、可维护性也是 IP 网需要解决的问题。

5. 网络融合

如何与现有 PSTN 网络互通，智能网互通，VoIP 网络电话智能网业务的开发，无论在长途还是在本地网都是需要解决的问题。现在在 VoIP 网络电话网与固定电话网的互通上还有很多的问题需要解决。比如 VoIP 网络电话的号码资源问题。而倘若 VoIP 网络电话获得了电话号码的资源，两个网络是否呼叫得通呢？据了解，国内产业界正在加紧研究，同时制定相关的标准来解决这样的问题。

在传统的电路交换电话网中，给用户提供的各项业务都直接与交换机有关，业务和控制都由交换机来完成的。交换机需要提供的功能和交换机提供的新业务都需要在每个交换结点来完成。如要增加新业务，需要先修订标准再对交换机进行改造，每提供一项新业务都需要较长的时间周期。

而新时代的网络将是一个开放的分层次的结构。这种网络拓扑结构可以使用基于包的承载传送，是一个开放端点的拓扑结构，能同样好地传送话音和数据业务。网络的承载部分与控制部分分离，允许它们分别演进，有效地打破了单块集成交换的结构，并在各单元之间使用开放的接口。这样的做法可以保证用户在每一个层面上选购自己理想的设备，而不受太多的限制。同样基于分层结构的软交换技术，可以使基于不同承载网如 Cable、DSL、以太网的终端都能够进行通信。但是新一代的网络，不可能在瞬间取代原有的电路交换的话音网，原有的电话网还将存在很长时间。这时候需要有技术既能构建新的分组网络，同时也能用来实现传统电话网和新网络的融合。软交换是一种基于分组网技术的解决方案，它可以很好地解决这一问题。软交换可以实现的功能并不仅仅是长途的VoIP网络电话。在数据业务日益增长的今天，传统的语音交换机不能承担大量的长时间的数据呼叫业务（比如拨号上网）。利用软交换技术可以实现Internet业务卸载的功能，在拨号业务进入5类交换机之前直接交移到ISP的网络。软交换可以替代4类汇接交换机，软交换还可以代替5类交换机。5类交换机的价格往往是新兴运营公司和业务提供者进入市场的一大障碍。而软交换的价格便宜，并可以提供更丰富的业务。软交换设备需要多种的媒体网关和信令网关在下层予以支持，软交换（或者叫作呼叫服务器）负责基本的呼叫控制工作。通过软交换提供的开放接口，电信运营商在增添新服务方面非常方便，并可以利用第三方的软件开发者的力量不断为网络增添新的服务。一些软交换领域的厂商表示，采用这一技术将成倍地缩短新业务的推出时间。VoIP网络电话实现的速度和业务的丰富程度应该远远超过传统电话网。从现在的情况看，有两种方法可以实现VoIP网络电话的增值业务或者说是智能网的业务。一种是依照智能网的体系结构，利用像PINT等协议实现PSTN网和VoIP网络电话网智能业务的互通。一种就像今天的Internet一样，通过开放的接口，不断地增加新的应用服务器，来增添应用。当然在标准化方面，也要做很多的工作，国内已经开始制定VoIP网络电话补充业务的相关标准了。VoIP网络电话以其低廉的长途电话费受到人们的欢迎，得到了快速发展，我们有理由相信无论是国外还是在国内，作为给用户提供的一种选择，VoIP网络电话业务必将得到迅猛发展。

3.3 VoIP发展趋势

3.3.1 国际VoIP/软交换行业的特点

欧美、日本是VoIP开始较早的国家，目前欧洲的VoIP已经影响到传统基础电信运营商的市场份额。SONUS、AVAYA、CISCO等公司的VoIP系统，被大量的客户使用。

“互联网要担当起通信大任”的声音不绝于耳，存在已达百年的传统电话服务，在网络电话来势汹汹的挑战面前，已经显露出陈旧、乏味和呆板的疲态。可以肯定的是，在宽带接入日益增加的今天，将有越来越多公司推出网络电话服务，而VoIP技术与传统电话的竞争，也将在2005年达到白热化。

2004年底美国的家庭网络电话用户为100万户，预计今年网络电话用户可能增至三倍。日本现有490万户家庭安装了网络电话，韩国用户在电话号码前加拨070即可拨打网络电话。此外，美国有线网络电话用户大增，在2004年从少于5万用户增加至将近50万用户，大幅增长900%。预计这一增长趋势在2007年将达15%。在欧洲，VoIP电话已经成为能够和传统PSTN分庭抗争的重要固定语音通信方式。

可以预见，未来的电信业务将呈现多元化格局。同样是话音业务，可能是PSTN网络（传统电话网）提供的，可能是Internet提供的，还可能是有线电视网络，甚至电力网、煤气管道网提供的。而用户的选择也将包括电脑与电脑、电脑与电话、电话与电话、电话与（智能）手机等通话方式。这一切，都是以IP为基础的通信网络，而非传统通信模式的电信服务。

3.3.2　国内 VoIP/软交换行业的特点

如果说中国 PSTN 的出现是“十月革命”，而 VoIP 的发展则是典型的“农村包围城市”，虚拟运营商痛并快乐着，覆盖速度快，投入产出比高，灵活性好，但是受政策风险压力大，同时由于对比国外品牌没有价格优势，而国内产品因技术不成熟等问题，质量又很难得到消费者认可，所以一直没有很大进展。

在 2015 年初，VoIP 才算是在国内有了较好较快的发展。一方面是因为技术水平以及国家给予通信资源的提升，另一方面也在于政府在政策上对于本行业的鼓励。目前国家相关部门分多批次向多家民营企业下发了虚拟运营执照。允许这些企业从移动、联通、电信购买通信服务，重新包装成自有品牌销售给用户。同时，国家开放增殖电信业务经营许可，让有能力的企业自己成为品牌，经营呼叫中心业务，也就是 VoIP 业务。

目前来说，国内 VoIP 网络电话的主流品牌还是以国内品牌为主，很多国外品牌因为没有价格优势都逐一退出了市场。而且随着技术的提升，现在网络电话的功能和体验都在不断改善提升，不但可以将网络电话作为通信工具，也可以作为营销工具等，相信未来的发展空间将会更大。

3.3.3　VoIP 未来发展潮流

语音和综合业务 IP 化是不可逆转的历史潮流，是大趋势。整个语音 IP 化，everything over IP 正在实现。SKYPE 等新技术新概念新的增值服务提供商的介入，将会把 VoIP 带到前所未有的崭新时代。

VoIP 语音业务目前在国际上的运用已足见规模，国内业务市场更是前景广阔。可是，在中国 VoIP 运营仍然很难。虽然 NGN 炒得很火热，在基础电信运营商中也已有部分建设，但大半是闲置的，所谓 NGN 业务在电信业务中所占的比重仍然很少，业务开拓能力很差，原因有多方面。有运维体系和业务队伍需重建的原因，有技术理解力的原因，有终端成本的原因，有网络互通问题，也有 VoIP 语音 QOS 先天缺陷的原因，更有业务合法性争议的原因。

事实表明，VoIP 软交换技术是一项革命性技术，增值业务更趋向网络化，不能以传统电信的思维和运营去经营业务，有障碍需要有新生的力量去推动，业务繁荣需要实力强劲的经营实体参与虚拟运营，这股力量目前还很弱。VoIP 技术的含金量只有在大规模商用的进程中才能得到真正的考验和验证，同时不断发展和演进，只有在真正大规模的 VoIP 运营业务中才能体现真正意义上的技术价值。

技能训练　软电话 X-Lite 的配置

一、实训项目单

编制部门：　　　　　　　　编制人：　　　　　　　　编制日期：

项目编号	3	项目名称	软电话 X-Lite 的配置		学时	2
学习领域	SIP 的终端配置			教材	NGN 之 VoIP 技术应用实践教程	

实训目的	（1）会申请网络电话账号。 （2）熟练掌握 X-Lite 的各重点配置单项。

◘实训内容

下载并在 PC（计算机）端安装软电话终端，查询多种软电话应用软件，例如：Skype、Soocall、Eyebeam、Red5Phone 等的相关资料，对比他们在界面、功能、配置、使用环境等方面的差别，理解网络电话的工作原理和架构等。

◘实训设备与工具

计算机若干台，X-Lite 和 Skype、Soocall、Eyebeam、Red5Phone 软电话客户端软件多种，带话筒的耳机若干、语音服务器一台。

◘注意事项

（1）查询相关软电话的安装环境。

（2）注意各种软电话支持的协议的类型，SIP 或者 H.323 还是其他。

（3）配置时有哪些关键配置。

◘方法与步骤（见详细步骤说明）

（1）下载相关软电话终端。

（2）正确安装。

（3）完成 IBX1000 上的数据的配置。

（4）进入软电话配置界面进行参数配置。

（5）验证业务。

◘评价要点

（1）服务器端配置（30 分）。

（2）用户配置（40 分）。

（3）配置状态检查（30 分）。

二、实施向导

1. 熟悉网络环境

了解配置计算机与 IBX1000 的硬件连接关系（此处需实地勘测）。

2. 登录前准备

准备好多种软电话应用服务程序，了解其运行环境，测试 PC 机与语音服务器之间的连通性。

三、配置参考步骤

1. 准备环境

下载 X-Lite 软件，测试 PC 机与语音服务之间的连通性，确保访问正常。

2. 安装软件

根据提示，点击“next”，到如图界面 3-1 时，选择“I accept the agreement”。

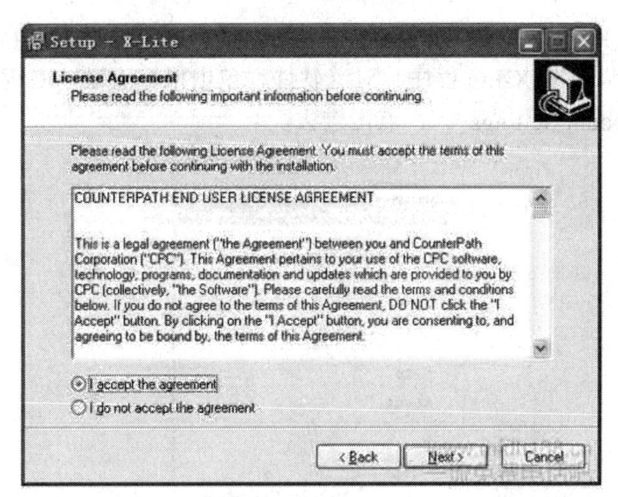

图 3-1　安装起始界面

根据提示点击“Next”往下安装，直到看到如图 3-2 所示界面，表示安装完成。

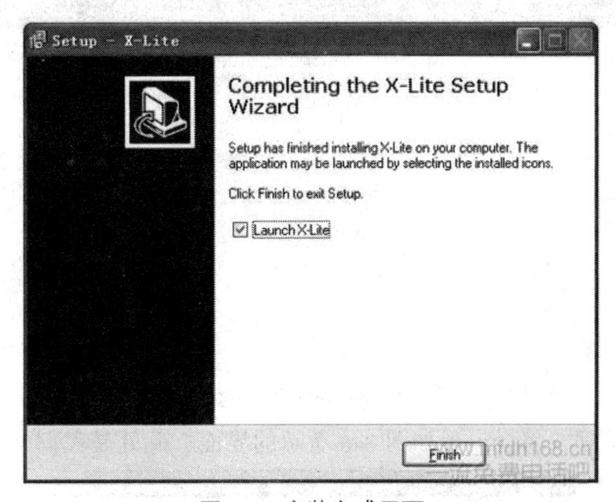

图 3-2　安装完成界面

3. 点击“Finish”

点击“Finish”后，稍等片刻，将会自动出现 X-Lite 软件界面，并且会弹出如图 3-3 提示是否需要提升服务质量的界面，通常选择“否”。

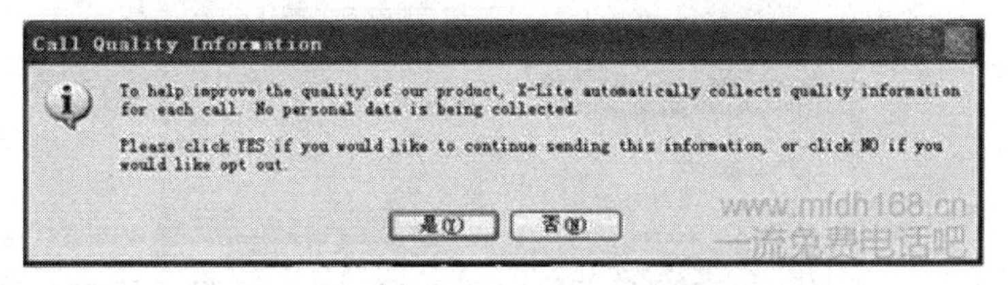

图 3-3　是否需要提升语音质量的弹窗

4. 配置 SIP 账号

上一步点击“否”以后，将会出现可以添加账号的界面，此时可以在此处添加账号，也可以点击“Close”，关闭此方框，等 X-Lite 运行起来后另行启动配置账号的界面。

我们需要在例如 IBX1000 这样的语音服务器端添加 SIP 用户，添加后就有了网络电话账号和密码，此处就可以打开 X-lite 程序，对着软件，单击鼠标右键，右键菜单如图 3-4 所示。选择第二项“SIP Account Settings…”，点击进去。

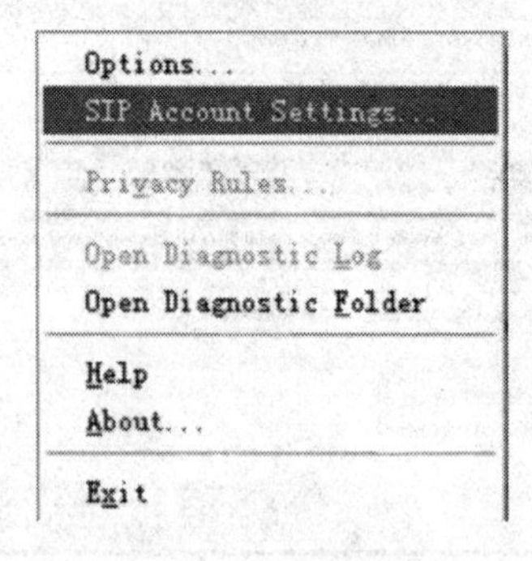

图 3-4　右键菜单界面

之后将会出现如下图 3-5 所示界面。

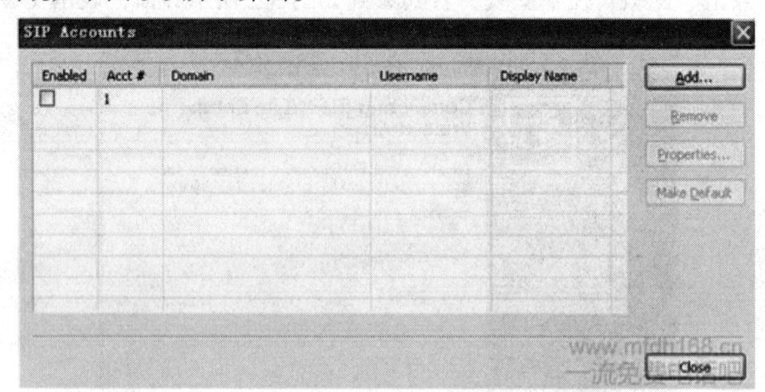

图 3-5　选择“Sip Account Settings…”后的界面

点击“Add…”选项，将会出现如图 3-6 所示的界面，此处是我们配置账号的关键点。

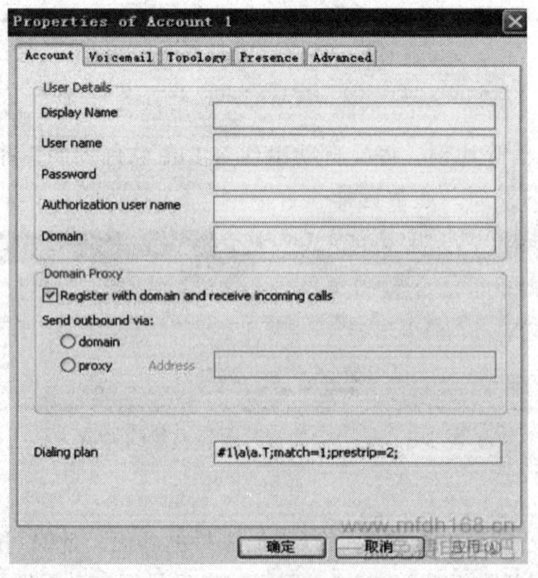

图 3-6　账号属性配置界面

主要包含两方面的配置，一个是用户细节的配置，另一个是区域内服务器的配置。首先来看用户细节配置。包括显示名，用户名和注册名，注意此处用户名一定要和服务器端分配给自己的用户名完全一致，通常是电话号码，而显示名是自定义的，可以是 Leo、Mike、Lucy 等自命名，不填也行，注册名一样，而密码也是服务器端给该用户名设置的密码，这个必须和服务器端的设置一致。Domain 是域的意思，就是要填上语音服务器的地址。

而在代理服务器配置处选择 Domain 选项即可。填写完整，检查准确无误，请点击“确定”，将会出现如图 3-7 所示的对话框。

SIP Accounts

Enabled	Acct #	Domain	Username	Display Name
☑	1	58.61.154.18 (default)	100000	100000

Add... Remove Properties... Make Default Close

图 3-7　账号配置完成，点击确定后界面

在弹出如图 3-7 所示的界面后，需要使能账号，因此“Enabled”处的“√”要勾选上，再次确认账号后，点击“Close”即可。

等待大约几秒中的时间，当您见到如图 3-8 所示界面时，证明您已成功安装并设置了 X-lite 网络电话，就可以正常的使用软件了。

图 3-8　注册成功后的显示界面

四、配置要求及结果测试

1. 数据规划

表 3.1 为数据规划表，教师可将学生分组，然后按要求配置。

表3.1 数据规划表

X-Lite	IP地址	电话号码及密码
1	192.168.13.101	88880001（123456）
2	192.168.13.102	88880002（123456）
…	…	…
20	192.168.13.120	88880020（123456）
…	…	…
39	192.168.13.139	88880039（123456）
40	192.168.13.140	88880040（123456）

2. 实验要求

本实验主要要求如下：

（1）按数据规划来设置服务器和软电话设备；

（2）分别对PC进行设置，使其能互联互通；

（3）设置好软电话后，能进行正常的语音通信服务等。

理论训练

1. VoIP网络电话的种类：___、____、____、____。
2. 画图说明语音信号在IP网络上的传送过程。
3. 简述VoIP网络电话的基本原理。
4. 简述VoIP网络电路的发展趋势。
5. 请列举数据网发展语音业务应考虑的主要问题？

项目 4　VoIP 核心技术

【教学目标】

知识目标	技能目标
掌握 VoIP 信令技术特点； 掌握 VoIP 语音编码技术的分类； 掌握波形编码、参数编码和混合编码的特点及区别； 理解语音编码算法； 掌握 RTP、RTCP 工作机制及报文结构； 掌握 VoIP 语音封装流程	能够描述 VoIP 语音编码技术的分类； 清楚 RTP 工作机制及报文结构； 清楚 RTCP 工作机制及报文结构； 会计算多媒体数据在 IP 网络中传送时所占带宽； 能对视频电话进行配置

【项目引入】

了解了 VoIP 的工作原理后，想要知道 VoIP 到底有些什么重点问题需要解决以及如何解决，那么本项目中所要学习到的 VoIP 技术就是针对这些问题来制定的解决方法，例如信令技术要解决建立呼叫链路等问题，语音编码技术要解决模数转换和降低数码率从而降低带宽开销的问题，实时传输技术考虑如何减小时延，提升 VoIP 的传输质量，VoIP 语音数据包的封装流程等。

【相关知识】

4.1　信令技术

信令技术保证电话呼叫的顺利实现和话音质量，目前被广泛接受的 VoIP 控制信令体系包括 ITU-T 的 H.323 系列协议和 IETF 的会话初始化协议 SIP。

ITU 的 H.323 系列协议定义了在无业务质量保证的因特网或其他分组网络上多媒体通信的协议及其规程。H.323 标准是局域网、广域网、INTRANET 和 Internet 上的多媒体提供技术基础保障。

H.323 是 ITU-T 有关多媒体通信的一个协议集，包括用于 ISDN 的 H.320，用于 B -ISDN 的 H.321 和用于 PSTN 终端的 H.324 等建议。其编码机制，协议范围和基本操作类似于 ISDN 的 Q.931 信令协议的简化版本，并采用了比较传统的电路交换的方法。相关的协议包括用于控制的 H.245，用于建立连接的 H.225.0，用于大型会议的 H.332，用于补充业务的 H.450.1、H.450.2 和 H.450.3，有关安全的 H.235，与电路交换业务互操作的 H.246 等。H.323 提供设备之间、高层应用之间和提供商之间的互操作性。它不依赖于网络结构，独立于操作系统和硬件平台，支持多点功能、组播和带宽管理。H.323 具备相当的灵活性，支持包含不同功能的节点之间的会议和不同网络之间的会议。H.323 协议的多媒体会议系统中的信息流包括音频、视频、数据和控制信息。信息流采用 H.225.0 协议方式来打包和传送。

H.323 呼叫建立过程涉及三种信令：RAS 信令（R=注册：Registration、A=许可：Admission 和 S=状态：Status），H.225.0 呼叫信令和 H.245 控制信令。其中 RAS 信令用来完成终端与网守之间的登记注册、授权许可、带宽改变、状态和脱离解除等过程；H.225.0 呼叫信令用来建立两个终端之间的连接，这个信令使用 Q.931 消息来控制呼叫的建立和拆除，当系统中没有网守时，呼叫信令信道在呼叫涉及的两个终端之间打开；当系统中包括一个网守时，由网守决定在终端与网守之间或是在两个终端之间开辟呼叫信令信道；H.245 控制信令用来传送终端到终端的控制消息，包括主从判别、能力交换、打开和关闭逻辑信道、模式参数请求、流控消息和通用命令与指令等。H.245 控制信令信道建立于两个终端之间，或是一个终端与一个网守之间。

虽然 H.323 提供了窄带多媒体通信所需要的所有子协议，但 H.323 的控制协议非常复杂。此外，H.323 不支持多点发送（Multicast）协议，只能采用多点控制单元（MCU）构成多点会议，因而同时只能支持有限的多点用户。H.323 也不支持呼叫转移，且建立呼叫的时间比较长。与 H.323 相反，SIP 是一种比较简单的会话初始化协议。它不像 H.323 那样提供所有的通信协议，而是只提供会话或呼叫的建立与控制功能。SIP 可以应用于多媒体会议、远程教学及 Internet 电话等领域。SIP 既支持单点发送（Unicast）也支持多点发送，会话参加者和媒体种类可以随时加入一个已存在的会议。SIP 可以用来呼叫人或机器设备，如呼叫一个媒体存储设备记录一个会议，或呼叫一个点播电视服务器向会议播放视频信号。

SIP 是一种应用层协议，可以用 UDP 或 TCP 作为其传输协议。与 H.323 不同的是：SIP 是一种基于文本的协议，用 SIP 规则资源定位语言描述（SIP Uniform Resource Locators），这样易于实现和调试，更重要的是灵活性和扩展性好。由于 SIP 仅作于初始化呼叫，而不是传输媒体数据，因而造成的附加传输代价也不大。SIP 的 URLL 甚至可以嵌入到 Web 页或其他超文本链路中，用户只需用鼠标一点即可发出一个呼叫。与 H.323 相比，SIP 还有建立呼叫快，支持传送电话号码的特点。

4.2 语音编码技术

语音编码就是将模拟语音信号数字化，数字化之后可以作为数字信号传输、存储或处理，可以充分利用数字信号处理的各种技术。为了减小存储空间或降低传输比特率节省带宽，还需要对数字化之后的语音信号进行压缩编码，这就是语音压缩编码技术。

4.2.1 常用语音编码技术介绍

现有的语音编码器大体可以分三种类型：波形编码器、音源编码器和混合编码器。一般来说，波形编码器的话音质量高，但数据率也很高。音源编码器的数据率很低，产生的合成话音音质有待提高。混合编码器使用音源编码器和波形编码器技术，数据率和音质介于二者之间。语音编码性能指标主要有比特速率、时延、复杂性和还原质量。

其中语音编码的三种最常用的技术是脉冲编码调制（PCM）、差分 PCM（DPCM）和增量调制（DM）。通常，公共交换电话网中的数字电话都采用这三种技术。第二类语音数字化方法主要与用于窄带传输系统或有限容量的数字设备的语音编码器有关。采用该数字化技术的设备一般被称为声码器，声码器技术现在开始展开应用，特别是用于帧中继和 IP 上的语音。

在具体的编码实现（如 VoIP）中除压缩编码技术外，人们还应用许多其他节省带宽的技术来减少语音所占带宽，优化网络资源。静音抑制技术可将连接中的静音数据消除。语音活动检测（SAD）技术可以用来动态跟踪噪音电平，并将噪音可听度抑制到最小，并确保话路两端的语音质量和自然声音的连接。回声消除技术监听回声信号，并将它从听话人的语音信号中清除。处理话音抖动的技术则将能导致通话音质下降的信道延时与信道抖动平滑掉。

1. 波形编码

波形编解码器的思想是，编码前根据采样定理对模拟语音信号进行采样，然后进行幅度量化与二进制编码。它不利用生成语音信号的任何知识而企图产生重构信号，其波形与原始话音尽可能一致。

最简单的脉冲编码调制（PCM），即线性 PCM，对语音做数/模变换后再由低通滤波器恢复出现原始的模拟语音波形。在数据率为 64 kb/s 的时候，重构话音质量几乎与原始的话音信号没有什么差别。该量化器在 20 世纪 80 年代标准化，在美洲的压扩标准是 μ 律（μ-Law），在欧洲的压扩标准是 A 律（A-Law）。它们的优点是编解码器简单，延迟时间短，音质高。不足之处是数据速率比较高，对传输通道的错误比较敏感。

线性 PCM 编码还可以通过非线性量化、前后样值的差分、自适应预测等方法实现数据压缩。比如差分脉冲编码调制 DPCM 使用预测技术，认为话音样本之间存在相关性，因此它试图从过去的样本来预测下一个样本的值。但是这种方法对幅度急剧变化的输入信号会产生大的噪声。改进方法之一是使用自适应的预测器和量化器。如自适应差分脉冲编码调制 ADPCM。

另外一种频域波形编码技术叫自适应变换编码 ATC。这种方法使用快速变换（如 DCT）把话音信号分解成多频带，用来表示每个变换系数的位数取决于话音谱的性质，数据率可低到 16 kb/s。

波形编码的方法简单，数码率较高，在 32 ~ 64 kb/s 音质优良，当数码率低于 32 kb/s 的时候音质明显降低，16 kb/s 时音质非常差。

2. 参数编码

参数编码是根据声音的形成模型，把声音变换成参数的编码方式。

其基本方法是通过对语音信号特征参数的提取及编码，力图使重建语音信号具有尽可能高的可懂性，即保持原语音的语义。而重建的信号的波形同原语音信号的波形可能会有相当大的差别。参数编码的最大优点是编码速率低，通常小于 4.8 kb/s，有时可以低至 600 b/s ~ 2.4 kb/s。缺点是合成语音质量差，自然度较低，对讲话环境噪声较敏感，且时延大。参数编码的典型例子就是语音信号的线性预测编码（LPC），它已被公认为是目前参数编码中最有效的方法。

参数编码的编码速率可以很低，因保密性能好，一般用于军事领域，但音质较差，只能达到合成语音质量，其次是复杂度高。

3. 混合编码

混合编码结合了以上两种编码方式的优点，采用线性技术构成声道模型，不只传输预测参数和清浊音信息，而且预测误差信息和预测参数同时传输，在接收端构成新的激励去激励预测参数构成的合成滤波器，使得合成滤波器输出的信号波形与原始语声信号的波形最大限度的拟合，从而获得自然度较高的语声。

混合编码技术的关键是如何高效地传输预测误差信息。

依据对激励信息的不同处理，混合编码主要有多脉冲线性预测编码（MPLPC）、规则脉冲激励线性预测编码（RPELPC）、码激励线性预测编码（CELPC）、低时延的码激励线性预测编码（LD-CELPC）。

混合编码克服了原有波形编码器与声码器的弱点，而结合了它们的优点，在 4 ~ 16 kb/s 速率上能够得到高质量合成语音。在本质上具有波形编码的优点，有一定抗噪和抗误码的性能，但时延较大。

混合编码吸收了波形编码和参数编码的优点，从而在较低的比特率上获得较高的语音质量，当前受到人们较大的关注。

4.2.2 几种编码方式的对比

IP 网络电话中的语音处理需要解决的一个重要问题就是在保证一定话音质量的前提下，尽可能降低编码比特率。这主要依靠语音编码技术来解决。

目前，主要的编码技术有 ITU-T 定义的 G.729、G.723（G.723.1）等。

1. G.711

也称为 PCM（脉冲编码调制）是 ITU-T 制定的一套语音压缩标准。它主要用脉冲编码调制对音频的采样，采样率为 8 kHz。它利用一个 64 kb/s 未压缩通道传送语音信号，起压缩率为 1∶2，即把 16 位数据压缩成 8 位。G.711 是主流的波形声音编码器，G.711U 主要用于北美和日本；G.711A 主要用于欧洲和其他地区。

2. G.723

多媒体语音编码标准，其典型应用包括 VoIP 服务、H.324 视频电话、无线电话、数字卫星系统、公共交换电话网 PSDN、ISDN 多媒体语言信息产品。G723.1 采用 5.3/6.3 kb/s 双速率话音编码，在编程过程中可以随时切换，G.723 占用少量的带宽，但语音不够清晰，是目前已标准化的最低速率的话音编码算法。

3. G.729

G.729 是电话带宽语音信号编码的标准，对输入语音形式的模拟信号采用 8 kHz 采样，8 bit 的线性 PCM 量化。G.729 可将经过采样的 64 kb/s 话音以几乎不失真的质量压缩至 8 kb/s。由于在分组交换网络中，业务质量不能得到很好保证，因而需要话音的编码具有一定的灵活性，即编码速率、编码尺度的可变可适应性。G.729 原来是 8 kb/s 的话音编码标准，现在的工作范围扩展至 6.4 ~ 11.8 kb/s，话音质量也在此范围内有一定的变化，但即使是 6.4 kb/s，话音质量也还不错，因而很适合在 VoIP 系统中使用。

几种语音编码技术在服务质量和速率上的对比如图 4-1 所示。

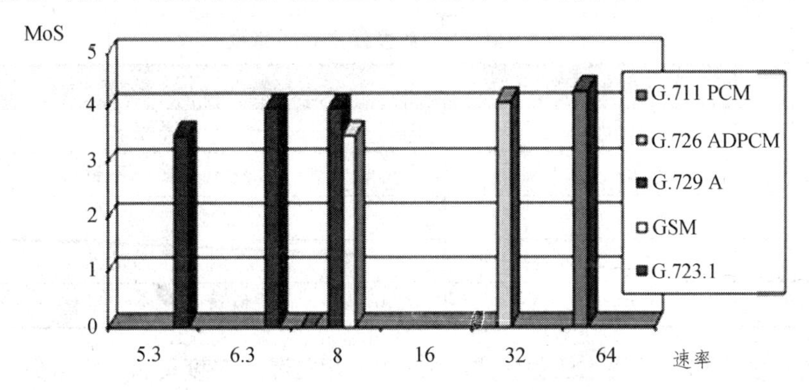

support G.711/G.729a/G.723.1

图 4-1　几种语音编码技术在服务质量和速率上的对比

图 4-1 中，横坐标表示编码所占带宽，单位是 kb/s，纵坐标表示 MoS（Mean of Satisfied）值，值越高，代表语音越清晰。

现网中一般建议采用 G.711A 律编码，有效语音带宽是 64 kb/s。

语音信号中存在着多种冗余度，主要有以下几个方面：① 语音中小幅度样本比大幅度样本出现的概率要高；② 对语音信号的波形分析表明，采样数据的最大相关性存在于邻近样本之间；③ 电话通信中还有很大的话音间隙。通话分析表明，语音间隙约占通话时间的 60%。这本身也是一种冗余。这也是之所以能压缩的根本原因所在，语音编码就是使表达语音信号的比特数目最小。

4.2.3　语音信号压缩编码的评价系统

一般说来，语音质量包含几个方面内容：清晰度、可懂度、自然度。 语音质量是衡量语音编码算法优劣的关键性能之一。语音质量通常分为四类。

（1）广播级：宽带（0 ~ 7 000 Hz）高质量的语音，感觉不出噪声存在。

（2）网络或电话级：200 ~ 3 200 Hz，信噪比大于 30 dB。

（3）通信级：完全可以听懂，但和长途电话相比，有明显失真。

（4）合成级：80% ~ 90%可懂度，音质较差，听起来像机器讲话，失去了讲话者的个人特征。

语音质量有主观和客观两种评价方法。主观评价方法的评价指标是清晰度或可懂度、音质。前者是指语音是否容易听清楚；后者指语音听起来有多自然。

（1）可懂度评价 DRT：Diagnostic Rhymer Test。

（2）音质评价：

MOS：Mean Opinion Score，平均意见得分。

DAM：Diagnostic Acceptability Measure，判断满意度得分。

MOS 得分为五级：优、良、可、差和坏。满分为 5 分，相当调频广播质量；4 分以上是长途电话网标准；3.5 分为通信标准；3.0 分仍有较好的可懂度，保持自然度；2.5 分只维持可懂度，是战术通信标准。

主观质量度量主要使用 MOS 分数，其具体情形如表 4.1 所示。

表 4.1　MOS 分数度量主管质量表

分数	质量级别	失真级别
5	优	不易察觉
4	良	刚刚察觉、不讨厌
3	中	察觉、有点讨厌
2	差	讨厌而不反感
1	劣	极讨厌、令人反感

客观评价方法有如下常用方法：① 波形失真度，用信噪比来度量；② 频谱失真测量；③ 谱包络失真测量。

4.2.4　编码方式的选择策略

在呼叫的过程中，双方怎样才能采用同样的编解码方式呢，其实也很简单。编码方式的选择策略：主叫呼叫被叫，主叫方将自己所有支持的编码方式告诉被叫，由被叫根据自己支持的编码方式进行选择。选择完成后，主叫被叫采用相同的编码方式进行通话。编码方式选择策略示意如图 4-2 所示。

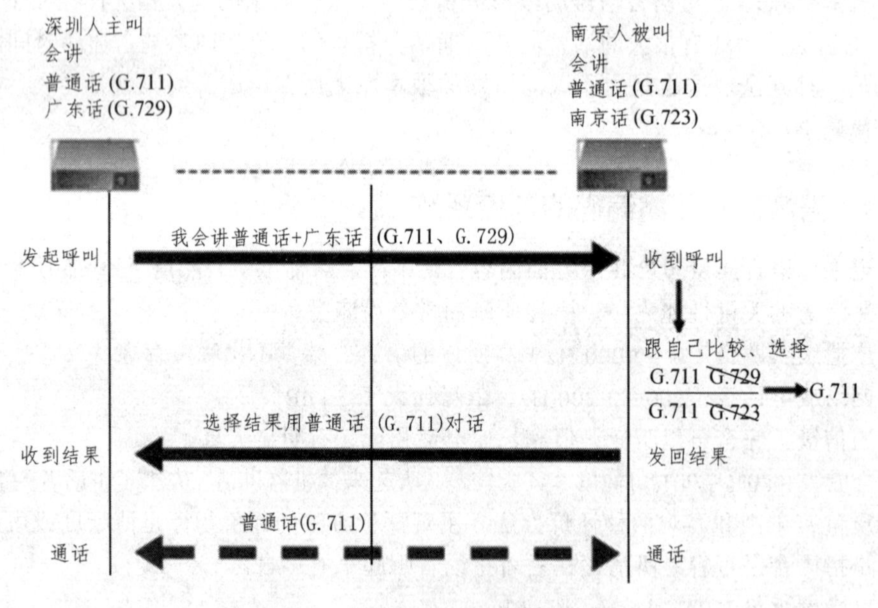

图 4-2　编码方式选择策略示意图

4.2.5　语音压缩技术的现状及发展方向

语音压缩编码技术的发展是十分迅速的，CELP（码激励线性预测编码）的编码速率较低，但复杂度较高，可以在 4.8 kb/s 左右的码速率上获得较高质量的语音，是当今中低速率语音编码技术的主流技术之一，许多国际标准化组织及机构纷纷将这一编码方案作为语音编码标准。

在对其改善质量、降低复杂度、减少编码延迟等方面都提出了不少新的方法，使 CELP 在实践中得到广泛应用。随着 DSP（数字信号处理）技术的发展，CELP 技术还具有一定的潜力，例如将 G.729 扩展到 6.4 kb/s，用于 TDMA/CDMA 移动无线系统和 DCME。

目前，语音压缩编码技术主要有两个努力方向：一个是中低速率的语音编码的实用化，以及如何在使用过程中进一步减低编码速率和提高其抗干扰、抗噪声能力；另一个是如何进一步的降低其编码速率，目前已能在 5 ~ 6 kb/s 的速率上获得高质量的重建语音。

下一个目标则是要在 4 kb/s 的速率上获得短延时、高质量的重建语音。特别是对中长延时编码，人们正在研究其更低速率（如 400 ~ 1 200 b/s）的编码算法，在这个过程中当编码速率降至 2.4 kb/s 速率以下时，CELP 算法即使应用更高效的量化技术也无法达到预期的指标，需要其他一些更符合低速率编码要求的算法，目前比较好的算法还有正弦变换编码（STC）、混合激励线性预测编码（MELPC）、时频域插值编码（TFI）、基音同步激励线性预测编码（PSELP）等，同时还要求引入新的分析技术，如非线性预测、多精度时频分析技术（包括子波变换技术）、高阶统计分析技术等，这些技术更能挖掘人耳听觉掩蔽等感知机理，更能以类似人耳的特性做语音的分析与合成，使语音编码系统更接近于人类听觉器官的处理方式工作，从而在低速率语音编码的研究上取得突破。

4.3　实时传输技术

实时传输技术主要是采用实时传输协议 RTP。RTP 是提供端到端的包括音频在内的实时数据传送的协议。RTP 包括数据和控制两部分，后者叫 RTCP。RTP 提供了时间标签和控制不同数据流同步特性的机制，可以让接收端重组发送端的数据包，可以提供接收端到多点发送组的服务质量反馈。

4.3.1　RTP 的工作机制

RTP 是针对 Internet 上多媒体数据流的一个传输协议，由 IETF（Internet 工程任务组）作为 RFC1889 发布。RTP 被定义为在一对一或一对多的传输情况下工作，其目的是提供时间信息和实现流同步。RTP 的典型应用建立在 UDP 上，但也可以在 TCP 或 ATM 等其他协议之上工作。RTP 本身只保证实时数据的传输，并不能为按顺序传送数据包提供可靠的传送机制，也不提供流量控制或拥塞控制，它依靠 RTCP 提供这些服务。以下重点介绍实时传输协议 RTP 的工作机制。

威胁多媒体数据传输的一个尖锐的问题就是不可预料数据到达时间。但是流媒体的传输是需要数据的适时的到达用以播放和回放。RTP 协议就是提供了时间标签、序列号以及其他的结构用于控制适时数据的流放。在流的概念中“时间标签”是最重要的信息。发送端依照即时的采样在数据包里隐蔽的设置了时间标签。在接收端收到数据包后，就依照时间标签按照正确的速率恢复成原始的适时的数据。不同的媒体格式调时属性是不一样的。但是 RTP 本身并不负责同步，RTP 只是传输层协议，为了简化运输层处理，提高该层的效率。将部分运输层协议功能（比如流量控制）上移到应用层完成。同步就是属于应用层协议完成的。它没有运输层协议的完整功能，不提供任何机制来保证实时地传输数据，不支持资源预留，也不保证服务质量。RTP 报文甚至不包括长度和报文边界的描述。同时 RTP 协议的数据报文和控制报文的使用相邻的不同端口，这样大大提高了协议的灵活性和处理的简单性。

RTP 协议和 UDP 二者共同完成运输层协议功能。RTP 和 UDP 协议只是传输数据包，不管数据包传输的时间顺序。RTP 的协议数据单元是用 UDP 分组来承载的。在承载 RTP 数据包的时候，有时候一帧数据被分割成几个包具有相同的时间标签，则可以知道时间标签并不是必需的。而和 UDP 的多路复用让 RTP 协议利用支持显式的多点投递，可以满足多媒体会话的需求。

RTP 协议虽然是传输层协议，但是它没有作为 OSI 体系结构中单独的一层来实现。RTP 协议通常根据一个具体的应用来提供服务，RTP 只提供协议框架，开发者可以根据应用的具体要求对协议进行充分的扩展。

4.3.2 RTP 协议的报文结构

RTP 报文格式如图 4-3 所示。

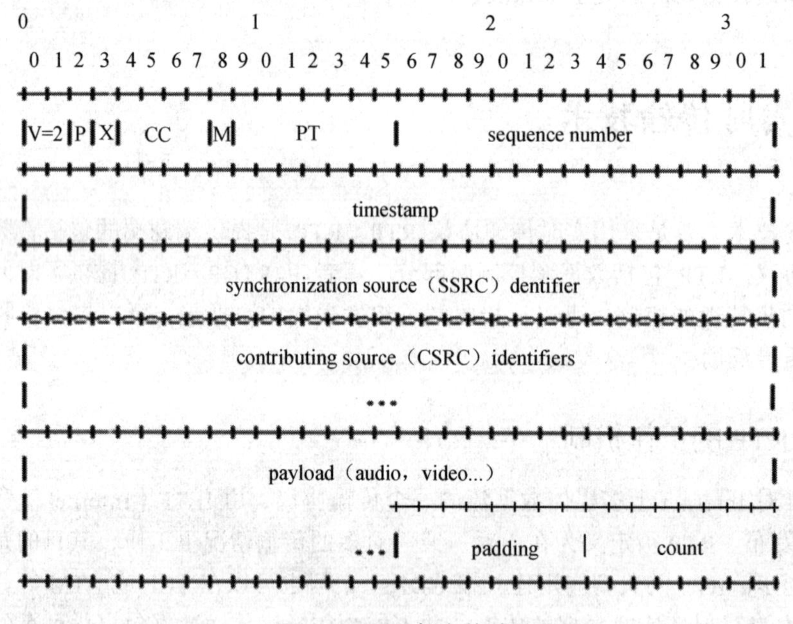

图 4-3 RTP 报文格式

开始 12 个八进制出现在每个 RTP 包中，而 CSRC 标识列表仅出现在混合器插入时。各段含义如下。

1. 版本（V）

2 位，标识 RTP 版本。

2. 填充标识（P）

1 位，如设置填充位，在包尾将包含附加填充字，它不属于有效载荷。填充的最后一个八进制包含应该忽略的八进制计数。某些加密算法需要固定大小的填充字，或为在底层协议数据单元中携带几个 RTP 包。

3. 扩展（X）

1 位，如设置扩展位，固定头后跟一个头扩展。

4. CSRC 计数（CC）

4 位，CSRC 计数包括紧接在固定头后 CSRC 标识符个数。

5. 标记（M）

1 位，标记解释由设置定义，目的在于允许重要事件在包流中标记出来。设置可定义其他标示位，或通过改变位数量来指定没有标记位。

6. 载荷类型（PT）

7 位，记录后面资料使用哪种编码方式，receiver（接收端）找出相应的 decoder 解码出来。常用类型如表 4.2 所示。

表 4.2　常用类型及其编码方式

载荷类型（Payload Type）	编码方式（Codec）
0	PCM μ -Law
4	G.723 audio codec
8	PCM-A Law
9	G.722 audio codec
15	G.728 audio codec
18	G.729 audio codec
31	G.761 audio codec
34	G.763 audio codec

7. 系列号

16 位，系列号随每个 RTP 数据包而增加 1，由接收者用来探测包损失。系列号初值是随机的，使对加密的文本攻击更加困难。

8. 时标

32 位，时标反映 RTP 数据包中第一个八进制数的采样时刻，采样时刻必须从单调、线性增加的时钟导出，以允许同步与抖动计算。时标可以让 receiver 端知道在正确的时间将数据播放出来。

如果只有系列号，并不能完整按照顺序的将 data（数据）播放出来，因为如果 data 中间有一段是没有资料的，只有系列号的话会造成错误，需搭配上让它知道在哪个时间将 data 正确播放出来，如此我们才能播放出正确无误的信息。

9. SSRC

32 位，SSRC 段标识同步源。此标识不是随机选择的，目的在于使同一 RTP 包连接中没有两个同步源有相同的 SSRC 标识。尽管多个源选择同一个标识的概率很低，所有 RTP 实现都必须探测并解决冲突。如源改变源传输地址，也必须选择一个新 SSRC 标识以避免插入成环行源。

10. CSRC 列表

0 到 15 项，每项 32 位。CSRC 列表表示包内对载荷起作用的源。标识数量由 CC 段给出。如超出 15 个作用源，也仅标识 15 个。CSRC 标识由混合器插入，采用作用源的 SSRC 标识。

4.3.3 RTCP 工作机制

RTCP 定期为会话中的所有用户传输控制数据包。底层协议必须为 RTP 数据包和控制数据包提供多路传输功能。RTCP 实现下列四个功能。

（1）提供数据分布质量反馈信息。这是传输协议必须具有的功能。它与其他传输协议的数据流控制和网络阻塞控制有关，反馈信息可直接用于控制自适应编码。对 IP 多点传送的试验表明，从接收端获取的反馈信息对于诊断数据分布的失效起关键作用。采用与 IP 多点传送相类似的方法，可使某个用户将接收的反馈信息作为第三方监示器诊断网络可能存在的问题。反馈功能由 RTCP 发送端报告和接收端报告实现。

（2）为 RTP 数据源（CNAME）传送一个固定的传输层标识符。由于发生冲突或程序重新启动时 SSRC 标识符会发生变化，因此接收端需要用 CNAME 来记录每个用户的信息。接收端还需要用 CNAME 实现多个数据流的关联。这些数据流来自相关 RTP 会话所指定的用户。

（3）了解用户的数量。前两个功能要求所有的用户都发送 RTCP 数据包。为了扩大用户数量，RTCP 数据包的发送必须是可控的。通过向所有其他用户发送控制数据包可以了解用户的数量。该数量可用于计算数据包的发送速率。

（4）传输最少的会话控制信息。此功能是可选的，但在“松散耦合型”会话中非常有用。在“松散耦合型”会话中，用户的加入与退出不受成员关系的控制。

RTP 用于 IP 多点传送环境时，功能（1）~（3）是必须的。设计 RTP 应用程序时应避免使用只能实现单点传送的方法，因为这种方法不能适应用户数量较大的应用。

当应用程序开始一个 RTP 会话时将使用两个端口：一个给 RTP，一个给 RTCP。RTP 本身并不能为按顺序传送数据包提供可靠的传送机制，也不提供流量控制或拥塞控制，它依靠 RTCP 提供这些服务。在 RTP 的会话之间周期的发放一些 RTCP 包以用来传监听服务质量和交换会话用户信息等功能。RTCP 包中含有已发送的数据包的数量、丢失的数据包的数量等统计资料。因此，服务器可以利用这些信息动态地改变传输速率，甚至改变有效载荷类型。RTP 和 RTCP 配合使用，它们能以有效的反馈和最小的开销使传输效率最佳化，因而特别适合传送网上的实时数据。根据用户间的数据传输反馈信息，可以制定流量控制的策略，而会话用户信息的交互，可以制定会话控制的策略。

4.3.4 RTCP 数据包

1. RTCP 数据包格式

下面给出 RTCP 数据包的几种类型，如表 4.3 所示。它们分别传输不同的控制信息。

每一个 RTCP 数据包由一定长的报头和结构化元素组成。结构化元素的长度随数据包的类型而不同。RTCP 数据包以一个 32 位的分隔符结尾。多个 RTCP 数据包组成混合数据包时无须为每个数据包插入分隔符。由于混合数据包的最终长度由底层协议所提供的总长度决定，所以混合数据包中RTCP数据包的数量是不确定的。应用程序可按任意顺序处理RTCP数据包，而不必须考虑它们在混合数据包中的次序。为了实现协议的功能需满足的条件如下。

表 4.3　几种 RTCP 数据包的类型及其功能

RTCP 数据包类型	功能描述
SR	发送端报告，发送和接收来自活动发送端的统计信息
RR	接收端报告，接收来自非活动发送端的统计信息
SDES	数据源描述项，包括 CNAME
BYE	表示某用户结束会话
APP	由应用程序指定的功能

（1）在带宽允许的情况下，尽可能增加发送接收统计信息的次数以便最有效地利用这些信息。要求每个 RTCP 数据包必须含有接收端报告。

（2）新接收端应尽早接收数据源的CNAME以识别数据源并实现信息关联。要求每个RTCP混合数据包都包含 SDES 和 CNAME。

（3）应限制混合数据包中首次出现的数据包类型，以增加第一个字的固定位数来提高 RTCP 数据包的有效性，防止对 RTP 数据包或其他无关数据包的错误访问。

因此，所有的 RTCP 数据包必须以混合数据包的形式发送。混合数据包至少应包含具有下列格式的两个独立的数据包。

编码前缀：仅当混合数据包加密时，数据包前附带一个 32 位随机数，用于重新编码每个传输的数据包。

SR 或 RR：混合数据包中的第一个数据包必须是接收端或发送端报告，以便对报头进行有效性操作。即使混合数据包只有 BYE 数据包或者不发送、不接收数据也要如此，因为此时要发送一个空的 RR 数据包。

附加的 RRS：如果被报告的接收统计信息的数据源数量超过 31 个，即一个 SR 或 RR 能容纳的最大数据源的数量，那么初始报告之后应加一个或多个附加的 RR 数据包。

SDES：每个混合 RTCP 数据包必须包括含一个 CNAME 数据项的 SDES 数据包，对于特殊的应用程序如果需要并且网络带宽也能满足要求，那么可以包括其他可选的信号源说明数据项。

BYE 或 APP：所有已定义的其他 RTCP 数据包可按任意次序排列，只有 BYE 数据包例外。在 RTCP 数据包中，它必须是最后一个数据包并且只能出现一次，而其他类型的数据包可出现多次。

尽可能将来自多个数据源的互相独立的 RTCP 数据包组成一个混合数据包以减少开销。这样做对于转换器和混合器是合理可行的。如果一个混合数据包的总长度超过了某网络路径中的最大传输单元（MTU），那么应将它拆成多个较短的数据包。注意：每个混合数据包必须由 SR 或 RR 数据包开头。应用程序将忽略未知类型的 RTCP 数据包。

2. 发送端报告（SR）和接收端报告（RR）

RTP 接收端用 RTCP 报告为发送端提供接收质量反馈信息。RTCP 报告分为两种，发送端报告（SR）和接收端报告（RR）。根据接收端是否同时也是发送端，RTCP 报告可能使用两个表格中的一个。除数据包类型码外，发送端报告表格和接收端报告表格之间的唯一差别是发送端报告含有供活动态发送端使用的 20 个字节的发送端信息。如果一个会话现场在发送最后一个报告或者在发送前一个报告之后的一个周期内发送了数据包，那么该现场就发送 SR 报告，否则就发送 RR 报告。

SR 和 RR 表格包括 0 个或多个接收报告数据块，每个数据块对应一个同步源。每个数据块表示从收到最后一个报告以后，接收端又从这些同步源收到了 RTP 数据包。报告不用于 CSRC 列表中列出的特定数据源。每一个接收报告数据块都提供从某个特定数据源收到数据的统计信息。SR 或 RR 数据包最多可包含 31 个数据块。为了能包含所有数据源的接收报告，应将附加的 RR 数据包放在原始 SR 或 RR 数据包之后。

下面分别介绍 SR 报告和 RR 报告的格式，并说明在应用程序需要附加的反馈信息时，如何用框架文件方式扩充 SR 和 RR，如何使用报告。

1）发送端报告 RTCP 数据包（SR）

SR 的格式如表 4.4 所示。它由三部分成组成，也可包含扩充部分。第一部分是长度为 8 个字节的报头。

表 4.4　发送端报告格式

<table>
<tr><td>0</td><td>1</td><td>2</td><td>3～7</td><td>8～15</td><td>16～31</td></tr>
<tr><td colspan="2">V=2</td><td>P</td><td>RC</td><td>PT=SR=200</td><td>长度</td></tr>
<tr><td colspan="6">发送端 SSRC</td></tr>
<tr><td colspan="6">NTP 时间标志</td></tr>
<tr><td colspan="6">NTP 时间标志</td></tr>
<tr><td colspan="6">RTP 时间标志</td></tr>
<tr><td colspan="6">发送端数据包计数</td></tr>
<tr><td colspan="6">发送端字节计数</td></tr>
<tr><td colspan="6">SSRC-1（第一个数据源 SSRC）</td></tr>
<tr><td colspan="4">丢失率（8 位）</td><td colspan="2">丢失数据包累计数（24 位）</td></tr>
<tr><td colspan="6">收到的最大序号扩充</td></tr>
<tr><td colspan="6">接收抖动</td></tr>
<tr><td colspan="6">最后 SR 延时（LSR）</td></tr>
<tr><td colspan="6">从最后一个 SR 以来的延时（DLSR）</td></tr>
<tr><td colspan="6">SSRC-2（第二个数据源的 SSRC ）</td></tr>
<tr><td colspan="6">……</td></tr>
<tr><td colspan="6">由框架文件说明的补充</td></tr>
</table>

每个字段的含义如下：

V、P 字段与 RTP 报头中相应字段的含义相同。

RC：接收报告计数，5 位。数据包中 RR 数据块的数目，可为 0。

PT：数据包类型，8 位。其值为常量 200，用于标识 SR 数据包。

Length：16 位。RTCP 数据包的长度，包括报头和补充字节信息，每 32 位为一个计数单元。

SSRC：32 位。创建 SR 数据包的同步源标识符。

第二部分是长度为 20 个字节的发送端信息，每个 SR 都含有这部分信息。它对发送端传输的数据进行计数。每个字段的含义如下：

NTP 时间标志：64 位。表示 SR 的发送时间。它与从接收端返回的时间标志配合用来计算在发送端和接收端间的数据传输时间。

RTP 时间标志：32 位。与 NTP 时间标志对应的时间值。它用于同步与 NTP 时间标志同步的数据源。也可用于接收端估算 RTP 时钟频率。

发送端数据包计数：32 位。从开始传输到产生 SR 数据包这段时间内由发送端发送的 RTP 数据包。发送端改变其 SSRC 标识符时重新设置该计数值。

第三部分是 0 个或多个 RR 数据块。数据块的数量由接收最后一个报告以来该发送端所收听的其他数据源的数量确定。每个 RR 数据块通过接收来自单同步源的 RTP 数据包传输统计信息。由于冲突而使数据源改变其 SSRC 标识符时，接收端不改变其统计信息。统计信息有：SSRC_n（数据源标识符）：32 位。SSRC 标识符，在 RR 数据块中与数据源有关的信息。

丢失率：8 位。发送前一个 SR 或 RR 数据包后来自数据源 SSRC_ n 的 RTP 数据包的丢失比例等于丢失的数据包除以发送的数据包。因复制而使数据包丢失数为负值时，丢失率为 0。

丢失数据包累计数：24 位。

开始接收后，来自数据源 SSRC_n 的丢失数据包数量等于发送的数据包减去实际收到的数据包，包括以后收到的或复制的数据包。因此，后来收到的数据包不作为丢失数据包。当复制数据包时，丢失数据包的值可能为负数。发送的数据包个数等于收到的数据包中的最大序号减去最小序号。

收到的最大序号扩展：32 位。低 16 位为从数据源 SSRCen 收到的 RTP 数据包的最大序号。高 16 位为对上述序号的扩展。

接收抖动：32 位。RTP 数据包收到时刻的统计偏差的估值，用时间标志单元作测量单位，用无符号正数表示。

最后 SR 延时（LSR）：32 位。NTP 时间标志的中间 32 位。若没有收到 SR 报告，则该字设置为 0。

从最后一个 SR 以来的延时（DLSR）：32 位。从数据源 SSRC_ n 接收到最后的 SR 数据包到发送相应的接收报告间的延时，以 1/65 536 s 为单位。若没有收到 SR 数据包，则 DLSR 字段设置为 0。

2）接收端报告 RTCP 数据包（RR）

RR 数据包的格式如表 4.5 所示。

除净荷类型字段的值为常量 201 外，其他字段与 SR 数据包中相应字段的含义相同。去掉了 5 个字（NTP 时间标志、RTP 时间标志、发送端数据包和字节计数）的发送端信息。

不发送数据或不接收报告时，在混合 RTCP 数据包的开始部分应放置空的 RR 数据包（RC=0）。

3. 扩充发送端和接收端报告

发送端和接收端需要报告附加信息时，框架文件应扩充 SR 和 RR。这种方法比重新定义一种 RTCP 数据包类型要好，因为它的开销较少，主要原因见如下。

（1）数据包中的字节数更少（没有 RTCP 报头或 SSRC 字段）。

（2）由于应用程序运行在相关的框架文件之下，所以它能在收到接收报告后直接访问其中的扩充字段，发送端发送信息时需要附加的发 SR 的扩充部分，但不出现在接收端报告中。接收端收到信息时需要接应将其组织成以数据块为单位的数组，收报告数据块数组并行放置，即数据块的数量由 RC 并将该数组与已存在的接字段给出。

表 4.5　发送端报告格式

0	1	2	3～7	8～15	16～31
V=2		P	RC	PT=SR=201	长度
数据包接收端 SSRC					
SSRC-1（第一个数据源 SSRC）					
丢失率（8 位）				丢失数据包累计数（24 位）	
收到的最大序号扩充					
接收抖动					
最后 SR 延时（LSR）					
从最后一个 SR 以来的延时（DLSR）					
SSRC-2（第二个数据源的 SSRC ）					
……					
由框架文件说明的补充					

4. 分析发送端和接收端报告

可以肯定，接收质量反馈信息不仅对发送端有用，而且对接收端和第三方监示器也有用。发送端可以根据反馈信息来调整其传输速度；接收端可以通过反馈信息确定所发生的问题是本地的、局部的还是全局的，网络管理人员可以使与框架文件无关的监示器只接收 RTCP 数据包而不接收相应的 RTP 数据包，并通过接收的 RTCP 数据包评估网络的性能。

在 SR 和 RR 中使用数据包累计数可以计算任何两个报告的差异并可防止报告的丢失。最后收到的两个报告间的差异可用来估计分布的质量。发送端报告中包含 NTP 时间标志的目的是通过两个报告的差异计算传输速率。由于时间标志与数据编码所用的时钟频率无关，所以可以实现独立于数据编码或独立于框架文件的质量检测。

通过发送端信息，第三方监示器能在不接收数据的情况下算出净荷和数据包的平均传输速率。两者的比例给出了净荷的平均大小。如果数据包的丢失与数据包的大小无关，那么某接收端所收到的数据包的数量乘以净荷的平均大小就是该接收端吞吐量的近似值。数据源描述 RTCP 数据包如表格 4.6 所示。

SDES 数据包分为三层，它由报头和 0 个或多个数据块组成。每个数据块由描述块中数据源的数据项组成。下面将分别介绍这些数据项。V，P，Length，SSRC/CSRC 字段与 SR 数据包中相应字段的含义相同。

PT：8 位。其值为常量 202，标识 RTCP SDES 数据包。

SC：5 位。SDES 数据包所含的 SSRC/CSRC 数据块数。0 为有效值。

表 4.6　数据源描述 RTCP 数据包（SDES）

0	1	2	3～7	8～15	16～31
V=2		P	RC	PT=SDES=202	长度
SSRC/CSRC-1					
SDES 数据项 ……					
SSRC/CSRC-2					
SDES 数据项 ……					

每个数据块由一个 SSRC/CSRC 标识符再加上 0 个或多个数据项组成。这些数据项携带 SSRC/CSRC 信息。每个数据块用一个 32 位的分隔符分隔。每个数据项由一个 8 位的类型字段，一个 8 位的描述文本长度的字节计数字段和文本组成。文本长度不能超过 255 个字节，文本不能用空字节结束。数据块的数据项以一个或多个空字节结尾。在最后一个数据项的末尾，若不足 32 个字节，则以空字节填补。

下面说明几种 SDES 数据项。其中 CNAME 数据项是必须的，有些仅用于特定的框架文件，但通常指定所有类型的数据项以实现共享并可简化独立于框架文件的应用程序。CNAME 数据项具体安排如表 4.7 所示。

表 4.7　应用程序或工具名 SDES 数据项

0～7	8～15	16～31
CNAME=1	长度	用户名和域名
NAME=2	长度	数据源名称
EMAIL=3	长度	数据源 EMAIL 地址
PHONE=4	长度	数据源电话号码
LOC=5	长度	数据源用户地理位置
TOOL=6	长度	应用程序的名称或版本信息

CNAME 有下列特点：① 由于发生冲突或程序重新启动时 SSRC 标识符会发生变化，因此需要 CNAME 来为此间未发生变化的数据源提供标识符；② 与 SSRC 标识符类似，在同一 RTP 会话中，对应于每个会话人员的 CNAME 标识符必须是唯一的；③ 为简化第三方控制，CNAME 必须适用于程序或个人定位数据源。

因此，CNAME 应该尽可能通过某种算法得到而不是手工加入。为了满足上述要求必须使用下列格式，除非框架文件说明了其他的格式。其格式为“user @host”，在单用户系统中为“host”。其中的“host”或者是主机域名，或者是用 ASCII 码表示的主机的数字地址。数字地址通常用于 RTP 通信接口。域名比较直观易于阅读，但在某些操作环境下却不易获取，此时可用数字地址代替。

当应用程序允许用户从一个节点产生多个数据源时 CNAME 的上述格式无法为每个数据源提供唯一的标识符。这种应用程序还需依赖 SSRC 来进一步区分数据源，使其能唯一地标识多个数据源。

在一组相关的 RTP 会话中，如果每个应用程序独立地产生 CNAME，那么 CNAME 标识符将不能为同一用户的多种媒体工具提供连接。

NAME 描述数据源的真实名称。其格式由用户指定。这种格式最适于显示户列表，因此只需经常发送用户名而不是发送 CNAME。NAME 应在会话期间保持不变。

电子邮件地址 SDES 数据项，在会话期间 EMAIL 的值应保持不变。

电话号码 SDES 数据项，电话号码应由“+”开始。

用户地理位置 SDES 数据项，根据应用程序的不同，该数据项的详细程度也不同。它由应用程序或用户决定，但格式和内容应由框架文件预先说明。除移动节点外，LOC 应在会话其间保持不变。

应用程序或工具名 SDES 数据项是一个字符串，表示应用程序的名称或版本信息。它可用于程序调试。在会话期间该值应保持不变。

BYE 数据包的格式如表 4.8 所示。

表 4.8　Goodbye RTCP 数据包

0	1	2	3～7	8～15	16～31
V=2		P	SC	PT=BYE=203	长度
SSRC/CSRC					
……					
长度（可选）				数据源离开会话的原因	

它表示一个或多个数据源将由活动态转变成非活动态。数据包中各字段的含义如下：

V，P，Length，SC，SSRC/CSRC 字段与 SDES 数据包中相应字段的含义相同。

PT：8 位。其值为常量 203，标识 RTCP BYE 数据包。

混合器收到 BYE 数据包后在不改变其 SSRC/CSRC 标识符的情况下转发该数据包。混合器关闭时，应发送一个 BYE 数据包列出它处理的所有特定数据源及其 SSRC 标识符。另外，BYE 数据包可能包含一个 8 位的计数字节，其后是多个文本字节，表示某数据源离开会话的原因。

应用程序定义的 RTCP 数据包的格式如表 4.9 所示，它用于试验新的应用类型，开发新功能。

表 4.9　应用程序定义的 RTCP 数据包

0	1	2	3～7	8～15	16～31
V=2		P	辅助类型	PT=APP=204	长度
SSRC/CSRC					
名称					
应用程序说明的数据					

APP RTCP 数据包中各字段的含义如下：

V，P，Length，SSRC/CSRC 字段与 BYE 数据包中相应字段的含义相同。

辅助类型（subtype）：5 位。辅助类型允许用户在一个名字下定义一组 APP 数据包或任何由应用程序说明的数据包。

PT：8 位。其值为常量 204，标识 RTCP APP 数据包。

Name：4 个字节。定义一组 APP 数据包所使用的，用户任选的名称。在某应用程序收到的所有 APP 数据包中该名称必须是唯一的。用户可选用程序名，作为 APP 数据包所使用的名称。

应用程序说明的数据：变长。此类数据在 APP 数据包中可以出现也可以不出现。它由应用程序说明，其长度必须为 32 的整数（$n\times32$）位，n=0，1，2，3，……

4.3.5　资源预订协议 RSVP

由于音频和视频数据流比传统数据对网络的延时更敏感，要在网络中传输高质量的音频、视频信息，除带宽要求之外，还需其他更多的条件。RSVP 是 Internet 上的资源预订协议，使用 RSVP 预留部分网络资源（即带宽），能在一定程度上为流媒体的传输提供 QoS。

随着三层交换技术和三层交换机的发展，构成了交换式以太网，在减少时延，减少冲突，预留带宽等方面比传统以太网有了许多改进，满足了包括 IP 电话在内的多媒体应用的要求，其中由三层交换机实现的资源预留协议 RSVP 是交换式以太网性能改进的主要方面之一，按照目前比较成熟的标准来划分，资源预留协议 RSVP 分为动态资源预留和静态资源预留。静态资源预留就是为某一特殊类型信息流，如音频流、视频流等预留带宽，而且预留的带宽要尽可能大，因为当信息流超过预留带宽时报文将被丢弃，这种资源预留首先要对信息流分类。分类可以根据目的 IP 地址、协议类型、TCP/UDP 源、目的端口地址等，当预留带宽的信息流达不到预留的传输速率时，别的信息流可以占用余下的带宽，静态资源预留需要由网络管理员对交换机手动进行配置，一旦配置完成，为每一信息流预留的资源便不可改变。对于不断变化的需求而言，这种方式不太灵活，所以在这里我们重点讨论的是动态资源预留。

资源预留协议 RSVP 是目前唯一应用在交换式以太网中，用于实现动态资源预留的协议，动态资源预留的实现十分复杂，它寻求通过动态地保留带宽和控制描述网络应用特性的参数如最大传输速率、平均传输速率、端到端最大延迟等来保证网络会话的响应时间和服务级别，也就是说，动态资源预留寻求为每一特定应用（如 IP 电话）的信息流提供性能保证。RSVP 本来是用于组播的应用，也支持点到点资源预留，它并不是一个路由协议。

当网络拓扑结构改变导致路由变化时，RSVP 将争取在新路径上对已经存在的预留资源的支持。但无法完全保证 RSVP 最大的好处是支持动态建立和删除一定服务级别的会话，如带宽紧张时 IP 电话的一次通话。对于流类型的信息传输，音频、视频能更有效地利用网络带宽实现动态资源预留所需要的基本构件，包括以下内容：① 能够告诉服务器或终端资源要求的应用程序；② 能够识别应用程序资源需求的终端或服务器，如 IP 电话网关；③ RSVP 的信令协议；④ 三层交换机或路由器能够识别信令协议的资源预留请求并对信息流实施监控，保证提供请求所要求的服务级别。

如图 4-4 所示是以 IP 电话为例的资源预留协议 RSVP 的操作流程。

图 4-4 中，在进行一次 IP 电话呼叫前，主叫网关 GW1 发送一个 RSVP 路径报文到目的网关，以组播的方式到达所有网关 GW2 ~ GW4 路径报文描述了 IP 电话信息流的性能要求，如报文类型、带宽需求等。GW2 等网关接收到该路径报文后，决定是否为 IP 呼叫信息流预留带宽资源。若目的网关选择预留资源，则发送一个 RSVP 报文给它所连的三层交换机或路由器，在这个 RSVP 报文中，详细描述了接收呼叫的网关 GW2 等的预留带宽需求。然后沿着从目的

网关到主叫网关 GW1 这条路径上的每一个三层交换机或路由器都登记预留资源。路径上的三层交换机或路由器也可能合并一些资源预留请求，当路径上有一个三层交换机或路由器不能满足带宽请求时，该交换机或路由器返回一个信息给目的网关，如 GW2 通知它这次预留资源请求不能满足，于是整个网络上从主叫网关到被叫网关的资源预留请求就失败了。

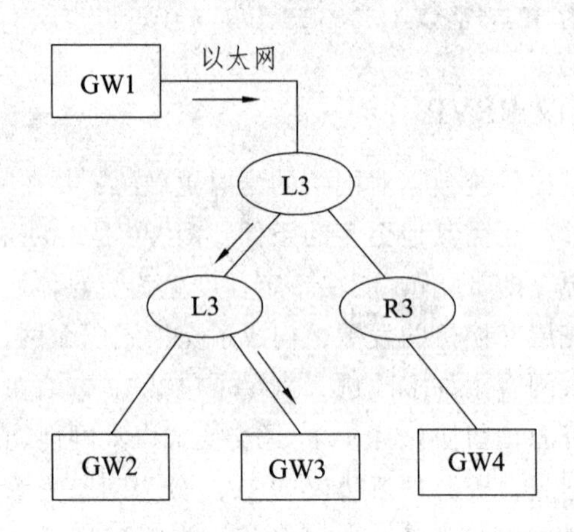

图 4-4　以 IP 电话为例的资源预留协议 RSVP 的操作流程

GW1～GW4—IP 电话网关；L3—三层以太网交换机；R3—路由器

RSVP 结合三层交换技术，可以动态调整网络资源但由于各厂商产品的差异，目前还没有一个被 IETF 认可的广泛使用的 RSVP 版本，而且 RSVP 本身还有如下问题没解决：

（1）RSVP 目前停留在概念阶段，没有在 Internet 得到广泛应用，对于核心交换机，要保留和管理很多信息流的资源预留信息是很困难的，尤其是当路径或路由改变时，如何保证资源预留也是个问题。

（2）RSVP 不能增加额外的带宽，仅仅是为不同应用分配一定比例的带宽。

（3）RSVP 路径和资源预留报文都沿着现有路由协议产生的路径传输，而目前的路由算法都是基于最短路径而不是基于服务质量的，因此真正的动态资源预留协议应该是基于服务质量的路由协议。

虽然 RSVP 还停留在概念阶段，在技术和理论上还有不成熟的地方，没有能广泛应用，但毕竟这个构想为基于 Internet 的多媒体数据业务开辟了一个新的思路，尤其对于 IP 电话这种带宽占用较低的业务而言，使用 RSVP 和三层交换技术结合，能很好地满足一定带宽上多用户的呼叫质量，其应用前景还是十分广阔的。

4.4　VoIP 语音数据包

4.4.1　VoIP 语音数据包封装流程

语音信息是一种模拟信号，而将语音转换成数据包首先需要将模拟信号转换为数字信号（模-数转换）。相信大家对此都有所了解，将模拟式的语音信息用数字式传输的过程大致如图

4-5 所示。

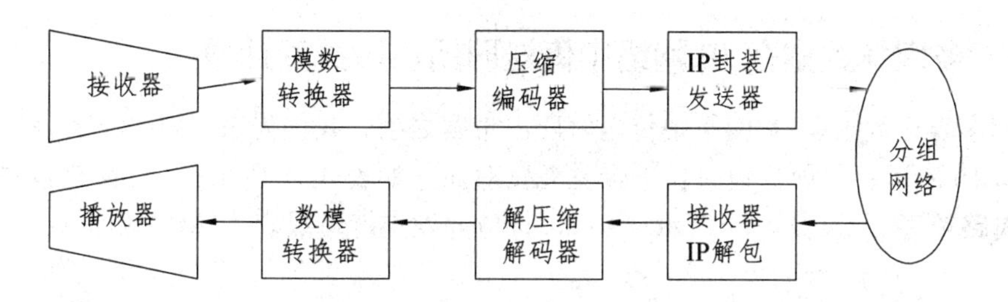

图 4-5　语音信号在 IP 网络上的传送过程示意图

VoIP 是基于 IP 的，采用的寻址方式是“IP + 传输层端口”的方式。为了保证语音质量，对包的丢包率、抖动、时延都有一定的要求，在这种情况无论是面向连接的 TCP 还是面向无连接的 UDP 都无法很好地完成实时媒体流的传送作用，于是在 UDP 的基础上，引入实时传输协议 RTP/RTCP 协议。

几乎所有的 VoIP 相关产品，都利用 RTP 收发语音信息。语音包的结构如图 4-6 所示，在 IP 层上封装后被送出到网络上，Payload 部分的信息量多少取决于所采用的编码方式。

语音编解码（G.711/G.729/G.723）
RTP
UDP
IP
MAC（以太网）

图 4-6　语音包的结构

具体的打包流程如图 4-7 所示。

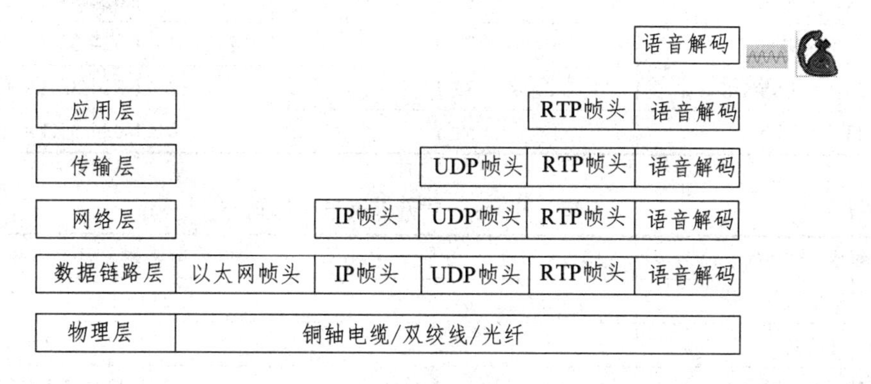

图 4-7　语音包的打包流程

由图 4-6 和 4-7 可见，RTP 协议是在 UDP 封装之上，加入 12 字节的 RTP 头，通过 RTP 头中的顺序编号与时间戳参数实现媒体流实时按序传送，RTP 协议负责媒体流的转换，传送；RTCP 负责通话质量的监控。媒体流变换时，封装的顺序如下：

（网络接口层（IP（UDP（RTP（语音）））））

4.4.2　多媒体数据在 IP 网络中传送时所占带宽的计算

在计算多媒体数据在 IP 网络中传送时所占带宽之前，我们先来了解一下各种编码方式对比，如表 4.10 所示；各种打包时长下带宽耗费对比，如表 4.11 所示；20 ms 打包并发支持路数（2 M 线路带宽），如表 4.12 所示；30 ms 打包并发支持路数表（2M 线路带宽），如表 4.13 所示。

表 4.10　各种编码方式对比表

编解码技术	语音压缩带宽（kb/s）	语音延迟	语音质量等级
G.711a/u	64	无延迟	优
G.729	8	低于 200 ms	良
G.723（6.3 kb/s）	6.3	低于 200 ms	接近良
G.723（5.3 kb/s）	5.3	低于 200 ms	介于良和中之间

表 4.11　各种打包时长下带宽耗费对比表

编解码技术	20 ms 打包占用带宽（kb/s）	30 ms 打包占用带宽（kb/s）
G.711a/u	89.8	81.2
G.729	33.8	25.2
G.723（6.3 kb/s）	32.1	23.5
G.723（5.3 kb/s）	31.1	22.5

表 4.12　20 ms 打包并发支持路数表

编解码技术	20 ms 打包占用带宽（kb/s）	支持的通路数（路）
G.711a/u	89.8	2×1 024/89.8 = 22
G.729	33.8	2×1 024/33.8 = 60
G.723（6.3 kb/s）	32.1	2×1 024/32.1 = 63
G.723（5.3 kb/s）	31.1	2×1 024/31.1 = 65

表 4.13　30 ms 打包并发支持路数表

编解码技术	30 ms 打包占用带宽（kb/s）	支持的通路数（路）
G.711a/u	81.2	2*1 024/81.2 = 25
G.729	25.2	2*1 024/25.2 = 81
G.723（6.3 kb/s）	23.5	2*1 024/23.5 = 87
G.723（5.3 kb/s）	22.5	2*1 024/22.5 = 91

这里涉及一个概念，打包时长，其描述的是：编解码芯片多久对语音包进行一次采样，然后编码成 IP 报文发送。打包时间越短，每秒打包的数量就越多，语音的处理速度就越快，语音质量也就越好，但所花费的带宽也越高。

常见的打包时长有 20 ms 和 30 ms 两种。

下面介绍带宽耗费计算方法。

一个语音包，其所需要的开销 = RTP 头 + UDP 头 + IP 头 + 以太网帧头

其中

RTP 头 = 96 bit（12 byte）

UDP 头 = 64 bit（8 byte）

IP 头 = 160 bit（20 byte）

Ethernet 头 = 208 bit（26 byte）

所以，一个语音包的开销 = 96 + 64 + 160 + 208 = 528 bit

根据公式　媒体流带宽 = 528/打包时长 + 语音编解码带宽

例如采用 G.711 算法，假定打包时长为 20 ms，那么，每秒钟产生 50 个数据包，每个数据包都包含：物理层 26 字节，IP 层 20 字节，传输层 8 字节，RTP 层 12 字节；估算 RTCP 所占的带宽为语音流的 5%，那么，通话带宽为

$$((12+8+20+26)\times 8\times 50/1024+64)\times 1.05=94.27\ \text{kb/s}$$

技能训练　视频电话 V500 的配置

一、实训项目单

编制部门：　　　　　　　　　　编制人：　　　　　　　　　　编制日期：

<table>
<tr><td>项目编号</td><td>4</td><td>项目名称</td><td colspan="3">视频电话 V500 的配置</td><td>学时</td><td>2</td></tr>
<tr><td>学习领域</td><td colspan="3">VoIP 系统组建、维护与管理</td><td>教材</td><td colspan="3">NGN 之 VoIP 技术应用实践教程</td></tr>
<tr><td>实训目的</td><td colspan="7">通过本单元实习，熟练掌握视频电话 V500 的配置</td></tr>
<tr><td colspan="8">◎实训内容
（1）了解 V500 的硬件结构。
（2）掌握 V500 的配置方法：触摸屏直接配置和界面化配置方法。
◎实训设备与工具
V500 若干台，计算机若干台，网线若干，IBX1000 一台。
◎注意事项
（1）必须首先完成在 IBX1000 上的放号等数据配置操作。
（2）V500 支持 4 路 VoIP 账号，音频支持 G.722。
（3）支持本地三方语音会议功能。
（4）支持 BLF，对讲机功能。
（5）支持 20 个快捷键。
（6）支持 6 个图像快捷拨号功能。
（7）支持远程 XML 电话本和 LDAP 功能。</td></tr>
</table>

（8）支持与视频会议系统对接功能。

（9）支持 tr069 远程配置和升级 。

（10）可视通信支持 H.264/H.263 编解码，分辨率最大支持 VGA。

◘方法与步骤（见详细步骤说明）

（1）设备硬件连接。

（2）上电启动话机。

（3）网络设置。

（4）账号设置。

◘评价要点

在液晶上完成相应的配置要求并测试成功后，进入网络界面化配置方式，进行相同配置要求的配置。（20 分）

完成每种配置要求后，进行如下关键测试。

（1）能注册到 IBX1000。（40 分）

（2）能和其他 SIP 用户直接互打电话。（20 分）

（3）能和挂接在 IAD 下的模拟电话互打电话。（20 分）

二、实施向导

ZXV10 V500 是一款面向家庭或企业用户的多媒体信息终端，为用户提供多媒体通信、生活资讯、远程或本地娱乐等应用。主要亮点如下。

1. 极致用户体验

采用 7 寸（1 寸≈2.54 厘米）高分辨率彩色触摸屏，图形化的界面，触摸式的虚拟键盘，可编程按键，软按键等。集成宽频的软/硬件技术，传递出高清的全双工免提、手柄语音通话，让用户感觉如同真实在对话。

2. 清晰流畅的画面

领先的 H.264 视频编解码技术，实现 720×480@30fps 视频效果，可输出到 7 寸数字彩色液晶触摸屏或相连的电视屏，使交流不再局限于语音，有效提升用户面对面交流的通信体验。

3. 先进的架构

使用 SIP 协议，支持软交换、IMS 网络架构。

4. 丰富的标准化接口

双网口，支持桥接模式，在只有一个网络接口的情况下可实现 PC 与终端同时上网功能，使用方便。PSTN 逃生口，IP/PSTN 双模应用，断电可支持 PSTN 通话，语音交流有保障。

5. 丰富的配置管理

支持 tr069 网管功能，本地 Web 页面支持丰富的配置，Web 页面有抓包工具，方便工作人员分析和定位故障。

三、配置参考步骤

1. 设备硬件连接

请将标配的 5 V，3 A 的电源适配器连接至 V500 的电源接口，网线接入 V500 的 Internet 口。连接如图 4-8 所示。

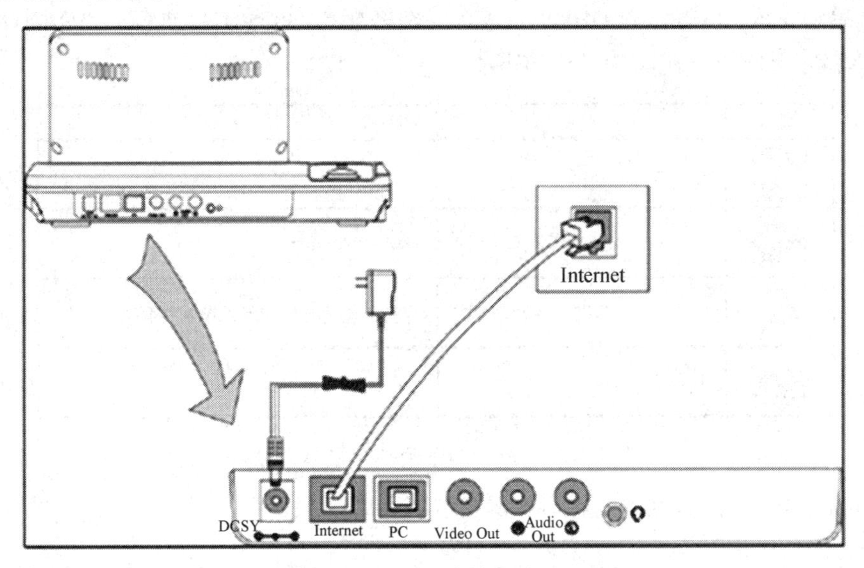

图 4-8　硬件连接示意图

2. 上电启动话机

（1）在有电源供应后，话机将立即启动，整个启动过程总共约需 2 分多钟。在上电后液晶首先显示“System Initialization…”（初始化），该过程将持续 50 多秒，而后进入主界面并显示模块加载过程，加载提示框消失时，意味着话机已完成启动。如图 4-9 所示。

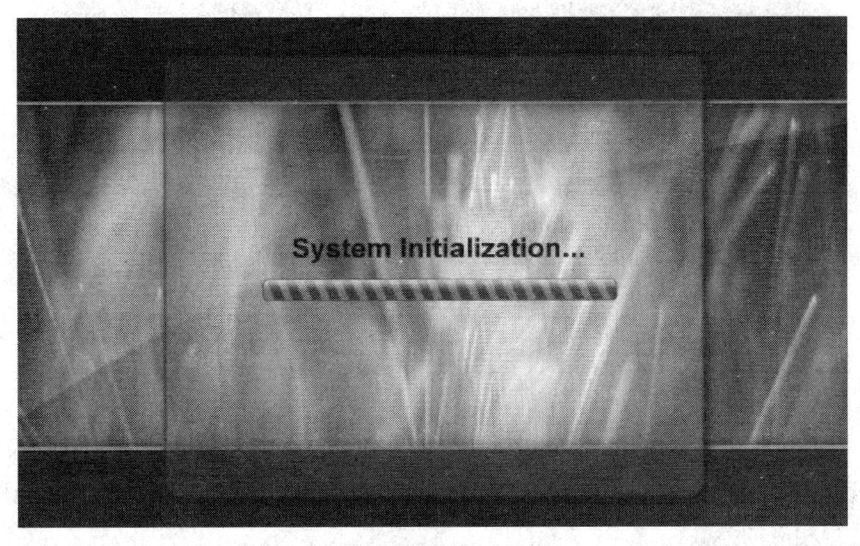

图 4-9　初始化

（2）等待加载通话模块，图略。

（3）启动完成，默认进入待机界面，V500 共有 3 个主界面，可按键盘上的左、右方向键切换主界面。

3. 网络设置

1）查看话机网络状态

V500 启动完成后，默认为 DHCP 方式获取网络配置，液晶主界面右上角的图标将指示当前的网络状态，主要包含如图 4-10 所示图标。

图标	状态	场景举例
	连接成功，网络正常	正常
	有连接，但网络不通	设置的静态IP无效
	有连接，但网络访问受到限制	所获取或设置的IP无互联网访问权限
	未连接	网线接触不良

图 4-10　当前的网络状态指示图标

在主界面上按 OK 键可以查看当前网络状态。

2）设置话机网络

话机的网络参数设置通常可在液晶上设置。主要步骤如下。

（1）在主界面中点击“设置”进入“设置”菜单，如图 4-11 所示。

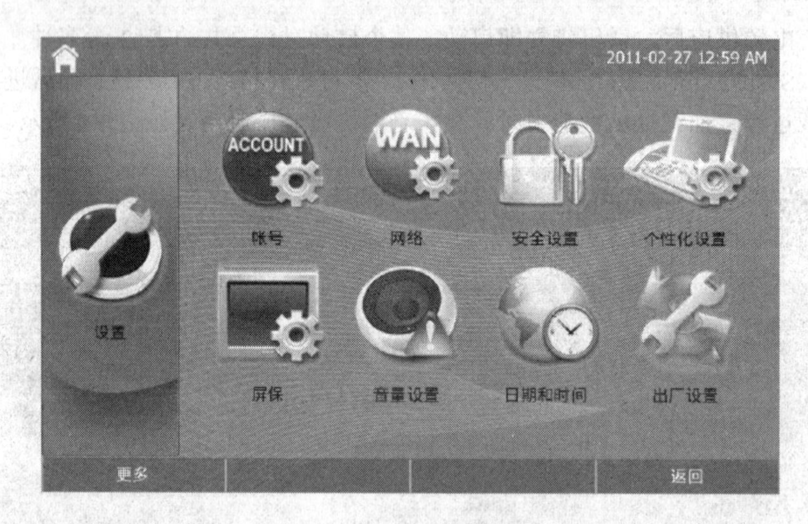

图 4-11　设置菜单界面

（2）在“设置”界面中点击“网络”，进入输入管理员密码界面，如图 4-12 所示。用键盘输入管理员密码（默认为 admin）后点击图标，即可进入网络设置界面，如图 4-13 所示。

（3）进行相应的参数设置。

话机默认使用“自动获取 IP 地址”，进入该界面时在“静态 IP”区域将会显示当前话机获取到的网络地址信息。

图 4-12　输入管理员密码

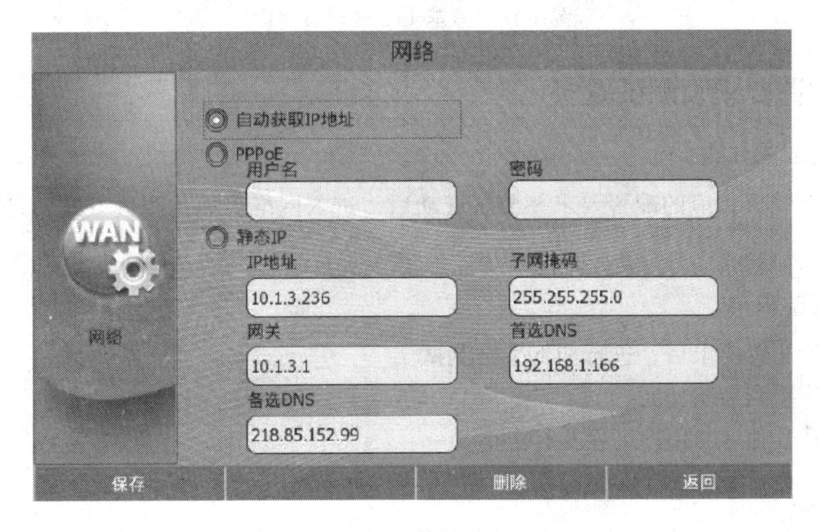

图 4-13　网络设置界面

（4）修改完成后点击液晶左下角的“保存”按钮，话机提示需要重启，请重启话机以使设置生效。

4. 账号设置

话机必须注册相应 SIP 账号才能正常使用。对账号的设置，也可以在液晶或者网页上进行。

（1）在主界面中点击“设置”进入“设置”菜单；

（2）在“设置”界面中点击“账号”，用键盘输入管理员密码（默认为 admin）后点击图标，即可进入账号设置界面；

（3）在“账号设置”界面中，填入相应信息（由管理员提供），注意勾选“启用账号”等选项，如图 4-14 所示。

（4）设置完成后，点击液晶左下角的“保存”按钮即可，话机自动退出该界面。

（5）退出至主界面，通过右上角图标可查看账号是否注册成功。

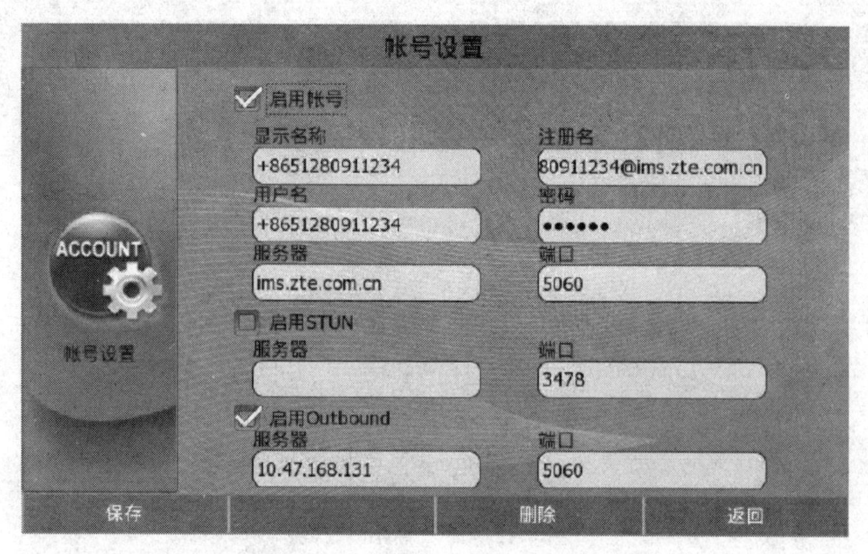

图 4-14　液晶上账号设置界面

四、配置要求及测试要求

1. 配置要求

在液晶上完成相应的配置要求并测试成功后，进入网络界面化配置方式，进行相同配置要求的配置。

2. 测试要求

完成每种配置要求后，进行如下关键测试。

（1）能注册到 IBX1000。

（2）能和其他 SIP 用户直接互打电话。

理论训练

1. 协议能够为语音、图像、数据等多种需实时传输的数据提供端到端的传输功能，它实际上包含两个相关的协议：____协议和____协议。

2. ____协议用来传送监视实时数据传送质量的统计数据，同时可以在会议业务中传送与会者的信息。

3. RTP 的数据通过____的 UDP 端口传送，而对应 RTCP 数据使用 UDP 端口传送。

4. G.729 和 G.723.1 是我国网络中常用的参数语音编码，其中 G.729 编码的比特率为____，G.723.1 编码的比特率是____。

5. IP 网影响下一代网络业务服务质量的主要因素是____、时延抖动和____。

6. 语音通信中，时延是指____的时间。时延对语音通信的影响主要在于____。

7. 时延抖动是指由于各种____延时的变化导致网络中 IP 数据包的变化。

8. Internet 传输层有三个传输协议，分别是_____、用户数据报协议 UDP 和_____，其中____主要用来在 IP 网络中传送电话网的信令。

9. G.723.1 编码数据的比特率为 6.3 kb/s，每 30 ms 传送一个语音包，在不考虑静音压缩的情况下，计算在IP网络中传送一路G.723.1话音所占的带宽。

10. G.723.1编码数据的比特率为5.3 kb/s，每30 ms传送一个语音包，在不考虑静音压缩的情况下，计算在IP网络中传送一路G.723.1话音所占的带宽。

11. G.729编码数据的比特率为8 kb/s，每20 ms传送一次，在不考虑静音压缩和数据链路层头部所占的带宽的情况下，简单估算一下在IP网络中传送一路G.729话音所占的带宽。

12. G.729编码数据的比特率为8 kb/s，每30 ms传送一次，在不考虑静音压缩的情况下，简单估算一下在IP网络中传送一路G.729话音所占的带宽。

项目 5　VoIP 中主要采用的协议

【教学目标】

知识目标	技能目标
掌握 H.323 协议概述、消息、模型、呼叫流程、应用、特点及存在的问题； 掌握 H.248 协议概述、消息、模型、呼叫流程、应用、特点及存在的问题； 掌握 SIP 消息和、模型、呼叫流程、应用、特点及存在的问题； 掌握 H.323、H.248 和 SIP 的区别； 了解 Sigtran 和 BICC 协议栈模型和协议功能。	能描述 H.323 协议、H.248 协议、SIP 协议的概述、消息和模型； 清楚 H.323 协议、H.248 协议、SIP 协议呼叫流程及应用； 能归纳 H.323 协议、H.248 协议、SIP 协议的区别； 能用 MiniSipServer 搭建 SIP 代理服务器的环境。

【项目引入】

人和人交流需要语言，设备和设备之间通信需要协议，我们需要在冷冰冰的设备之间建立它们的语言、语法规则，即通信协议，来建立起设备间的认知和通信过程。H.323、H.248 和 SIP 都是在 VoIP 里解决和实现通信过程的协议，它们在兼容性、复杂度、成本、成熟度、定义范围、互操作性等方面各有特长，下面就来具体了解一下。

【相关知识】

5.1　H.323 协议

5.1.1　H.323 协议概述

H.323 是由 ITU 制定的通信控制协议，用于在分组交换网中提供多媒体业务。呼叫控制是其中的重要组成部分，它可用来建立点到点的媒体会话和多点间媒体会议。H.323 定义了介于电路交换网和分组交换网之间的 H.323 网关（Gateway）、用于地址翻译和访问控制的网守（Gatekeeper）、提供多点控制的多点会议控制器（MC）、提供多点会议媒体流混合的多点处理器（MP）。以及多点会议控制单元（MCU）等实体。H.323 是 ITU-T 开发的 IP 网络实时多媒体通信协议簇，由呼叫控制、媒体编码、管理控制、网络安全等一系列协议组成。

H.323 适用于在底层传输、不提供 QoS 保证的分组网络上进行多媒体通信的技术需求，主要目的是实现位于不同网络中的终端之间的音视交互通信。

H.323 终端提供在点对点或点对多点会议中，进行语音、可选用的视频和数据通信的能力。

H.323 的范围不包括网络界面，物理网络及网络上的传输协议。如图 5-1 所示给出了 H.323 终端的协同工作能力。

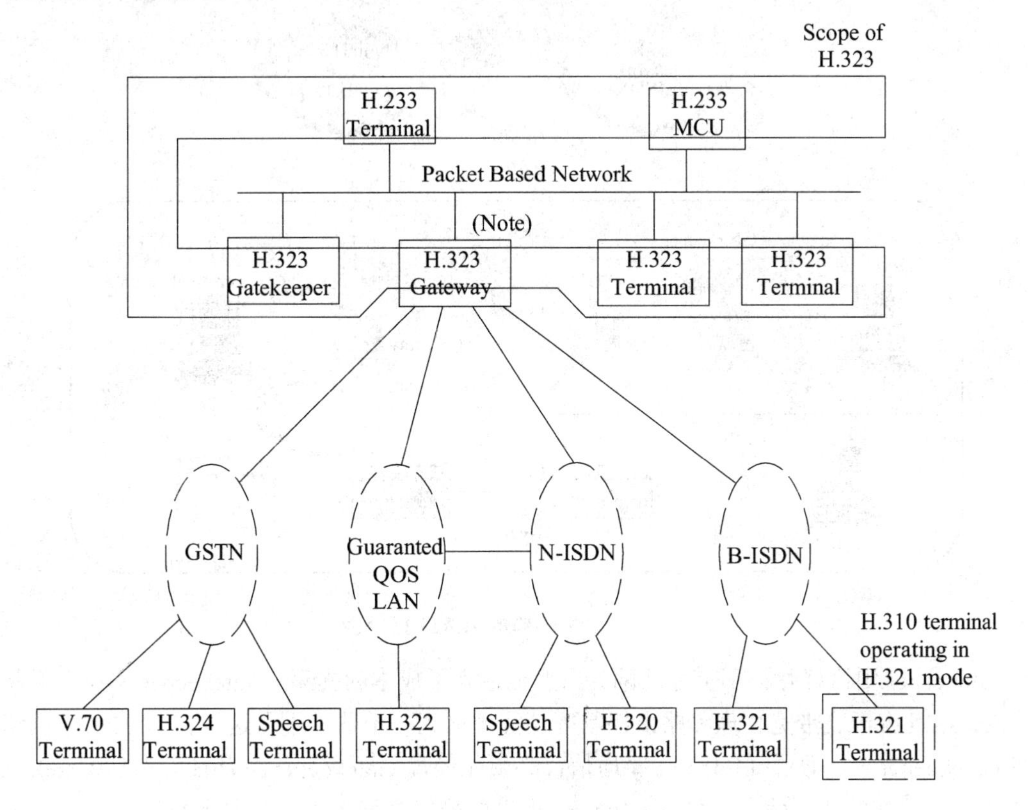

图 5-1　H.323 构件及相互关系

H.323 协议定义了的系统组件包括终端，网关（GW），网守（Gatekeeper，简称 GK），多点控制（MC），多点处理（MP），多点处理单元（MCU）等。最重要的系统组件为网关和网守。如图 5-2 所示是一个简单 H.323 拓扑图。

上面提到的组件只是逻辑上的功能组件，在具体的物理实现中，它们中的几个有可能被集成到一个器件上。例如，Gateway、Gatekeeper 和 MCU 有可能集成到一个器件上，就像链路层交换和网络层路由往往能被集成到一个路由器上一样。下面简要地描述一下各组件。

（1）GW（Gateway）：GW 是 H.323 网络中一个可选组件，其最重要的作用就是协议转换。通过 Gateway，两个不同协议体系结构的网络得以通信。例如，有了 Gateway，一个 H.323 终端能够与 PSTN 终端语音通信。可以看出，当我们的通信要经过不同协议体系结构的网络时，Gateway 是必须的。

（2）GK（Gatekeeper）：GK 也是 H.323 网络的一个可选组件。Gatekeeper 主要负责认证控制、地址解析、带宽管理和路由控制等。

当 H.323 网络中不存在 Gatekeeper 时，两个 Endpoint 是不需要经过认证就能直接通信。这不便于运营商开展计费服务，而且两个 Endpoint 的地址解析被分散到 Gateway 中，这无疑会加大 Gateway 的复杂度。另外，如果没有 Gatekeeper，扩充新功能（如添加带宽管理和路由控制）是比较困难的。

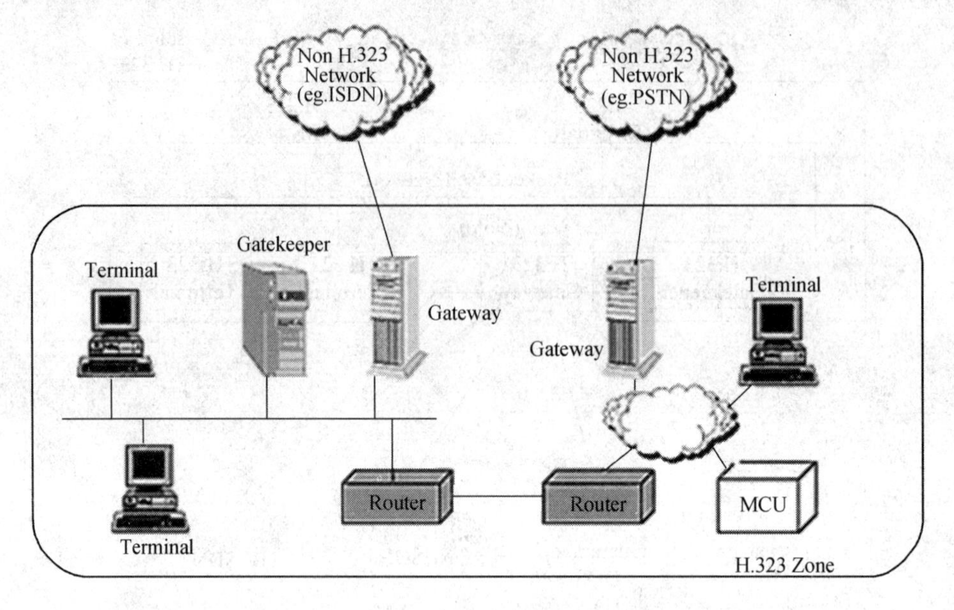

图 5-2　一个简单的 H.323 拓扑图

Gatekeeper 则恰好弥补了上述缺陷，当然也带来了成本的提高。Gatekeeper 本质上是将认证控制、地址解析、带宽管理和路由控制等功能集成到一个器件中。这样，当 H.323 网络中存在 Gatekeeper 时，两个 Endpoint 要通信，必须先经过 Gatekeeper 的认证。然后 Gatekeeper 从 Endpoint 提交的认证信息（如 Net2Phone 提供的号码序列）中，获取到两个 Endpoint 间的路由，从而让两个 Endpoint 实现通信。当然，为加强整个网络的管理，我们可以方便地将带宽管理和路由控制等功能方便地添加到 Gatekeeper 中。

（3）MCU（Multipoint control unit）：多点控制单元用于控制多点会议。也可以用于连接两个终端的点对点会议（这种点对点会议以后可能发展为多点会议）。MCU 通常按 H.231 MCU 的方式行事，不过音频处理器不是必需的。MCU 由两部分组成：必备的 MC 和可选的 MP。最简单的 MCU 可以只包括一个 MC，没有 MP。MCU 也可能在不被某个节点显式呼叫的情况下，通过 GK 加入会议。

（4）MC（Multipoint controller）：MC 是网络上的一个 H.323 实体，它为多点会议中三个或更多个终端的参与提供控制。也可以在点对点会议中连接两个终端，以后发展为多点会议。MC 与所有终端进行能力协商，在共有的水平上进行通信。它也可以管理会议资源，例如谁正在多点传送视频。MC 不执行媒体流的混响与交换。

（5）MP（Multipoint processor）：MP 是网络上的 H.323 实体，它为多点会议中的媒体流提供集中处理能力。在 MC 的控制下，提供混响，交换和其他对媒体流的处理过程。MP 能够处理单个或多个媒体流依赖于支持的会议类型。

（6）Terminal：Terminal 是一个产生和终止 H.323 数据流/信令的 Endpoint。它是一个带有

H.323 协议栈的器件，例如 PC、嵌入式 IP 电话机和 IP 电话软件 Net2Phone 等。

根据 H.323 的规定，Terminal 必须支持音频通信，而视频通信和数据会议则是可选的。

（7）EP（Endpoint）：节点指 H.323 终端、网关或 MCU。它能发起呼叫或被呼叫。由它产生、终止信息流。

（8）Zone：区域是由一个 GK 管理的所有终端、网关和 MCU 的集合。一个区域至少包括一个终端，可以不包括网关和 MCU。一个区域有且只有一个 GK。区域独立于网络拓扑结构，可以由通过路由设备相连的多个网段组成。图 5-3 所示是 H.323 的 Zone 示意图。

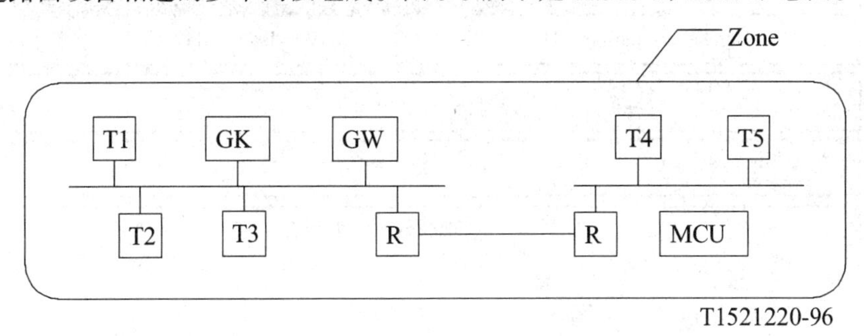

图 5-3　H.323 的 Zone 示意图

（9）呼叫信令：一组消息和流程。用于建立呼叫，请求改变呼叫的带宽，得到呼叫中端点的状态终止呼叫等。

5.1.2　H.323 协议模型

H.323 第 6 版本的建议书长达 300 多页，限于篇幅，不可能一一叙述。为了对 H.323 有个直观的了解，下面首先介绍 H.323 协议族的组成，这个部分主要介绍协议族中相关协议的功能。

H.323 协议是一种伞形规范，因为它涵盖了其他建议，包括 H.225.0 分组和同步，H.245 控制，H.261 和 H.263 视频 CODEC，G.711、G.722、G.728、G.729 和 G.723 音频 CODEC，以及 T.120 系列多媒体通信协议。H.323 协议栈结构如图 5-4 所示。

H.323 协议组中的协议大致可以分为以下四类。

（1）核心控制协议。其中，系统控制协议包括 H.323、H.2.45 和 H.225.0。Q.931 和 RTP/RTCP 是 H.225.0 的主要组成部分。系统控制是 H.323 终端的核心。整个系统控制由 H.245 控制信道、H.225.0 呼叫信令信道和 RAS（注册、许可、状态）信道提供。

（2）语音信号协议。音频编解码协议包括 G.711 协议（必选）、G.722、G.723、G.728、G.729 等协议。编码器使用的音频标准必须由 H.245 协议协商确定。H.323 的终端应由对本身所具有的音频编解码能力进行非对称操作。如以 G.711 发送，以 G.729 接收。

（3）视频信号协议。视频编解码协议主要包括 H.261 协议（必选）和 H.263 协议。H.323 系统中视频功能是可选的。

（4）数据通信协议。数据会议功能也是可选的，其标准是多媒体会议数据协议 T.120。

在 NGN 解决方案的核心部件 Softswitch 中，使用了 H.323 协议簇中的 RAS、Q.931 和 H.245 协议。其网络层协议是 IP，传送层协议为 UDP 和 TCP，其中 RAS 承载在 UPD 上，Q.931 和 H.245 承载在 TCP 上。

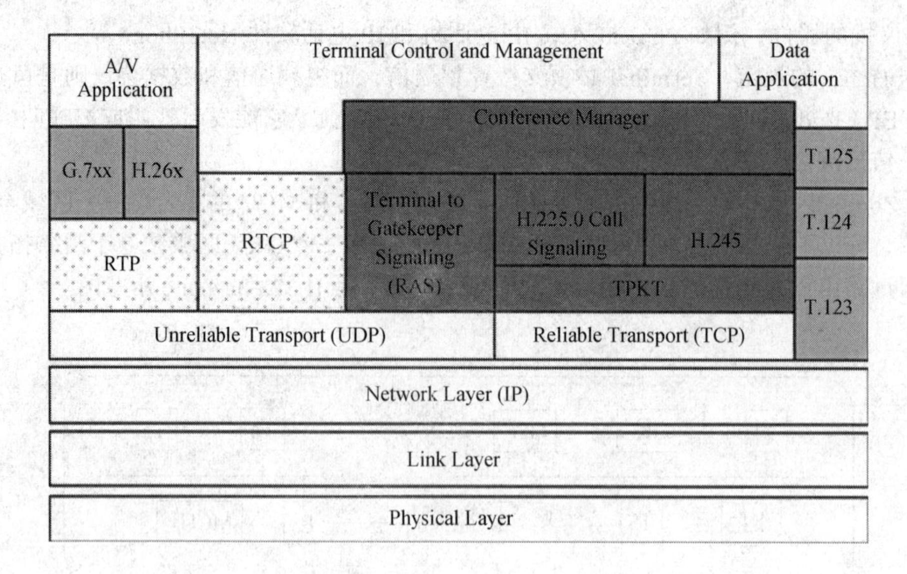

图 5-4 H.323 协议栈结构图

1. RAS 协议

H.225.0 RAS 认证/接受/状态（Registration/Admission/Status）用来实现 Endpoint 和 Gatekeeper 间的认证。RAS 信令提供如下功能。

（1）允许 Gatekeeper 管理 Endpoint。

（2）允许 Endpoint 向 Gatekeeper 提出各种请求，如认证请求、接受请求和带宽调整等请求。

（3）允许 Gatekeeper 响应 Endpoint 的请求，接受或拒绝提供某项服务，如认证许可、带宽调整和地址解析等。

RAS 交互的一般过程如图 5-5 所示，RAS 是建立在 UDP 上的。RAS 单播通信（如 IP 电话）一般使用 UDP 端口 1719，RAS 多播通信（如视频会议）则一般使用 UDP 端口 1718。

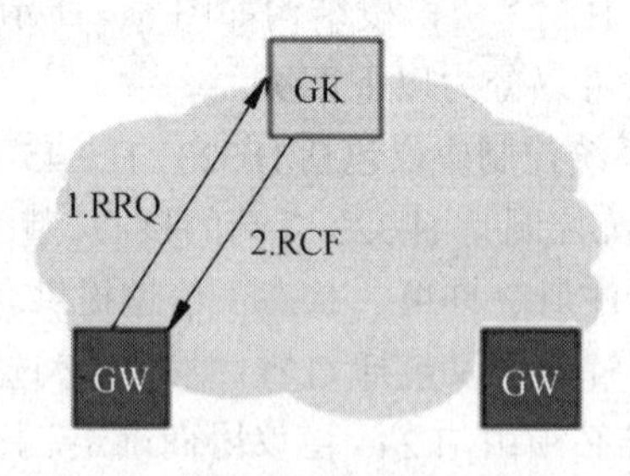

图 5-5 RAS 交互过程

我们以 RAS 认证过程为例来讲述 RAS 的交互过程。图 5-5 示意性地给出了 RAS 的认证过程。

可以看出，RAS 的认证过程如下（其他交互过程是类似的）。

（1）Gateway 向 Gatekeeper 发送 RRQ 认证请求消息。RRQ 认证请求给出了必要的认证信息。

（2）Gatekeeper 处理 Gateway 传来的认证信息，并向 Gateway 回送相应的响应。如果认证成功，则回送 RCF 认证确认消息；如果认证失败，则回送 RRJ 认证拒绝消息。

2. H.245 协议

媒体传输时，有很多配置需要调整：需要协商发送方的发送特性和接收方的接收特性，需要打开或关闭某逻辑传输信道，需要实时控制媒体流。H.245 媒体控制信令就是用来实现上述媒体控制功能的。它的功能如下。

（1）能力协商。H.323 允许各 Endpoint 具有不同的发送和接收能力。因此，两个 Endpoint 要通信，必须先通过 H.245 消息来协调各自的能力。

（2）打开或关闭逻辑信道。H.323 中，音频通信、视频通信和数据会议通信的信道是独立的，H.245 被用来管理这些信道。H.245 本身使用逻辑信道 0。

（3）媒体流或数据流控制。H.245 的反馈信息可用来调节 Endpoint 的各项操作。

（4）其他管理功能。主要还是用来协调 Endpoint 间的行为。例如，当发送 Endpoint 的传输编码改变时，接收 Endpoint 也需做相应的改变，这是由 H.245 负责的。

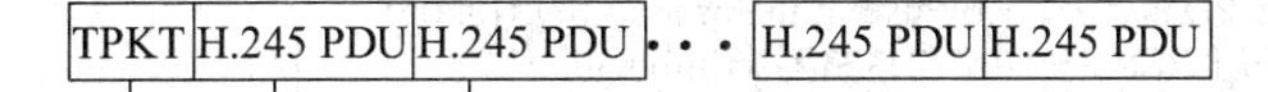

图 5-6　H.245 的封装

图 5-6 所示给出了 H.245 消息的封装，这里做几点补充说明。

（1）H.245 信息是经 H.245 控制信道传输的，这个信道是可选的，例如在快速连接（Fast Connect）中，就没有这个信道。关于快速连接请参考 2.3.3 的相关内容。

（2）H.245 逻辑信道通常是一个单独的 TCP 连接，但是在快速连接等情况下，它是通过 H.225.0 呼叫信令隧道（Tunnel）实现的。这种情况其实是（1）中所述情况的一种。

关于 TPKT、ASN1 等请参看相应的资料，此处不再赘述。

H.245 消息有如下四种常用的类型。

（1）请求（Request）。例如，主从确定请求 masterSlaveDetermination 和终端能力配置请求 terminalCapabilitySet。

（2）响应（Response）。例如主从确定响应 masterSlaveDeterminationAck 和终端能力配置响应 terminalCapabilitySetAck。

（3）命令（Command）。例如发送终端能力配置命令 sendTerminalCapabilitySet。

（4）指示（Indication）。例如用户输入指示 userInput。

3. H.225.0 协议

H.225.0 呼叫信令，顾名思义是用来在两个 Endpoint 间建立或释放一个呼叫信令连接。它部分地采用了 Q.931（ISDN 呼叫信令），并加上了一些适合分组交换网的特定内容；H.225.0 呼叫消息也部分地采用了 Q.932。图 5-7 所示给出了 H.225.0 呼叫信令的封装。

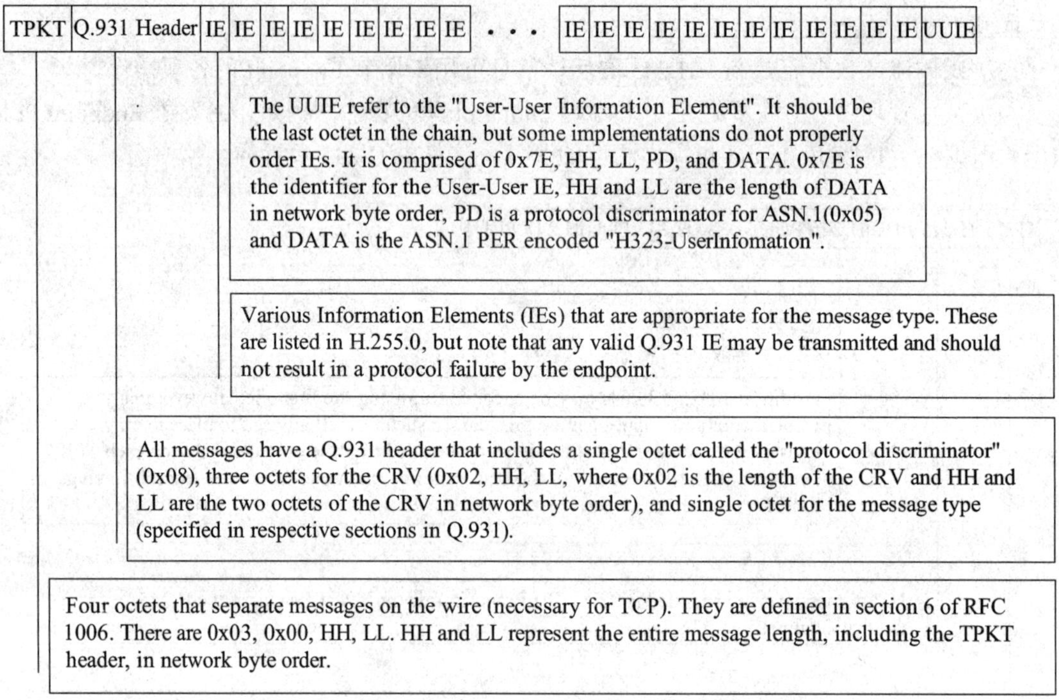

TPKT	Q.931 Header	IE	IE	IE	IE	IE	IE	IE	IE	IE	· · ·	IE	IE	IE	IE	IE	IE	IE	IE	IE	IE	IE	IE	UUIE

The UUIE refer to the "User-User Information Element". It should be the last octet in the chain, but some implementations do not properly order IEs. It is comprised of 0x7E, HH, LL, PD, and DATA. 0x7E is the identifier for the User-User IE, HH and LL are the length of DATA in network byte order, PD is a protocol discriminator for ASN.1(0x05) and DATA is the ASN.1 PER encoded "H323-UserInfomation".

Various Information Elements (IEs) that are appropriate for the message type. These are listed in H.255.0, but note that any valid Q.931 IE may be transmitted and should not result in a protocol failure by the endpoint.

All messages have a Q.931 header that includes a single octet called the "protocol discriminator" (0x08), three octets for the CRV (0x02, HH, LL, where 0x02 is the length of the CRV and HH and LL are the two octets of the CRV in network byte order), and single octet for the message type (specified in respective sections in Q.931).

Four octets that separate messages on the wire (necessary for TCP). They are defined in section 6 of RFC 1006. There are 0x03, 0x00, HH, LL. HH and LL represent the entire message length, including the TPKT header, in network byte order.

图 5-7　H.225.0 呼叫信令的封装

这里做几点补充说明。

（1）H.225.0 呼叫信令信道在 TCP 或 UDP 都可建立。

（2）图 5-7 中所示的 IE（Information Element）随所带信息的不同而不同。例如，SETUP 有“Calling Party Number”“Called Party Number”和“Display”等 IE。

5.1.3　H.323 协议消息

H.323 消息编码格式是基于 ASN.1 二进制编码。本节将只对 RAS、Q.931、H.245 三种消息做进一步描述。

1. RAS 消息

同其他信令一样，H.225.0 RAS 信令也是通过 RAS 消息来交互的。RAS 消息的常用格式如下所示。

（1）xRQ：xRQ 请求（一般情况下是，由 Endpoint 发送至 Gatekeeper），x 随具体请求的不同而不同。

（2）xRJ：xRJ 是 Gatekeeper 发回的拒绝响应，x 随拒绝的内容的不同而不同。

（3）xCF：xCF 是 Gatekeeper 发回的确认响应，x 随确认的内容的不同而不同。

当然，RAS 消息对一些特殊情况有特殊的格式，此处不再累述，以下仅把常用的消息实例给出：

（1）网关注册登记消息，如表 5.1 所示。

表 5.1　网关注册登记的 RRQ 消息参数

参数	必备（M）/任选（O）
RequestSeqNum	M
ProtocolIdentifier	M
NonStandardData	O
CallSignalAddress	M
RasAddress	M
TerminalType	M
TerminalAlias	O
GatekeeperIdentifier	O
EndpointVendor	M
AlternateEndpoints	O
TimeToLive	O
Tokens	O
CryptoTokens	O
IntegrityCheckValue	O
KeepAlive	O
EndpointIdentifier	O
WillSupplyUUIEs	O

一个 RRQ 消息实例如下：

RegistrationRequest

RequestSeqNum：23917

ProtocolIdentifier：0.0.8.2250.0.2

DiscoveryComplete：False

CallSignalAddress（TransportAddress）

Item 0（ipAddress）

IpAddress

Ip：172.20.1.160

Port：1720

RasAddress（TransportAddress）

Item 0（ipAddress）

IpAddress

Ip：172.20.1.160
Port：1719
TerminalType（EndpointType）
Vendor（VendorIdentifier）
Vendor（H221NonStandard）
t35CountryCode：28
t35Extension：21
manufacturercode：555
productId：Huawei H.323 Protocol Stack
versionId：Huawei H.323 Stack version 1.1
mcu（McuInfo）
mc：False
undefinedNode：False
terminalAlias（AliasAddress）
Item 0（e164）
e164：82882200
Item 1（H.323_ID）
H.323_ID：MediaCenter01A0
EndpointerVendor（vendorIdentifier）
Vendor（VendorIdentifier）
Vendor（H221NonStandard）
t35CountryCode：28
t35Extension：21
manufacturercode：555
productId：Huawei H.323 Protocol Stack
versionId：Huawei H.323 Stack version 1.1
timeToLive：300
keepAlive：False
willSupplyUUIEs：False。

（2）寻找网守消息，如表5.2所示。

表5.2 寻找网守消息

消息	英文全称	含义
GRQ	Gatekeeper Request	受理终端初次使用，向网络广播寻找网守的请求，以找到自己所属的网守
GCF	Gatekeeper Reject	网守向受理终端发送的寻找网守请求（GRQ）的确认回答
GRJ	Gatekeeper Reject	网守向受理终端发送的寻找网守请求（GRQ）的拒绝回答

（3）注册登记消息，如表5.3所示。

表5.3　注册登记消息

消息	英文全称	含义
RRQ	Registration Request	受理终端向网守发起的网关注册登记的请求
RCF	Registration Confirm	网守向受理终端发送的对网关注册登记请求RRQ的确认回答
RRJ	Registration Reject	网守向受理终端发送的对网关的注册登记请求（RRQ）的拒绝回答

（4）注销消息，如表5.4所示。

表5.4　注销消息

消息	英文全称	含义
URQ	Unregistration Request	受理终端向网守发送的关于网关请求注销注册登记的消息
UCF	Unregistration Confirm	网守向受理终端发送的关于网关的URQ的确认回答；或计费认证中心向受理终端发送的关于用户4URQ消息的确认回答
URJ	Unregistration Reject	网守向受理终端发送的关于网关的URQ的拒绝回答；或计费认证中心向受理终端发送的关于用户的URQ的拒绝回答

（5）修改消息，如表5.5所示。

表5.5　修改消息

消息	英文全称	含义
MRQ	Modification Request	受理终端向计费认证中心发送的修改用户数据请求
MCF	Modification Confirm	计费认证中心向受理终端发送的对修改用户数据请求的确认消息
MRJ	Modification Reject	计费认证中心向受理终端发送的对修改用户数据请求的拒绝消息

（6）地址解析消息，如表5.6所示。

表5.6　地址解析消息

消息	英文全称	含义
ARQ	Admission Request	网关向网守发送的用户接入认证、地址解析请求消息
ACF	Admission Confirm	网守对ARQ的确认回答，并给出地址解析结果，对于卡号用户，还需要给出用户余额和最长通话时长
ARJ	Admission Reject	网守对ARQ消息的拒绝回答，并给出拒绝原因

（7）地址解析请求消息，如表5.7所示。

表 5.7　地址解析请求消息

消息	英文全称	含义
LRQ	Location Request	网守向上一级网守发出地址解析请求
LCF	Location Confirm	上一级网守对 LRQ 消息的确认回答，并给出地址解析结果
LRJ	Location Reject	上一级网守对 LRQ 消息的拒绝回答，并给出拒绝原因

（8）呼叫脱离消息，如表 5.8 所示。

表 5.8　呼叫脱离消息

消息	英文全称	含义
DRQ	Disengage Request	网关与网守之间的呼叫脱离请求消息。当该消息由网关发起时，则应同时传递计费信息。计费信息放在“非标准数据”（NonStandard Data）字段中
DCF	Disengage Confirm	网守对 DRQ 消息的确认回答
DRJ	Disengage Reject	网守对 DRQ 消息的拒绝回答，并给出拒绝原因

（9）状态消息，如表 5.9 所示。

表 5.9　状态消息

消息	英文全称	含义
IRQ	Info Request	网守向网关发的状态请求消息
IRR	Info Request Response	网关根据 ACF 命令设定的间隔或 IRQ 请求向网守发送的状态回应消息
IACK	Info Acknowledgement	对 IRR 消息的证实消息
INAK	Information Negative Acknowledgement	对 IRR 消息的拒绝消息

（10）带宽改变消息，如表 5.10 所示。

表 5.10　带宽改变消息

消息	英文全称	含义
BRQ	Bandwidth Request	网关与网守之间的带宽改变的请求消息
BCF	Bandwidth Confirm	网关与网守之间的带宽改变的确认消息
BRJ	Bandwidth Reject	网关与网守之间的带宽改变的拒绝消息

（11）网关资源可利用消息，如表 5.11 所示。

表 5.11　网关资源可利用消息

消息	英文全称	含义
RAI	Resource Availability Indication	网关向网守发送的资源可利用报告
RAC	Resource Availability Confirmation	网守对 RAI 消息的确认消息

（12）RAS 定时器修改消息，如表 5.12 所示。

表 5.12　RAS 定时器修改消息

消息	英文全称	含义
RIP	RAS Timers and Request in Progress	对 RAS 消息和后续的重试计数的响应

（13）顶级网守间消息，如表 5.13 所示。

表 5.13　顶级网守间消息

消息	英文全称	含义
业务请求	Service Request	顶级网守间业务请求消息
业务确认	Service Confirmation	收到业务请求的顶级网守对 Service Request 消息的确认回答，并建立业务关联关系
业务拒绝	Service Rejection	顶级网守对 Service Request 消息的拒绝回答，并给出拒绝原因
描述器 ID 请求	Descriptor ID Request	顶级网守向别的顶级网守请求描述器 ID
描述器 ID 确认	Descriptor ID Confirmation	顶级网守对 Descriptor ID Request 消息的确认回答，并给出该顶级网守的描述器 ID 列表
描述器 ID 拒绝	Descriptor ID Rejection	顶级网守对 Descriptor ID Request 消息的拒绝回答，并给出拒绝原因
描述器请求	Descriptor Request	顶级网守向另一个顶级网守请求特定描述器的内容
描述器确认	Descriptor Confirmation	顶级网守对 Descriptor Request 消息的确认回答，并给出描述器的具体内容
描述器拒绝	Descriptor Rejection	顶级网守对 Descriptor Request 消息的拒绝回答，并给出拒绝原因
地址解析请求	Access Request	顶级网守间的地址解析请求
地址解析确认	Access Confirmation	顶级网守对地址解析请求的确认回答
地址解析拒绝	Access Rejection	顶级网守对地址解析请求的拒绝回答

2. Q.931

ITU-T Q.931 协议为网关与网守之间进行信息交互所使用的协议，主要负责呼叫过程中的信令处理。

Q.931 消息编码采用文本格式，主要由消息名和一系列必配/选配的参数构成，不同的消息会有不同参数，下面以 Setup 消息为例描述 Q.931 消息结构。表 5.14 所示是 Setup 消息的主要内容。

表 5.14　Setup 消息的主要内容

信息单元	必备（M）/任选（O）	长度
Protocol discriminator	M	1
Call reference	M	3
Message type	M	1
Sending complete	O	1
Bearer capability	M	5 ~ 6

续表

信息单元	必备（M）/任选（O）	长度
Extended facility	O	8～*
Facility	O	8～*
Notification Indicator	O	2～*
Display	O	2～82
Keypad facility	O	2～34
Signal	O	2～3
Calling party number	O	2～131
Called party number	O	2～131
User-to-User	M	2～131

一个 Setup 消息实例如下：

Q.931

Protocol discriminator：Q.931

Call reference value length：2

Call reference value：018A

Message Type：Setup（0x05）

Bearer Capability

Display

Called Party Number

User-user

Information element：user-user

Length：149

Protocol discriminator：X.208 and X.209 coded user information

ITU-T Recommendation H.225.0

H.323_uu_pdu（H.323-UU-PDU）

H.323_message_body（setup）

setup

protocolIdentifer：0.0.8.2250.0.2

sourceaddress：（AliasAddress）

e164：07551680052

sourceInfo（EndpointType）

Vendor（VendorIdentifier）

vendor（H221NonStandard）

t35CountryCode：28

t35Extension：21

manufacturercode：555

productId：Huawei H.323 Protocol Stack

versionId：Huawei H.323 Stack version 1.1
mcu（McuInfo）
mc：False
undefinedNode：False
destinationAddress（AliasAddress）
e164：075582882200
destCallSingalAddress
ipAddress：
ip：172.20.1.45
port：1720
activeMC：False
conferenceID：8CBFDA-3030-E030-8314-AC1401A006
conferenceGoal：（invite）
invite
callType：pointerToPointer
sourcecallSignalAddress：
ipAddress：
ip：172.20.1.60
port：1720
callIdentifer：
guid：8CBFDA-3030-E030-8314-AC1401A006
mediawaitForConnect：False
canOverLapsend：False
h245Tunneling：False。

顶级网守间消息如表 5.15 所示。

表 5.15　顶级网守间消息

消息	中文描述	含义
Setup	呼叫建立	主叫发给被叫的消息，表示希望建立通话
Call Proceeding	呼叫进程	被叫发给主叫的消息，表示呼叫正在处理
Alerting	提醒	被叫发给主叫的消息，表示被叫用户已振铃
Progress	进展	用户或网络发送的消息，说明一个呼叫的进展情况
Connect	连接	被叫发给主叫的消息，表示被叫用户已摘机
Notify	通知	用户或网络发送的消息，用以对状态询问（Status Inquiry）消息进行响应或在呼叫期间对特定错误情况进行报告
Status	状态	顶级网守向另一个顶级网守请求特定描述器的内容
Status Inquiry	状态询问	用户或网络发送的消息，用以从一个同等的三层实体请求状态信息
User Information	用户信息	用户或网络发送的附加消息，用以提供呼叫建立或各种与呼叫相关的信息
Release Complete	释放完成	由先挂机的一方发给另外一方，表示释放过程已完成

3. H.245

ITU-T H.245 协议为主、被叫网关之间进行信息交互所使用的协议，H.245 指定了许多独立的协议实体，支持端对端信令。一个协议实体由语法、词义、语义和一套流程来指定消息交换以及用户的互操作。H.245 消息分为四类：请求、响应、命令、指示。请求和响应消息用于协议实体。请求消息要求一个指定的行动及一个立即的响应。响应消息响应一个相应的请求。命令消息要求一个指定的行动，但不需要响应。指示消息只是提供信息，不要求行动和响应。H.245 控制信道是用来承载控制信息用以对 H.323 实体的操作，这些控制主要包括如下三个。

1）主从决定

决定两方谁是主、谁是从。H.245 主从决定消息流程用于解决下述情况的冲突：一是会议中两个节点都是 MC，二是两个节点间尝试建立双向信道。两个节点在 masterSlaveDetermination 消息中交换随机数，以决定主从节点。

2）能力交换

进行能力协商，获得双方都可接受的编解码类型。

3）打开或关闭逻辑通道

打开 RTP、RTCP 通道，为通话做准备。

H.245 消息编码采用文本格式，主要由消息名和一系列必配/选配的参数构成，不同的消息会有不同参数，表 5.16 所示以 OLC 消息为例描述 H.245 消息结构。

表 5.16　OLC 消息的主要内容

参数	必备（M）/任选（O）	参数
ForwardLogicalChannalNumber	M	ForwardLogicalChannalNumber
ForwardLogicalChannalParameters	M	ForwardLogicalChannalParameters
ReverseLogicalChannalParameters	O	ReverseLogicalChannalParameters
SeparateStack	O	SeparateStack
EncryptionSync	O	EncryptionSync

一个 OpenLogcialChannel（OLC）消息实例如下：

ITU-T Recommendation H.245

request

openLogicalChannel

forwardLogicalChannelNumber：2

forwardLogicalChannelParameters

dataType (audioData)

audioData：

g7231

maxAl_sduAudioFrames：1

silenceSuppression：False

multiplexParameters (h2250LogicalChannelParemeter)

h225LogicalChannelParameters

sessionID：1
mediaChannel：（unicastAddress）
unicastAddress：
ipAddress：
network：172.20.1.198
tsapIdentifer：40000
mediaGuaranteedDelivery：False
mediaControlChannel：
unicastAddress：
ipAddress：
network：172.20.1.198
tsapIdentifer：40001
mediaGuaranteedDelivery：False。

（1）终端能力设定消息，如表 5.17 所示。

表 5.17　终端能力设定

消息	英文全称	含义
TCS	Terminal Capability Set	能力交换请求，告诉对方本端支持的接收能力
TCSA	Terminal Capability Set Acknowlege	能力交换请求响应
TCSR	Terminal Capability Set Reject	能力交换请求拒绝

（2）主从决定消息，如表 5.18 所示。

在建立 H.245 通道过程中，可以使用主从决定，也可以不使用，对于 IP 电话，H.245 体制建议不采用此流程。

表 5.18　主从决定

消息	英文全称	含义
MSD	Master Slave Determination	主从确定请求
MSDA	Master Slave Determination Acknowlege	主从确定请求响应
MSDR	Master Slave Determination Reject	主从确定请求拒绝

（3）打开逻辑通道消息，如表 5.19 所示。

表 5.19　打开逻辑通道

消息	英文全称	含义
OLC	Open Logical Channel	打开逻辑通道请求消息
OLCA	Open Logical Channel Acknowledge	打开逻辑通道请求响应消息
OLCR	Open Logical Channel Reject	打开逻辑通道请求拒绝消息

（4）结束会话，如表 5.20 所示。

表 5.20　结束会话

消息	英文全称	含义
ESC	End Session Command	结束会话命令，即关闭 H.245 通道

（5）关闭逻辑通道，如表 5.21 所示。

表 5.21　关闭逻辑通道

消息	英文全称	含义
CLC	Close Logical Channal	关闭逻辑通道命令
CLCA	Close Logical Channel Ack	关闭逻辑通道响应消息

4. 三者的区别和联系

1）联系

它们为完成一次呼叫而共同配合，各有分工：RAS 完成 H.323 实体向 GK 的注册，H.245 完成要连接实体之间的参数协商和准备，Q.931 完成连接实体的连接。

2）区别

先后顺序不同，先 RAS，再 H.245，最后 Q.931。

5.1.4　H.323 通信过程

图 5-8 所示给出了一个典型的 H.323 通信过程。

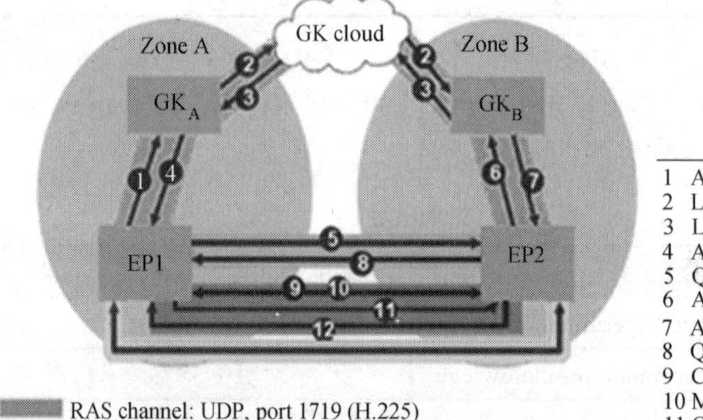

图 5-8　一个典型的 H.323 的通信过程

从图 5-8 可以看出这个通信过程分为 4 步。

（1）建立 RAS 信令。这主要完成认证、地址解析等功能。

（2）建立呼叫信令。这主要是通过 Setup，Alerting，Connect 等步骤来完成。

（3）建立呼叫控制（即媒体控制）。这主要完成协商 Endpoint 的能力，打开或关闭媒体逻辑信道等。

（4）传输音频或视频等信息。

需要注意的是在快速连接（Fast Connect）模式下，并没建立单独的呼叫控制信道，所有的呼叫控制信息以“隧道”的方式在呼叫信令信道中传输。

下面分步骤地来讲解一个完整的通信过程。所给的例子中，左边的终端 T1 向右边的终端 T2 发起媒体通信。当然，T1 和 T2 所在的网络中是有 Gatekeeper 的，然而我们假定 T1 与 T2 是直接路由的。

1. 建立呼叫

图 5-9 所示给出了呼叫建立的过程。图中的实线表示 RAS 信息，而虚线表示 H.225 呼叫信令信息。图中的呼叫建立过程叙述如下。

（1）T1 向 Gatekeeper 发送认可请求 ARQ（Admission Request）。

（2）Gatekeeper 确认 T1 的 ARQ，向 T1 回送 ACF。

（3）T1 发送“SETUP”信息给 T2。

（4）T2 向 T1 回送一个“Call Proceeding”响应，表明呼叫正在建立中。这个时候，如果 T2 已经向 GateKeeper 注册，则转（6）。

（5）T2 到 Gatekeeper 处注册。

（6）T2 向 T1 发送“Alerting”信息，表明 T2 正在建立呼叫。

（7）T2 向 T1 发送“Connect”信息，表明已经成功地在 T1 和 T2 间建立了呼叫连接。

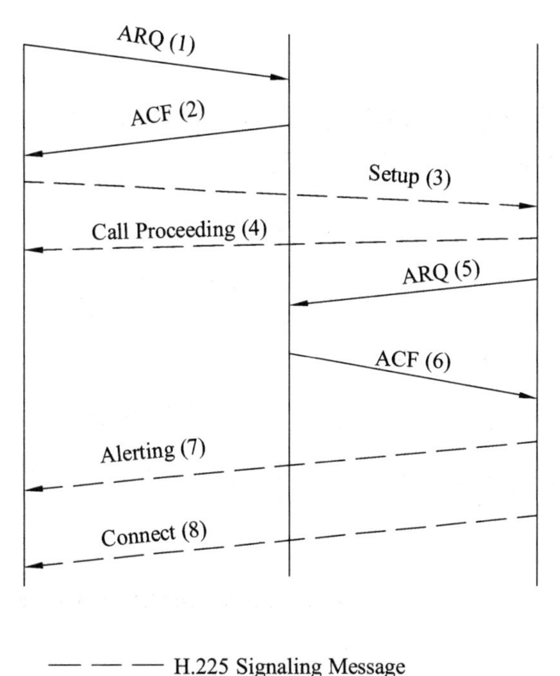

图 5-9　建立呼叫的过程

2. 建立呼叫控制

图 5-10 所示给出了呼叫控制的建立过程。整个建立过程比较简单，就是 T1（T2）向 T2（T1）发送某个请求，然后 T2（T1）向 T1（T2）确认相应的请求。

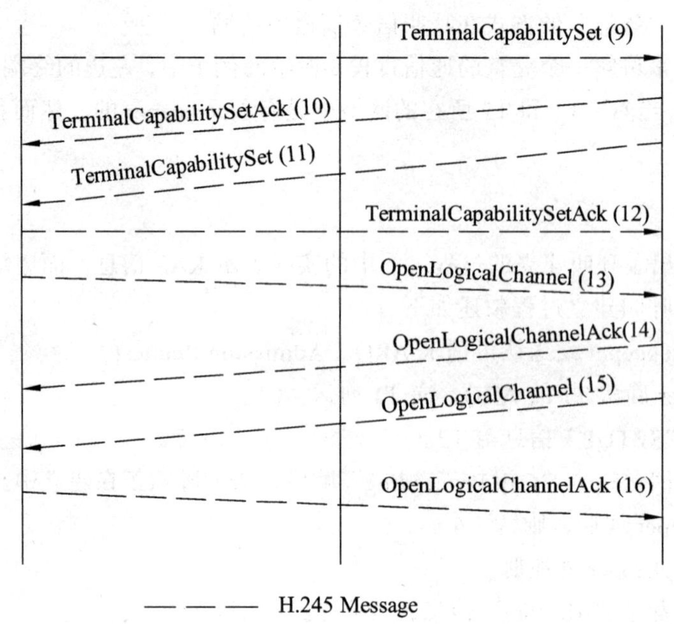

图 5-10　建立呼叫控制的过程

3. 传输媒体信息

图 5-11 所示给出了媒体信息传输的示意图。RTP 用来提供端到端的实时运输功能，但并不保证服务质量，而配套的 RTCP 用来保证服务质量。

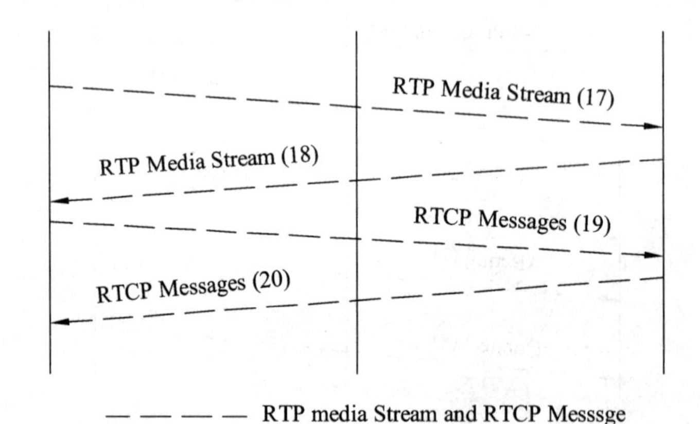

图 5-11　媒体传输示意图

4. 释放呼叫连接

图 5-12 所示给出了释放呼叫的示意图。整个流程大致如下：

（1）T1 和 T2 向对方发送 H.245 消息“End Session Command”来建议释放呼叫连接。

（2）T2 向 T1 发送 H.225 信令消息“Release Complete”来释放呼叫连接。

（3）T1 和 T2 各自从 Gatekeeper 上登出。

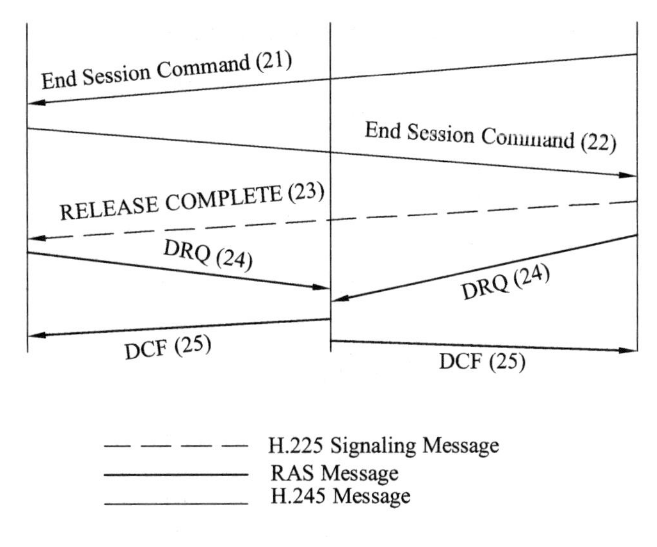

图 5-12　释放呼叫连接的过程

5.1.5　H.323 呼叫流程

1. RAS

1）网守的发现

如图 5-13 所示给出了网守的发现的流程。具体描述为：网关（或 H.323 终端）在启动后，首先向网守发送 GRQ 消息，寻找网守；网守对网关（终端）信息进行分析，确定是本区域网关（终端），发 GCF 确认；否则发 GRF 拒绝。

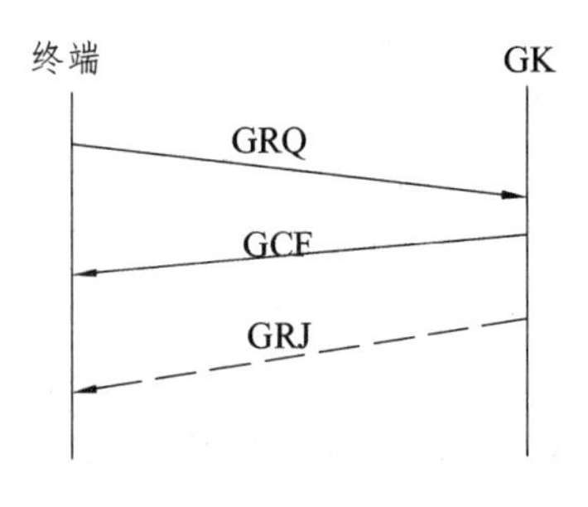

图 5-13　网守的发现

2）节点登记与注销

如图 5-14 所示给出了节点登记与注销的流程图，具体描述为：寻找网守成功，网关（终端）再通过 RRQ 向网守注册；网守对网关（终端）信息进行分析，确定是本区域网关（终端），发 RCF 确认，注册成功；否则发 RRJ 拒绝，注册失败；网关（终端）退出服务，向网守发送 URQ，请求注销登记；网守回 URF（或 URJ）进行确认（或拒绝）。

3）呼叫接入与退出

如图 5-15 所示给出了 RAS——呼叫接入与退出的流程图，具体描述为：终端发起呼叫时，网关（终端）向网守发送 ARQ 请求用户接入认证、地址解析；网守回送 ACF 确认回答，并给出地址解析结果，对于卡号用户，还需要给出用户余额和最长通话时长；呼叫完毕，网关向网守发送 DRQ 请求呼叫脱离；网守回送 DCF 进行确认。

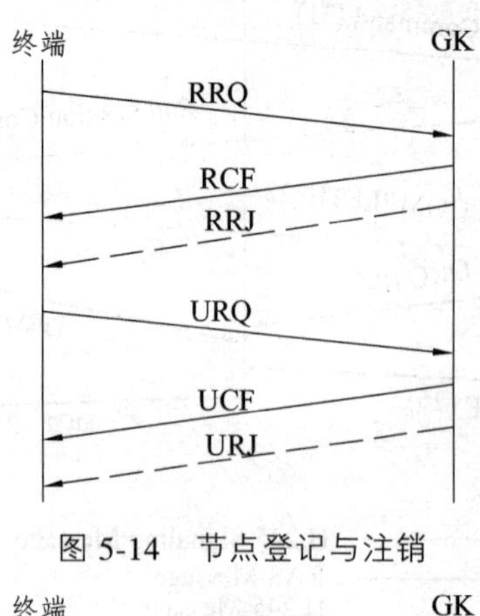

图 5-14　节点登记与注销

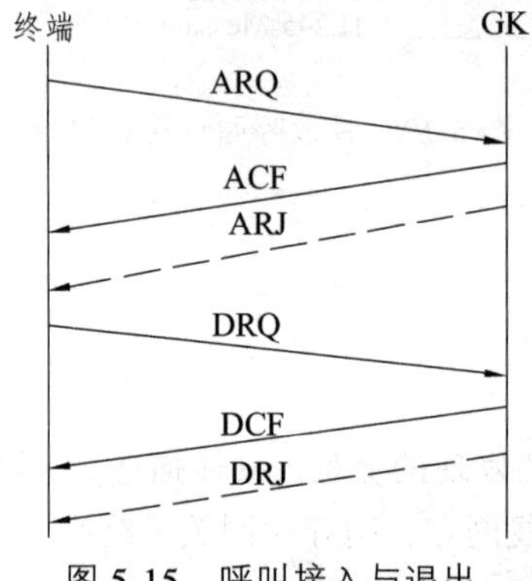

图 5-15　呼叫接入与退出

2. Q.931

1）基本呼叫建立流程（直接路由）

如图 5-16 所示给出了基本呼叫建立流程（直接路由）图，具体描述为：主叫（终端 1）发起呼叫，通过 RAS 消息（ARQ）接入，在收到网守的 ACF 消息后，解析出翻译后的地址，与被叫（终端 2）建立 TCP 连接；终端 1 通过 Q.931 消息发送 Setup 消息给对端，对端一般回应 Call Proceeding、Alerting、Connect 消息；主叫收到 Connect 后，进入 H.245 协商阶段；另外，主叫、被叫都可以发送 Release 消息，结束本次呼叫。

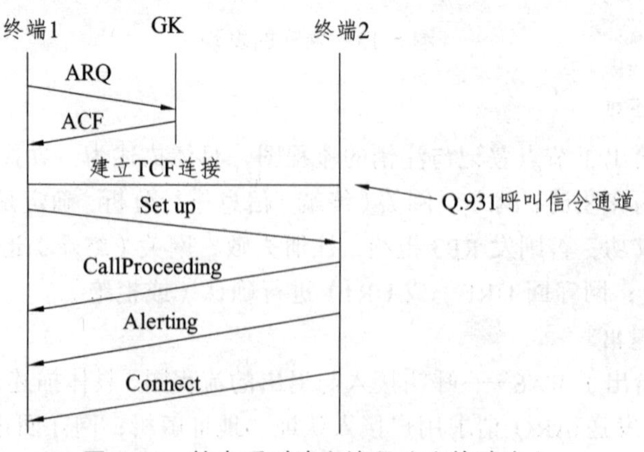

图 5-16　基本呼叫建立流程（直接路由）

2）基本呼叫建立流程（GK 路由）

如图 5-17 所示给出了基本呼叫建立流程（GK 路由），具体描述为：主叫（终端 1）发起呼叫，通过 RAS 消息（ARQ）接入，在收到网守的 ACF 消息后，解析出翻译后的地址（需要 GK 路由），与 GK 建立 TCP 连接；终端 1 通过 Q.931 消息发送 Setup 消息给 GK，GK 回应 Call Proceeding 消息；GK 与被叫（终端 2）建立 TCP 连接，发送 Setup 消息给终端 2，终端 2 一般回应 Call Proceeding、Alerting、Connect 消息；GK 传送 Alerting、Connect 消息给终端 1；主叫收到 Connect 后，进入 H.245 协商阶段；另外，主叫、被叫都可以发送 Release 消息，结束本次呼叫。

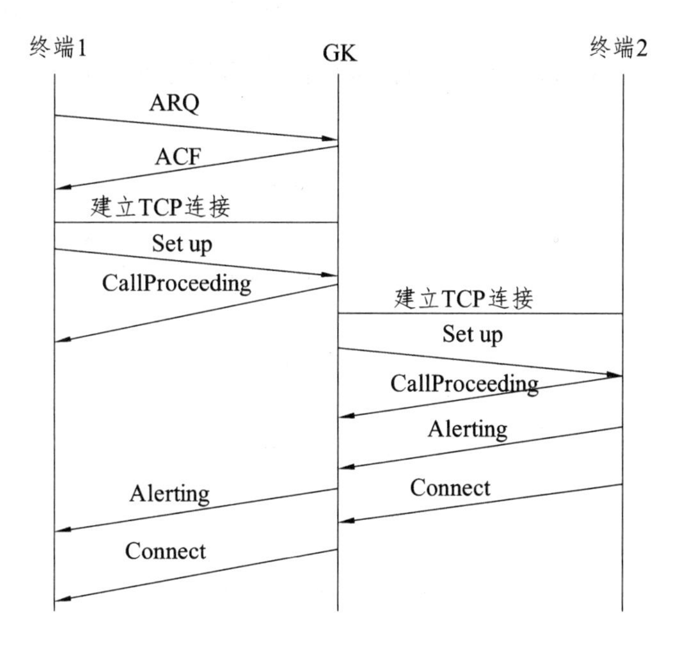

图 5-17　基本呼叫建立流程（GK 路由）

3）呼叫断开流程

如图 5-18 所示给出了呼叫断开流程图。主被叫任何一端挂机，送 Release Complete 消息给对端；主被叫间断开 TCP 连接。

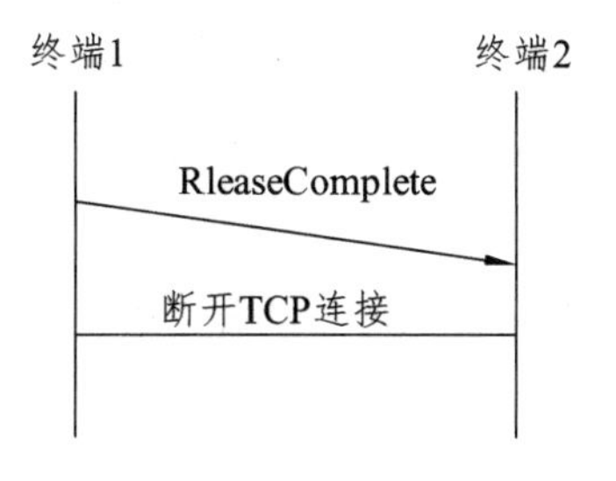

图 5-18　呼叫断开流程

3. H.245

（1）能力交换（CapabilityExchange）流程，如图 5-19 所示。

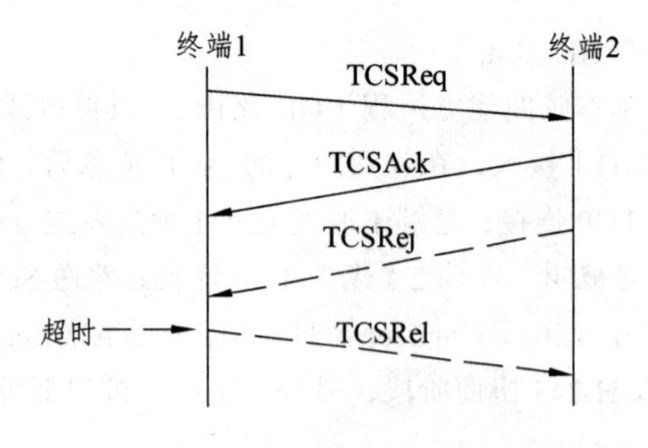

图 5-19　能力交换流程

（2）主从确定（MasterSlaveDetermination）流程，如图 5-20 所示。

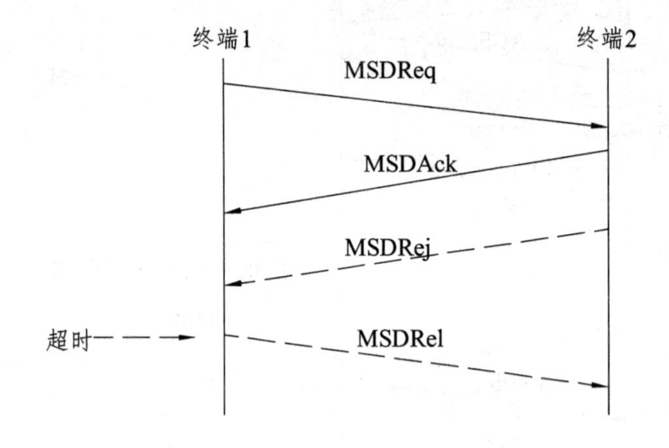

图 5-20　主从确定流程

（3）打开逻辑通道（OpenLogicalChannel）流程，如图 5-21 所示。

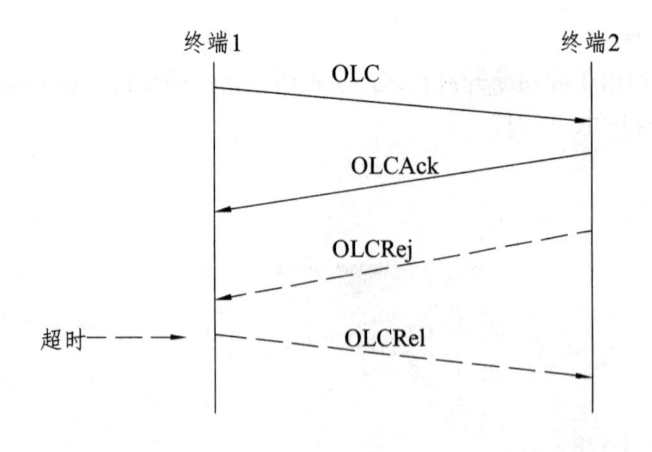

图 5-21　打开逻辑通道流程

（4）关闭逻辑通道（CloseLogicalChannel）流程，如图 5-22 所示。

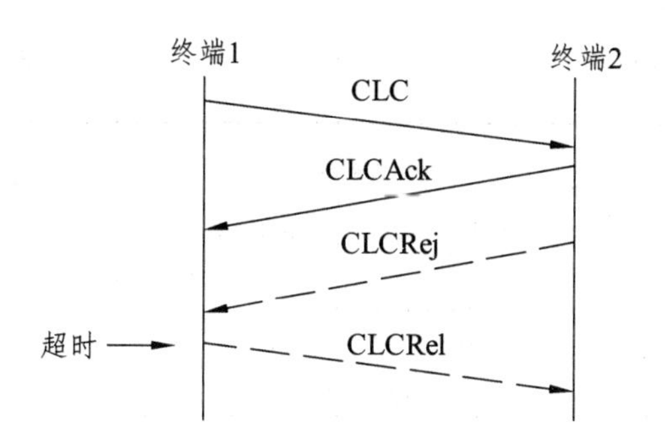

图 5-22　关闭逻辑通道流程

（5）结束会话流程（EndSession），如图 5-23 所示。

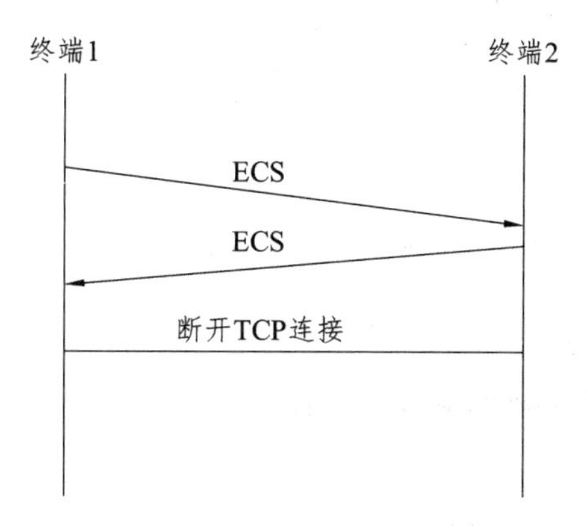

图 5-23　结束会话流程

4. 典型呼叫流程（正常启动）

典型呼叫流程中的正常启动和正常关闭流程如图 5-24 和图 5-25 所示。

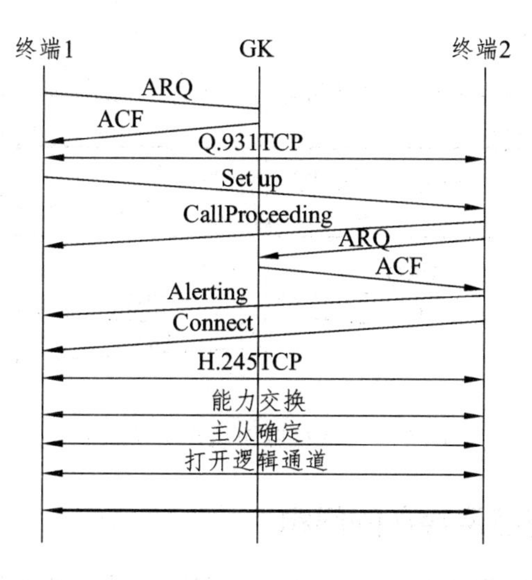

图 5-24　典型呼叫流程（正常启动）

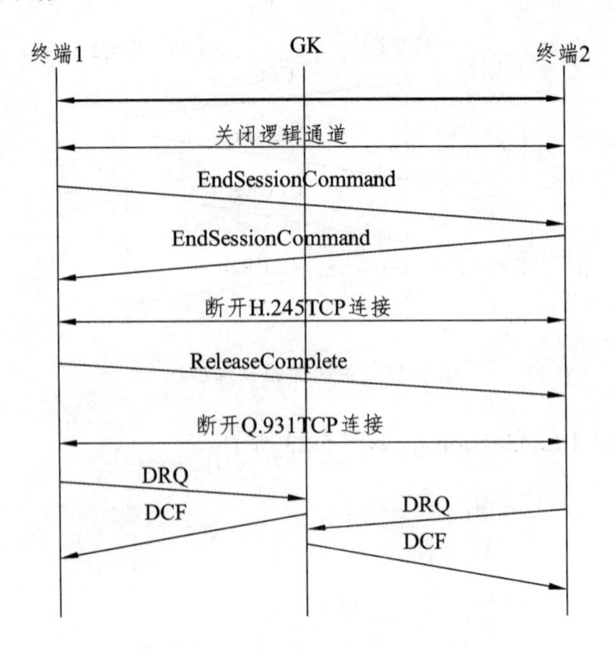

图 5-25　典型呼叫流程（正常关闭）

5. 典型呼叫流程（快启）

如图 5-26 所示给出了典型呼叫流程（快启）。

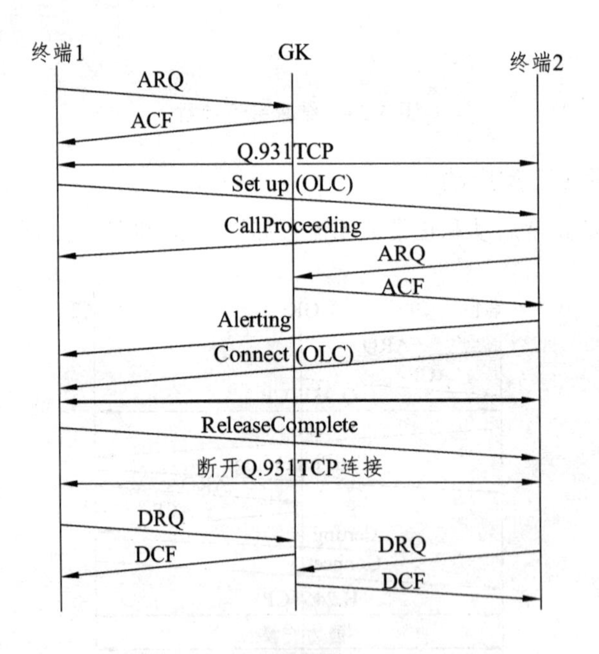

图 5-26　典型呼叫流程（快启）

5.1.6　H.323 的特点及存在的问题

H.323 的核心优点在于其成熟性，这有助于诸多软件供应商开发性能稳定的设备，并且还有利于不同的供应商消除互操作性中出现的问题，并在市场上推出各种支持 H.323 标准的设备。因为 H.323 标准包容了 Q.931 呼叫控制协议，许多在现有 ISDN 电话技术上具有丰富经验的开发商对该呼叫控制模型也非常熟悉。实际上，事件和参数通常能够直接通过 H.323 进入以前工作在 ISDN 下的应用系统。

H.323 原始版本 1 深受慢速呼叫建立的影响，因为许多信息在语音通路建立之前都在终端设备之间互相交换。升级版本 2 的快速呼叫建立特性克服了这个问题。由于 H.323 标准过于复杂，对于许多只需要基本的“快速但不完美”的网关间呼叫控制的产品而言，它实在是太复杂或是太昂贵了。

在定义 H.323 时，设计人员是从终端设备的角度入手的，而非从现有 PSTN 的内部设备入手，因此 H.323 不能与 SS7 集成，或补充 SS7 必须提供的强大功能。另外，H.323 的扩展性在超大型应用中已证明确实存在问题。设计人员在使用含有成千上万个端口的网关时发现，集中状态管理是瓶颈。

当需要廉价的终端设备时，标准实现的成本也成为一个问题。标准的复杂性需要终端设备具有适当的处理能力，这妨碍了像有线电视机顶盒（Set-top Cable Boxes）和手持式无线设备这类设备的实现。

市场对 H.323 的反应表明，H.323 的最佳应用点应是位于或临近端点并带有 1 ~ 200 个端口的系统。H.323 在具有足够的处理能力实现呼叫控制和媒体处理的环境中工作良好。H.323 作为企业 IP 电话解决方案已得到了业界最强有力的支持。

媒体网关控制协议（MGCP）为众多 IP 电话网关的互联提供了一种解决方案，能将这些网关联结成一个具备互操作性的整体。MGCP 假定呼叫代理（CA）完成所有呼叫控制处理，而媒体网关控制器（MGC）完成所有媒体处理和转换。

5.2 H.248 协议

5.2.1 H.248 协议概念

基于 H.323 体系的第一代 IP 电话的示意图如图 5-27 所示。

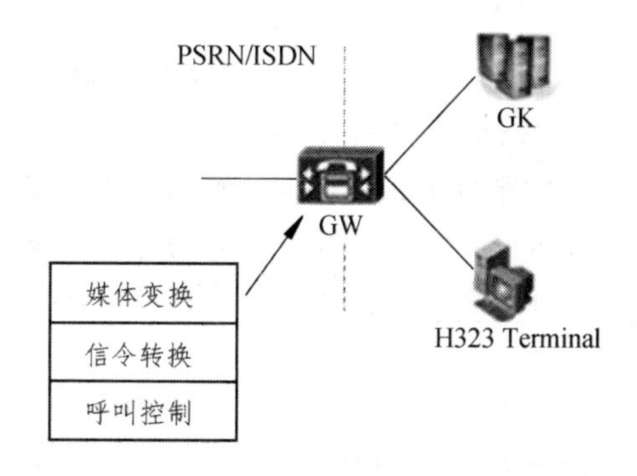

图 5-27 基于 H.323 体系的第一代 IP 电话

由于媒体转换、信令转换和呼叫控制的动能都集中在网关上，导致的最大问题是：① 功能扩展性不强，业务的实现需要对复杂的网关实体进行改造；② 容量扩展性不强，网关功能实体太过复杂，对大规模用户的使用支持不好。

H.248/Megaco 协议（Media Gataway Control Protocal），简称 H.248 协议，是 IETF、ITU-T 制定的媒体网关控制协议，用在媒体网关控制器（MGC）和媒体网关（MG）之间的通信。主要功能是将呼叫和承载连接进行分离，通过对各种业务网关如 TG（中继网关），AG（接入网关）等的管理，实现分组网络和 PSTN 网络的业务互通。

由于 IP 网络的快速发展，IP 网提供的业务越来越多。同时，原有的电路交换网（如 PSTN 网）仍然拥有大量的用户，为了能让这些用户使用 IP 网络提供的服务，需要提供不同网络之间互通的网关设备。对于集中型 IP 电话网关设备，主要完成以下三个方面的功能。

（1）完成 IP 电话互通，将 PSTN 用户的话音进行编码、组包后在 IP 网上传输，同时将 IP 网来的数据包解包、解码后交给 PSTN 用户。

（2）处理信令消息。

（3）负责网关内部资源管理，及呼叫连接过程的管理。

随着用户数量及对业务需求的增加，网关在规模上要不断扩大，这种集中型的网关结构在可扩展性、安全性方面及组网的灵活性上都存在很大的限制。由此，提出了将业务、控制和信令分离的概念。如图 5-28 所示是网关分解模型的示意图。

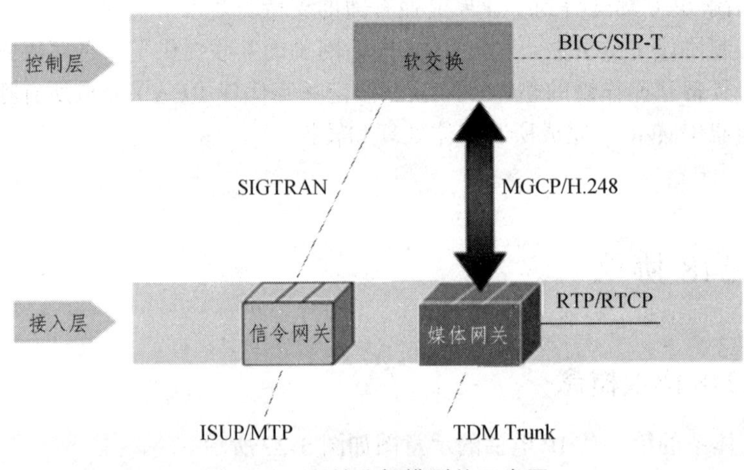

图 5-28　网关分解模型的示意图

早在 1998 年，IETF、ITU-T 提出了 SGCP（简单网关控制协议）和 IPDC（IP 设备控制协议），它们一起发展成了 MGCP（媒体网关控制协议）。

H.248 协议是在 MGCP 协议的基础上，结合其他媒体网关控制协议 MDCP（媒体设备控制协议）的特点发展而成的一种协议，它提供控制媒体的建立、修改和释放机制，同时也可携带某些随路呼叫信令，支持传统网络终端的呼叫。该协议在构建开放和多网融合的 NGN 中，发挥着重要作用。

由于 MGCP 协议在描述能力上的欠缺，限制了其在大型网关上的应用。对于大型网关，H.248 协议是一个好的选择。与 MGCP 用户相比，H.248 对传输协议提供了更多的选择，并且提供更多的应用层支持，管理也更为简单。

H.248 可以应用于 SCN（Switched Circuit Network）、IP、ATM、有线电视网或其他可能

的电路或分组网络中的任何的两种或多种网络之间的媒体网关控制的协议。H.248 报文本身可以承载在任何类型的分组网络上，例如 IP、ATM、MTP 等。

这里我们需要弄清楚以下几个问题。

（1）H248 协议发生在谁和谁之间。由以上网关分解功能模型可以看出 H248 属于 MGC 与 MG 之间的接口协议。它必然发生在 MG 与 MGC 之间。

（2）H248 协议的作用。它主要的作用就是：将呼叫逻辑控制从媒体网关分离出来，使媒体网关只保持媒体格式转换功能。

（3）同类似的其他协议相比，H248 协议有些如下特点：ASN.1 和文本行两种编码方式；完全开放的扩展机制，包扩展机制，与 MGCP 的包扩展机制相比，机制更开放，定义的包更多；对多媒体业务和多方会议支持更好。

5.2.2　H.248 协议连接模型

H248 协议的目的是对媒体网关的承载连接行为进行控制和监视。为此，首要的问题就是对媒体网关内部对象进行抽象和描述。那么，H248 提出了网关的连接模型概念。

连接模型指的是 MGC 控制的，在 MG 中的逻辑实体或对象。它是 MGC 和 MG 之间消息交互的内容核心，MGC 通过命令控制 MG 上的连接模型，MG 上报连接模型的各种信息包括状态、参数、能力等。H.248 连接模型示例如图 5-29 所示。

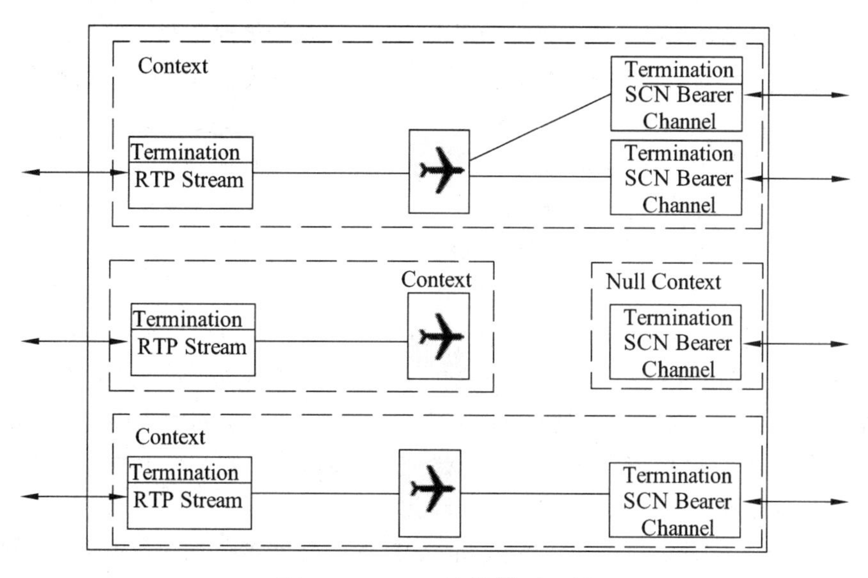

图 5-29　H.248 连接模型示例

H.248 连接模型的基本构件包括：终端（Termination）和关联域（Context）。

1. 终端（Termination）

终端是一种逻辑实体，用来发送/接收媒体流和控制流，终端可以分为如下几类。

（1）半永久性终端：代表物理实体的终端，称为物理终端。例如：代表一个 TDM 信道的终端（如我们稍后配置中常见的 MG 中的 TRUNK 资源，IAD 的 AG 资源），只要 MG 中存在这个物理实体，这个终端就存在。

（2）临时性终端：这类终端只有在网关设备使用它的时候才存在，一旦网关设备不使用它，立刻就被释放掉。例如我们稍后配置中常见的 MG 中的 RTP 资源，只有当 MG 使用这些资源的时候，这个终端才存在。临时性终端可以使用 Add 命令来创建和 Substract 命令来删除，当向一个空关联中加入一个终端时，将默认地添加一个关联；若从一个关联中使用 Substract 命令删除最后一个终端时，关联将变为空关联。

（3）根终端（ROOT）：根终端是一种特殊的终端，它代表整个 MG。当 ROOT 作为命令的输入参数时，命令将作用于整个网关，而不是网关中的一个终端。在根终端上可以定义包，也可以有属性、事件和统计特性（信号不适用于根终端），因此，根终端的 TerminationID 将会出现在以下几个地方：

Modify 命令：改变属性或者设置一个事件；

Notify 命令：上报一个事件；

Auditvalue 命令：检测属性值和根终端的统计特性；

Auditcapability 命令：检测根终端上的属性；

Servicechange 命令：声明网关进入服务或者退出服务。

除此之外，任何在根终端上的应用都是错误的。

2. 关联域（Context）

关联（Context）是一些具有相互联系的终端形成的结合体。当这个结合体中包含两个以上终端时，关联可以描述拓扑结构（谁能听见/看见谁），及媒体混合和（或）交换的参数。一个关联域可以包含多个终端。根据 MG 的业务特点不同，关联域中可以包含的最大终端数目就不同。一个关联域中至少要包含一个终端。同时一个终端一次也只能属于一个关联域。如果关联域中包含多于两个终端，关联域还会描述拓扑结构以及其他一些媒体混合/交换的参数。

有一种特殊的关联称为空关联（Null），它包含所有那些与其他终端没有联系的终端。空关联中的终端的参数也可以被检查或修改，并且也可以检测事件。

通常使用 Add 命令（Command）向关联添加终端。如果 MGC 没有指明向一个已有的关联添加终端，MG 就创建一个新的关联。使用 Subtract 命令可以将一个终端从一个关联中删除。使用 Move 命令可以将一个终端从一个关联转移到另一个关联。一个终端在某一时刻只能存在于一个关联之中。一个关联中最多可以有多少个终端由 MG 属性来决定。只提供点到点连接的 MG 中的每个关联最多只支持两个终端，支持多点会议的 MG 中的每个关联可以支持三个或三个以上的终端。

终端用 TerminationID 进行标识，TerminationID 的分配方式由 MG 自主决定。物理终端的 TerminationID 是在 MG 中预先规定好的。这些 TerminationID 可以具有某种结构。例如，一个 TerminationID 可以由一个中继组号及其中的一个中继号组成，例如用 TRUNK0010101，其中 001 指单元号，第一个 01 指子单元号，第二个 01 指终端序号。

对于 TerminationID 可以使用一种通配机制。该通配机制使用两种通配值（Wildcard）：“ALL”和“CHOOSE”。通配值“ALL”用来表示多个终端，在文本格式的 H.248 信令跟踪中以“*”表示。“CHOOSE”则用来指示 MG 必须自己选择符合条件的终端，在文本格式的 H.248 信令跟踪中以“$”表示。例如 MGC 可以通过这种方式指示 MG 选择一个中继群中的一条中继电路。当命令中的 TerminationID 是通配值“ALL”时，则对每一个匹配的终端重复该命令，根终端（Root）不包括在内。当命令不要求通配响应时，每一次重复命令将产生一个命令响应。当命令要求通配响应时，则多次重复命令只会产生一个通配响应，该通配响应中包含所有单个响应的集合。如表 5.22 所示给出了特殊关联域编码对照表。

表 5.22 特殊关联域编码对照表

关联	二进制编码	文本编码	含义
空关联	0	“—”	表示在网关中所有与其他任何终端都没有关联的终端
CHOOSE 关联	0xFFFFFFFE	“ $ ”	表示请求 MG 创建一个新的关联
ALL 关联	0xFFFFFFFF	“*”	表示 MG 的所有关联

不同类型的网关可以支持不同类型的终端，H248 协议通过允许终端具有可选的性质（Property）、事件（Event）、信号（Signals）和统计（Statics）来实现不同类型的终端。

那这 4 类针对终端的描述特性分别含义如下：

（1）性质（Property）：服务状态、媒体信道属性等；

（2）事件（Event）：例如摘机、挂机等；

（3）信号（Signals）：例如拨号音、DTMF 信号等；

（4）统计（Statics）：采集并上报给 MGC 的统计数据。

H248 协议规定关联具有以下特性：

（1）ContextID（关联标识符）。

ContextID 为关联标识符，一个由媒体网关 MG 选择的 32 位整数，在 MG 范围内是独一无二的。

（2）拓扑（Topology）（谁能听见/看见谁）。

用于描述在一个关联内部终端之间的媒体流方向。对比而言，终端的模式（Send 或 Receive 等）描述的是媒体流在 MG 的入口和出口处的流向。

（3）关联优先级（Priority）。

用于指示 MG 处理关联时的先后次序。在某些情况下，当有大量关联需要同时处理时，MGC 可以使用关联优先级控制 MG 上处理工作的先后次序。H248 协议规定“0”为最低优先级，“15“为最高优先级。

（4）紧急呼叫的标识符（Indicator for Emergency Call）。

MG 优先处理带有紧急呼叫标识符的呼叫。

此处我们还介绍两个专业术语。

3. 描述符

H248 协议用“描述语”（descriptor）这一数据结构来描述终端的特性，并针对终端的公共特性，分门别类地定义了 19 个描述语，一般每个描述语只包含上述某一类终端特性。主要分为 7 类，详细情况如表 5.23 所示。

描述符由描述符名称（name）和一些参数项（item）组成，参数可以有取值。一个命令可以共享一个或者多个描述符，描述符可以作为命令的输出结果返回。在返回的描述符内容中，空的描述符只返回它的名称，而不带任何参数项。

表 5.23　描述符的类型和具体描述语

类型	具体描述语
终端状态和配备	TerminationState、Modem
媒体流相关属性	Media、Stream、Local、Remote、LocalControl、Mux
事件相关特性	Events、DigitMap、EventBuffer、ObservedEvents
信号特性	Signals
特性监视和管理	Audit、Statistics、Packages、ServiceChange
关联域特性	Topology
出错指示	Error

4. 包（Packages）

包（Packages）：一种终端特性描述的扩展机制，凡是未在基础协议的描述符中定义的终端特性可以根据需要增补定义相应的包。常见包分类：

al（Analog Line Supervision Package 模拟线监控包）;

cg（Call Progress Tones Generator Package 呼叫进程音生成包）;

dd（DTMF detection Package DTMF 检测包）;

nt（Network Package 网络包）。

常见包事件/信号/特性：

al/fl：模拟线监控包拍叉（flashhook）事件。

al/of：模拟线监控包摘机（offhook）事件。

al/on：模拟线监控包挂机（onhook）事件。

al/ri：模拟线监控包振铃音（ring）信号。

cg/dt：呼叫进程音生成包拨号音（Dial Tone）信号。

cg/rt：呼叫进程音生成包回铃音（Ringing Tone）信号。

cg/bt：呼叫进程音生成包忙音（Busy Tone）信号。

cg/ct：呼叫进程音生成包拥塞音（Congestion Tone）信号。

cg/wt：呼叫进程音生成包嗥鸣音（Warning Tone）信号。

cg/cw：呼叫进程音生成包呼叫等待音（Call Waiting Tone）信号。

dd/ce：DTMF 检测包收号（DigitMap Completion）事件。

nt/jit：网络包最大抖动缓存（Maximum Jitter Buffer）特性。

由于应用的多样性和技术的不断发展，新的终端和特性要求会不断出现，为此，H248 协议定义了一种终端特性描述的扩展机制：封包（Package）描述。凡是未在基础协议的描述语中定义的终端特性可以根据需要增补定义相应的封包。封包中定义的特性用{PackageID，特性ID}标识。

H248 协议正是利用描述语和封包结构，通过相应的命令来指定终端的特性，控制终端的连接和监视终端的性能的。

5.2.3　H.248 协议的命令

H.248 协议定义了 8 个命令用于对协议连接模型中的逻辑实体（关联和终端）进行操作和管理。命令提供了 H.248 协议所支持的最精微层次的控制。例如，通过命令可以向关联增加终端、修改终端、从关联中删除终端以及审计关联或终端的属性。命令提供了对关联和终端属性的完全控制；包括指定要求终端报告的事件、向终端加载的信号以及指定关联的拓扑结构（谁能听见/看见谁）。

H.248 协议规定的命令大部分都是用于 MGC 对 MG 的控制，通常 MGC 作为命令的始发者发起，MG 作为命令的响应者接收。但是 Notify 命令和 ServiceChange 命令除外，Notify 命令由 MG 发送给 MGC，而 ServiceChange 命令既可以由 MG 发起，也可以由 MGC 发起。

H.248 协议规定的命令如表 5.24 所示。

表 5.24　H.248 命令列表

命令	含义
Add	使用 Add 命令可以向一个关联中添加一个终端，当使用 Add 命令向空关联中添加一个终端时，默认创建了一个关联
Modify	修改终端属性、事件和信号
Substract	删除终端与他所在关联之间的关联，并返回终端处于该关联期间的统计特性
Move	将终端从一个关联转到另一个关联
AuditValue	获取终端属性、事件、信号和统计的当前信息
AuditCapabilities	获取终端属性、事件、信号和统计的所有可能的信息值
Notify	向 MGC 报告 MG 中发生的事件
ServiceChange	向 MGC 报告一个或者一组终端将要退出或者进入服务，或 MGC 报告 MG 即将开始或者已经完成重启

1. Add 命令

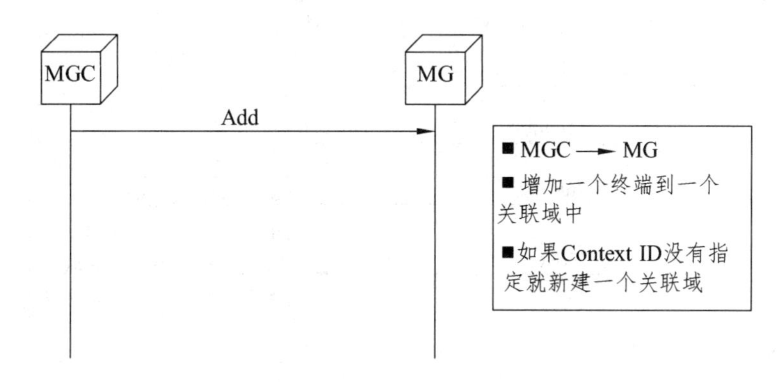

图 5-30　Add 命令

2. Modify 命令

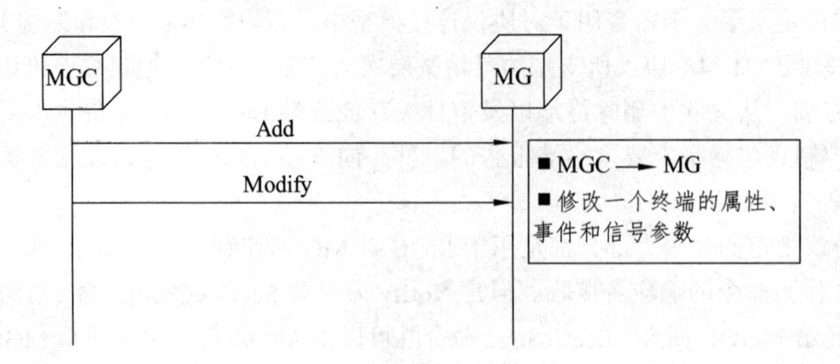

图 5-31 Modify 命令

3. Substract 命令

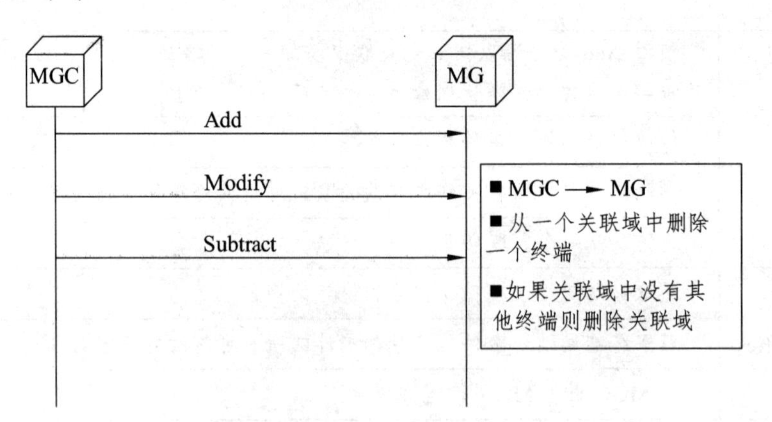

图 5-32 Substract 命令

4. Move 命令

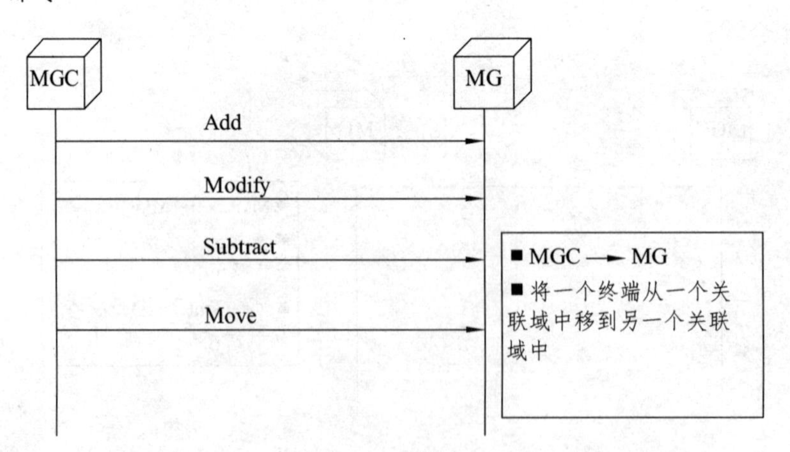

图 5-33 Move 命令

5. Audit Value 命令

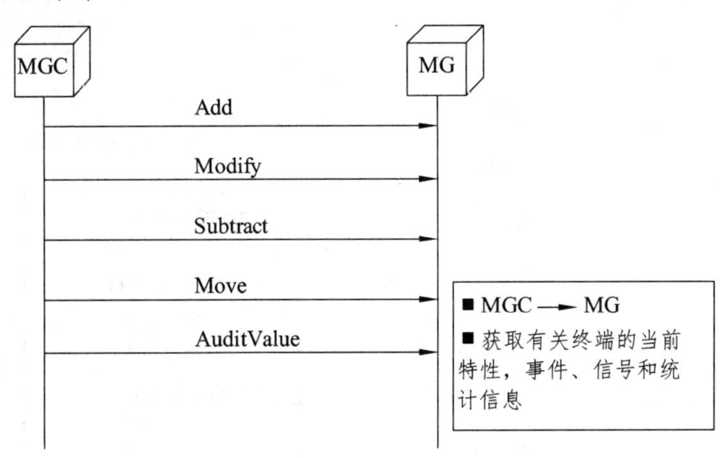

图 5-34　Audit Value 命令

6. Audit Capability 命令

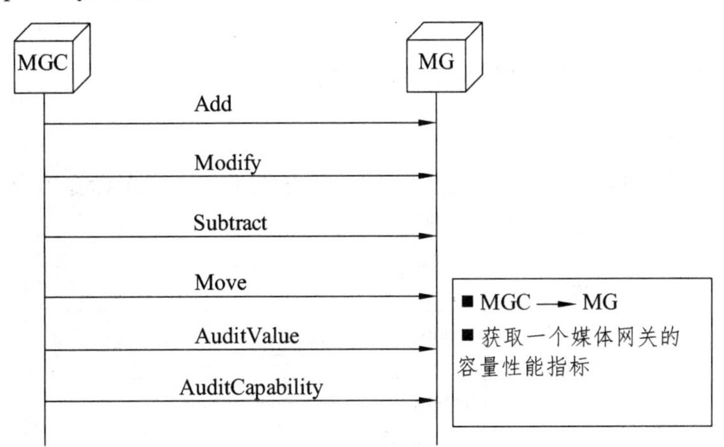

图 5-35　Audit Capability 命令

7. Notify 命令

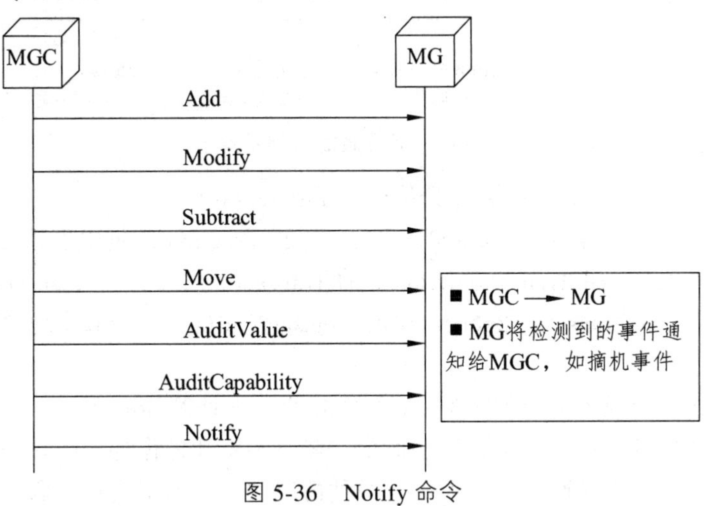

图 5-36　Notify 命令

8. Service Change 命令

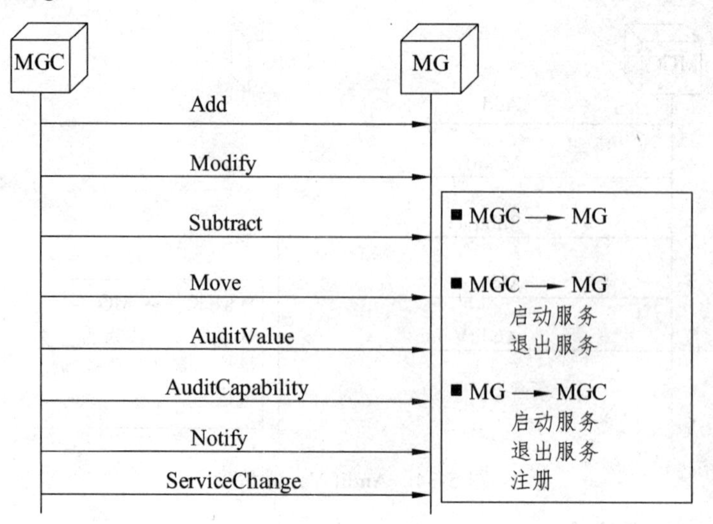

图 5.37 Service Change 命令

5.2.4 H.248 基于事务的消息传递机制

1. 事务通信机制

H248 支持多个命令的并行发送，提高协议的传送效率，而多个命令组合成事务，此种机制我们称之为事务通信机制，如图 5-38 所示。

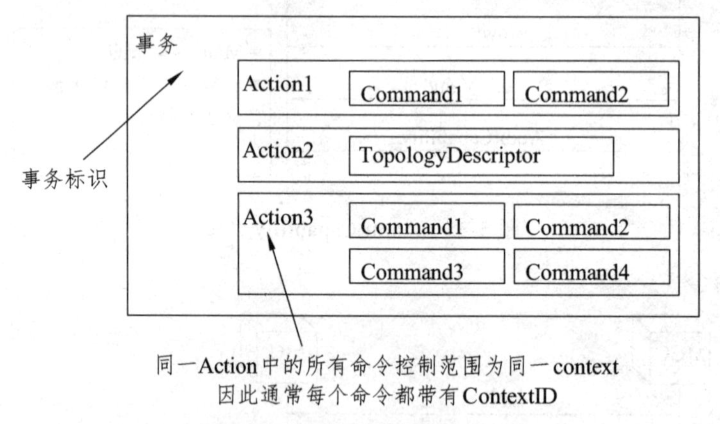

图 5-38 事务通信机制示意图

MG 和 MGC 之间的一组命令组成了事务（Transaction）。

每个 Transaction 由一个 TransactionID 来标识，TransactionID 是由事务发起方分配并在发送方范围内的唯一值。如果 TransationRequest 的 TransactionID 丢失，TransactionReply 则带回一个 Error 描述符指示 TransationRequest 中的 TransactionID 丢失，其中包含的 TransactionID 填 0。

Transaction 由一个或者多个动作（Action）组成。一个 Action 又由一系列命令以及对关联属性进行修改和审计的指令组成，这些命令、修改和审计操作都局限在一个关联之内。因而每个动作通常指定一个关联标识。但是有两种情况动作可以不指定关联标识符，一种情况是当请求对关联之外的终端进行修改或审计操作时，另一种情况是当 MGC 要求 MG 创建一个新关联时。事务、动作和命令之间的关系示意图如图 5-38 所示。

2. 事务响应

事务由 TransactionRequest（事务请求）发起。对 TransactionRequest 的响应放在一个单独的 TransactionReply（事务应答）里面。在收到 TransactionReply 之前，可能会先出现一些 TransactionPending（事务处理中）消息。过程示意如图 5-39 所示。

事务保证对命令的有序处理。即在一个事务中的命令是顺序执行的。各个事务之间则不保证顺序，即各个事务可以按任意顺序执行，也可以同时执行。如果一个事务中有一个命令执行失败，那么这个事务中的所有剩余命令都将停止执行。如果命令中包含通配形式的 TerminationID，则对每一个与通配值匹配的 TerminationID 执行此命令。TransactionReply 包含对应每个与通配值匹配的 TerminationID 返回的一个响应；即使对其中一个或多个终端产生了错误码。如果与通配值匹配的终端在执行命令时发生了错误，则对此终端之后的所有通配值终端的命令将不再执行。但当命令标记为“Optional（可选）”时，处理的方式将会不同，即：如果一个可选命令执行失败，该事务中的后续命令仍可继续执行。如果中间某个命令执行失败，MG 在继续处理命令前应尽可能恢复该失败命令执行前所处的状态。TransactionReply 包含相应的 TransactionRequest 中的所有命令的执行结果，其中包括成功执行的命令返回值，以及所有执行失败的命令的命令名和 Error 描述符。TransactionPending 命令是用来周期性地通知接收者一个事务尚未结束，尚处于正在积极处理过程中。具体实现上，对每个事务都应该设置一个应用层定时器等待 TransactionReply。当定时器超时后，应该重新发送 TransactionRequest。当接收到 TransactionReply 后，就应该取消定时器。当接收到 TransactionPending 消息后，就应该重新启动定时器。该定时器被称为最大重传定时器。

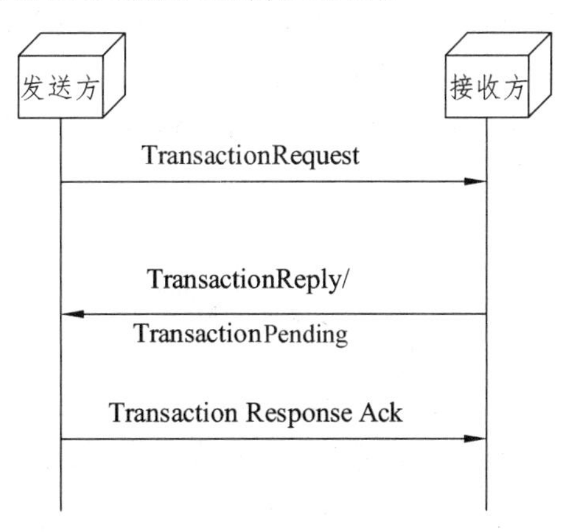

图 5-39　事务响应示意图

3. 通信方式

H.248 的传送机制应该支持对在 MG 和 MGC 之间的所有 Transaction 的可靠传输。传输应当与协议中需要传输的特定命令无关，并且可适用于所有的应用程序状态。如果是在 IP 上传输 H.248 协议，MG 应当实现 TCP 或者 UDP/ALF，或者同时支持两者。在 IP/TCP/UDP 上传输 H.248 应当为 MG 预先提供一个首选 MGC 以及 0 到多个备选 MGC 的名字或地址（如 DNS 域名或 IP 地址），用于 MG 向 MGC 发送消息的目的地址。如果传输层协议采用的是 TCP 或者 UDP，而由于某种原因不知道应将初始的 ServiceChange 请求发送到哪个端口，则消息发送方就应当将这个请求发送到缺省的协议端口。无论是 TCP 还是 UDP，对于文本编码的消息，缺省的协议端口为 2944；而对于二进制编码的消息，缺省的协议端口为 2945。MGC 接收到来自 MG 的包含 ServiceChange 请求的消息后，应当能够从中判断出 MG 的地址。同时，MG 和 MGC 都可以在 ServiceChangeAddress 参数中提供一个地址，以便后续的 TransactionRequest 都发送到这个地址。但是，所有请求的响应（包括对初始的 ServiceChange 请求的响应）必须发送给相应请求的源地址。例如，在 IP 网中，这个地址应该是 IP 头中的源地址及 TCP/UDP/SCTP 头中的源端口号。

H.248 协议的传输机制能够支持在 MG 和 MGC 之间的事务处理的可靠传输，采用三次握手机制，如图 5-40 所示。

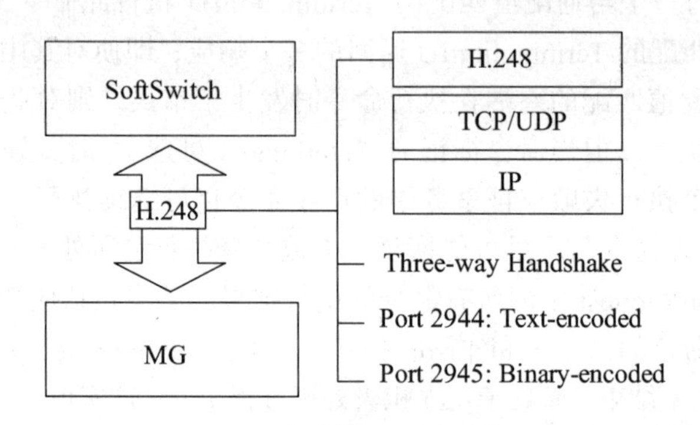

图 5-40　H.248 的可靠传输

4.“重启雪崩”保护

大量的 MG 同时加电重新启动时，将同时发起大量的 ServiceChange 注册流程。此时，由于大量的 ServiceChange 命令同时到达很可能会使 MGC 消息处理流程发生崩溃，从而导致在业务重启期间引起消息丢失和网络拥塞。因此，H.248 协议建议采用以下规则预防 MGC 发生这种重启雪崩，如图 5-41 所示。

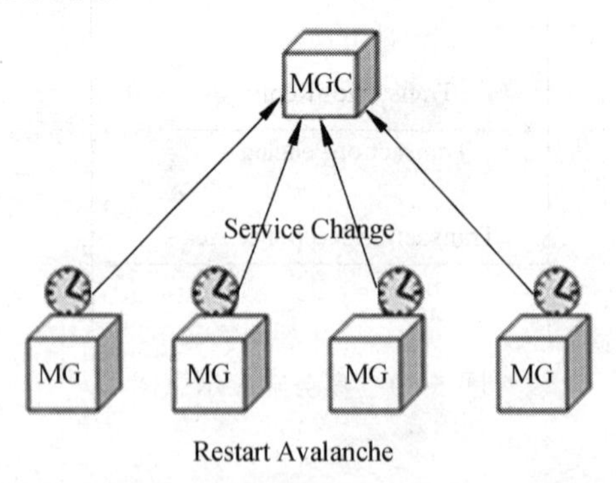

图 5-41　预防重启雪崩

此规则简单描述为如下。

（1）当 MG 加电重启时，应该启动一个重启定时器，并将该定时器值初始化为大于 0 小于最大等待时延（MWD，Maximum Waiting Delay）的一个随机值。当多个 MG 使用相同的重启定时器值生成算法时，应避免它们之间重启定时器随机值同步生成。

（2）MG 应该等待重启定时器超时或者检测到本地用户的一个动作，例如 MG 检测到用户摘机事件，MG 才发起重启流程。重启流程仅要求 MG 保证 MGC 从 MG 收到的第一个消息是通知 MGC 有关重启的 ServiceChange 消息。

5.2.5　H.248 呼叫信令流程

1. 网关注册流程及分析

1）网关注册流程

H.248 网关要开通业务，首先是要到软交换上注册。目前我们支持的协议栈版本为 1.0，如果对端的版本大于或者小于该版本，网关响应 406“Version Not Support”，注册失败，其注册流程如图 5-42 所示。

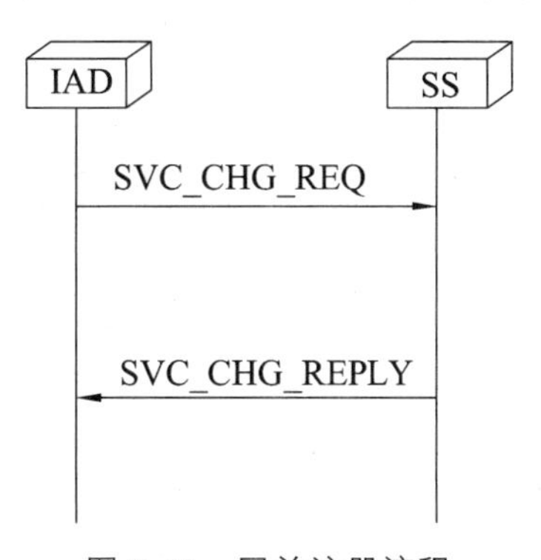

图 5-42　网关注册流程

2）注册流程分析

事件 1：H.248 网关向 ZXSS10 SS1a/SS1b 发送 SVC_CHG_REQ 消息进行注册，文本描述如下：

```
MEGACO/1　[10.65.100.12]：2944
T = 3{
C =  - {
SC = ROOT {
SV {
MT = RS，RE = 902 }}}
```

第一行：MEGACO 协议版本号，版本为 1。消息由 MG 发往 MGC，MG 的 IP 地址是 10.65.100.12，端口号是 2944；

第二行：事务 ID 号为 3；

第三行：此时未创建关联，因为关联为“ - ”，表示空关联；

第四行：ServiceChange 命令。终端 ID 为 ROOT，表示命令作用于整个网关；

第五行：ServiceChange 命令封装的 ServiceChange 描述符；

第六行：ServiceChange 描述符封装的参数。表示 ServiceChangeMethod 为 Restart，ServiceChangeReason 为热启动

事件 2：ZXSS10 SS1a/SS1b 收到 MG 的注册消息后，回送响应给 MG。下面是 SVC_

CHG_REPLY 响应的文本描述：

MEGACO/1 [10.65.100.2]：2944

P=3{C= - {SC=ROOT{SV{}}}}

第一行：MEGACO 协议，版本为 1。MGC-MG，MGC 的 IP 地址和端口号为：[10.65.100.2]：2944；

第二行：事务 ID 为“3”，关联为空。ServiceChange 命令作用于整个网关。表示 MGC 已经收到 MG 发过来的注册事务，并且响应注册成功。

2. 网关注销流程及分析

1）网关注销流程

H.248 媒体网关退出服务，要向 MGC 或者是 ZXSS10 SS1a/SS1b 进行注销，其注销流程如图 5-43 所示。

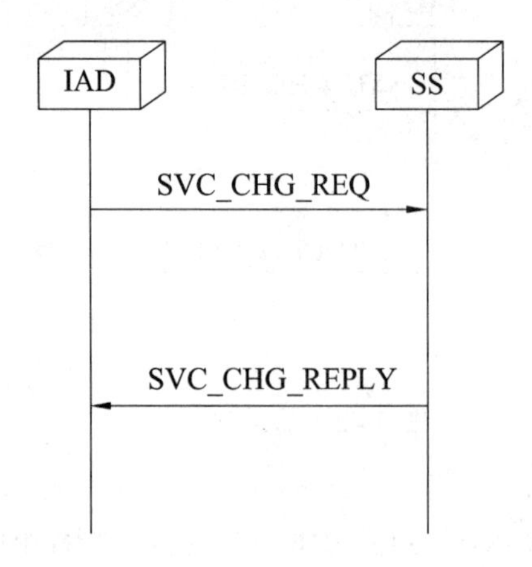

图 5-43　网关注销流程

2）注销流程分析

事件 1：H.248 网关向 SS 发送 SVC_CHG_REQ 消息进行注销，该命令中 Service Change Method 设置为 Graceful 或者 Force，文本描述如下：

MEGACO/1[10.65.100.12]：2944

T= 9998

{C= - {

SC = ROOT {

SV {

MT= FO，RE = 905}}}}

第一行：MEGACO 协议版本号，版本为 1。消息由 MG 发往 MGC，MG 的 IP 地址是 10.65.100.2，端口号是 2944；

第二行：事务 ID 号为 9998；

第三行：此时未创建关联，因为关联为“ – ”，表示空关联；

第四行：ServiceChange 命令。终端 ID 为 ROOT，表示命令作用于整个网关；

第五行：ServiceChange 命令封装的 ServiceChange 描述符；

第六行：ServiceChange 描述符封装的参数，表示 ServiceChangeMethod 为 force，ServiceChangeReason 为终端退出服务。

事件 2：ZXSS10 SS1a/SS1b 回送证实消息。下面是 SVC_CHG_REPLY 响应的文本描述：

MEGACO/1 [10.65.100.2]：2944

P=9998{C= - {SC=ROOT{ER=505}}}

第一行：MEGACO 协议，版本为 1，MGC-MG，MGC 的 IP 地址和端口号为：[191.168.150.170]：2944；

第二行：事务 ID 为“9998”，关联为空。ServiceChange 命令作用于整个网关。Error 描述符为“505”，表示网关没有注册。

5.3　SIP 协议

5.3.1　SIP 的基本概念

1. SIP 的提出和发起

SIP（Session Initiation Protocol，会话发起协议）是由 IETF（Internet 工程任务组）提出的 IP 电话信令协议。它的主要目的是为了解决 IP 网中的信令控制，以及同 SoftSwitch 的通信，从而构成下一代的增值业务平台，对电信，银行，金融等行业提供更好的增值业务。其结构图如图 5-44 所示。

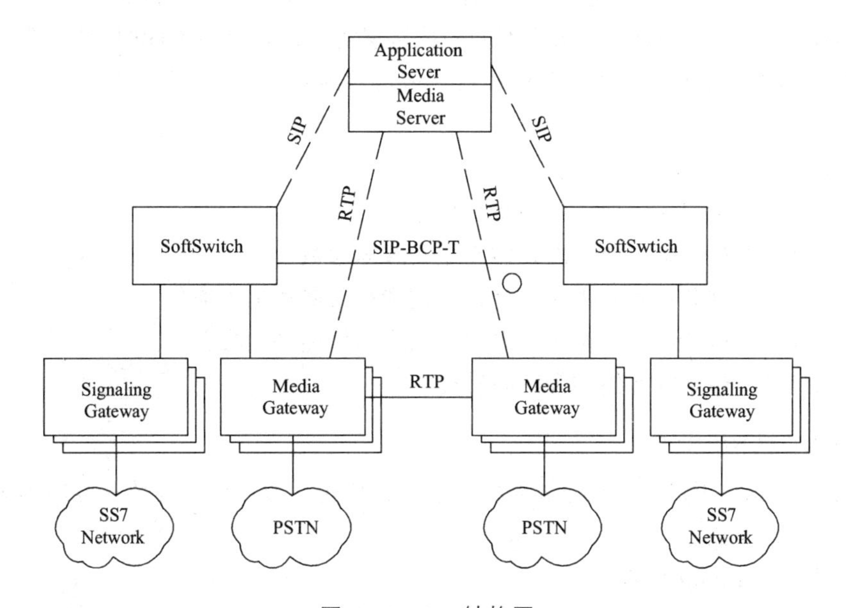

图 5-44　SIP 结构图

各功能模块说明如下。

（1）SoftSwitch：主要实现连接，路由和呼叫控制，关守和带宽的管理以及话务纪录的生成。

（2）Media Gateway：提供电路交换网（即传统的 PSTN 网）与包交换网（即 IP，ATM 网）中信息转换（包括语音压缩、数据检测等）。

（3）Signaling Gateway：提供 PSTN 网同 IP 网间的协议的转换。

（4）Application Server：运行和管理增值业务的平台，与 SoftSwitch 用 SIP 进行通信。

（5）Media Server：提供媒体和语音资源的平台，同时与 Media Gateway 进行 RTP 流的传输。

（6）使用 SIP 作为 SoftSwitch 和 Application Server 之间的接口，可以实现呼叫控制的所有功能。同时 SIP 已被 SoftSwitch 接受为通用的接口标准，从而可以实现 SoftSwitch 之间的互联。

2. SIP 的主要功能

SIP 协议的特点如下。

（1）SIP 是一个客户/服务器协议。协议消息分为两类：请求和响应；协议消息的目的是：建立或终结会话。

（2）“邀请”是 SIP 协议的核心机制。

（3）响应消息分为两类：中间响应和最终响应。

（4）媒体类型、编码格式、收发地址等信息由 SDP 协议（会话描述协议）来描述，并作为 SIP 消息的消息体和头部一起传送，因此，支持 SIP 的网元和终端必须支持 SDP。

（5）采用 SIP URL 的寻址方式，特别之处在于其用户名字段可以是电话号码，以支持 IP 电话网关寻址，实现 IP 电话和 PSTN 的互通。

（6）SIP 的最强大之处就是永恒定位功能，用户定位基于登记和 DNS 机制。

（7）SIP 独立于低层协议，可采用不同的传送层协议，若采用 UDP 传送，要求响应消息沿请求消息发送的相同路径送回；若采用 TCP 传送，则同一事务的请求和响应需在同一 TCP 连接上传送。

总之，SIP 主要支持以下 5 个方面的功能：

（1）用户定位：确定通信所用的端系统位置。

（2）用户能力交换：确定所用的媒体类型和媒体参数。

（3）用户可用性判断：确定被叫方是否空闲和是否愿意加入通信。

（4）呼叫建立：邀请和提示被叫，在主被叫之间传递呼叫参数。

（5）呼叫处理：包括呼叫终结和呼叫转交。

3. SIP URL 结构

URL 格式：sip：用户名：口令@主机：端口；传送参数；用户参数；方法参数；生存期参数；服务器地址参数。

URL 形式：USER@HOST；

用途：代表主机上的某个用户，可指示 From，To，RequestURI，Contact 等 SIP 头部字段。

URL 应用举例：

Sip：j.doe@big.com

Sip：j.doe：secret@big.com；transport=tcp；subject=project

Sip：+1-212-555-1212：1234@gateway.com；user=phone

Sip：alice@10.1.2.3

Sip：alice@registar.com；method=REGISTER

4. 会话描述协议简介

SDP（Session Description Protocol）会话描述协议是描述会话信息的协议，包括会话的地址、时间、媒体和建立等信息，具体内容如下。

（1）会话名和目的；

（2）会话激活的时间段；

（3）构成会话的媒体；

（4）接收这些媒体所需的信息（地址、端口、格式）；

（5）会话所用的带宽信息（任选）；

（6）会话负责人的联系信息（任选）。

SDP 的会话级描述：

v=（protocol version）

o=（owner/creator and session identifier）

s=（session name）

i= *（session information）

u=*（URI of description）

e=*（email address）

p=*（phone number）

c=*（connection information - not required if included in all media）

b=*（bandwidth information）

z=*（time zone adjustments）

k=*（encryption key）

a=*（zero or more session attribute lines）

SDP 的媒体级描述：

m=（media name and transport address）

i=*（media title）

c=*（connection information - optional if included atsession-level）

b=*（bandwidth information）

k=*（encryption key）

a=*（zero or more media attribute lines）

SDP 描述举例：

v=0

o=bell 53655765 2353687637 IN IP4 128.3.4.5

s=Mr. Watson，come here

i=A Seminar on the session description protocol

t=3149328600 0

c=IN IP4 kton.bell-tel.com

m=audio 3456 RTP/AVP 0 3 4 5

a=rtpmap：0 PCMU/8000

a=rtpmap：3 GSM/8000

a=rtpmap：4 G723/8000

a=rtpmap：5 DVI4/8000

v：版本为 0；

o：会话源：用户名 bell，会话标识 53655765，版本 2353687637，网络类型 Internet，地址类型 Ipv4，地址 128.3.4.5；

s：会话名；

i：会话信息；

t：起始时间：t=3149328600（NTP 时间值），终止时间：无；

c：连接数据：网络类型 internet，地址类型 Ipv4，连接地址 kton.bell-tel.com；

m：媒体格式：媒体类型 audio，端口号 3456，传送层协议 RTP/AVP，格式列表为 0 3 4 5；

a：净荷类型 0，编码名 PCMU，抽样速度为 8 kHz；

a：净荷类型 3，编码名 GSM，抽样速度为 8 kHz；

a：净荷类型 4，编码名 G723，抽样速度为 8 kHz；

a：净荷类型 5，编码名 DVI4，抽样速度为 8 kHz；

总之，SDP 有如下的特点：描述会话信息的协议；与具体的传输协议无关；文本形式，格式要求严格；包含会话级描述和媒体级描述；可扩展。

下一代网络的一个重要目标是建立一个可管理的、高效的、可以扩展的业务平台，SIP 作为应用层信令协议很好地满足了这一系列要求。

SIP 具有很强的包容性，它既可以用于建立（如音频、视频、多方通话等）各种会话，也可以被用来传送即时消息和文件，这得益于它对 HTTP 等协议的吸收借鉴。这使运营商能通过统一的业务平台提供综合业务，实现网络的融合。SIP 在灵活、方便地提供业务方面具有多方面优点。

5.3.2 SIP 的网络构成

SIP 协议虽然主要为 IP 网络设计的，但它并不关心承载网络，也可以在 ATM、帧中继等承载网中工作，它是应用层协议，可以运行于 TCP，UDP，SCTP 等各种传输层协议之上。SIP 用户是通过类似于 E-mail 地址的 URL 标识，例如：sip：myname@mycompany.com，通过这种方式可以用一个统一名字标识不同的终端和通信方式，为网络服务和用户使用提供充分的灵活性。

1. 系统基本组成

SIP 协议是一个 Client/Server 协议。SIP 端系统包括用户代理客户机（UAC）和用户代理服务器（UAS），其中 UAC 的功能是向 UAS 发起 SIP 请求消息，UAS 的功能是对 UAC 发来的 SIP 请求返回相应的应答。在 SS（SoftSwitch）中，可以把控制中心 SoftSwitch 看成一个 SIP 端系统，与 PSTN 互通的网关也相当于一个端系统。

按逻辑功能区分，SIP 系统由 4 种元素组成：用户代理、代理服务器、重定向服务器以及注册服务器，如图 5-45 所示。

1）用户代理

用户代理（User Agent）分为两个部分：客户端（User Agent Client），负责发起呼叫；用户代理服务器（User Agent Server），负责接受呼叫并做出响应。二者组成用户代理存在于用户终端中。用户代理按照是否保存状态可分为有状态用户代理、有部分状态用户代理和无状态用户代理。

2）代理服务器

代理服务器（Proxy Server），负责接收用户代理发来的请求，根据网络策略将请求发给相应的服务器，并根据收到的应答对用户做出响应。它可以根据需要对收到的消息改写后再发出。

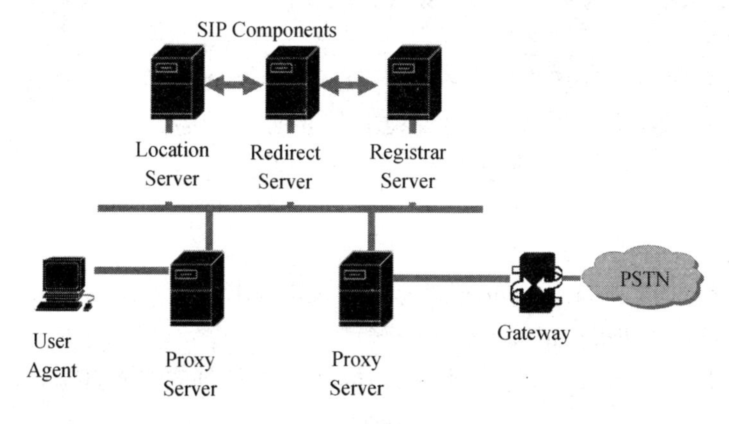

图 5-45　SIP 系统组成

3）重定向服务器

重定向服务器务器（Redirect Server），接收用户请求，把请求中的原地址映射为零个或多个地址，返回给客户机，客户机根据此地址重新发送请求。用于在需要的时候将用户新的位置返回给呼叫方，呼叫方可以根据得到的新位置重新呼叫。

4）注册服务器

注册服务器（Registrar Server）用于接收和处理用户端的注册请求，完成用户地址的注册。

以上几种服务器可共存于一个设备，也可以分布在不同的物理实体中。SIP 服务器完全是纯软件实现，可以根据需要运行于各种工作站或专用设备中。UAC，UAS，Proxy Server，Redirect Server 是在一个具体呼叫事件中扮演的不同角色，而这样的角色不是固定不变的。一个用户终端在会话建立时扮演 UAS，而在主动发起拆除连接时，则扮演 UAC。一个服务器在正常呼叫时作为 Proxy Server，而如果其所管理的用户移动到了别处，或者网络对被呼叫地有特别策略，则它将扮演 Redirect Server，告知呼叫发起者该用户新的位置。

除了以上部件，网络还需要提供位置目录服务，以便在呼叫接续过程中定位被叫方（服务器或用户端）的具体位置。这部分协议不是 SIP 协议的范畴，可选用 LDAP（轻量目录访问协议）等。

理论上，SIP 呼叫可以只有双方的用户代理参与，而不需要网络服务器。设置服务器，主要是服务提供者运营的需要。运营商通过服务器可以实现用户认证、管理和计费等功能，并根据策略对用户呼叫进行有效的控制。同时可以引入一系列应用服务器，提供丰富的智能业务。

SIP 的组网很灵活，可根据情况定制。在网络服务器的分工方面：位于网络核心的服务器处理大量请求，负责重定向等工作，是无状态的，它个别地处理每个消息，而不必跟踪记录一个会话的全过程；网络边缘的服务器处理局部有限数量的用户呼叫，是有状态的，负责对每个会话进行管理和计费，需要跟踪一个会话的全过程。这样的协调工作，既保证了用户和会话的可管理性，又使网络核心负担大大减轻，实现可伸缩性，基本可以接入无限量用户。SIP 网络具有很强的重路由选择能力，具有很好的弹性和健壮性。

2. SIP 中 UA、Proxy 和 SIP 终端的区别与联系

从逻辑实体分类，SIP 共包含三大逻辑实体：UA、Proxy、Server；从 SIP 实用产品分类，SIP 产品分三类：SIP 终端、SIP Proxy、SIP Server。

1）SIP UA

UA 是 SIP 协议中一个逻辑实体，它包括了 UAC/UAS。UAC/UAS 角色只在同一个事务中保持不变。UA 的主要功能是通过发送 SIP 请求发起一个新的事务，发送 SIP Final Answer 或者 SIP ACK 请求结束当前事务。实现中，应包含以下功能：

生成 record_set；

UAS 按一定规则接受、拒绝或重定向 SIP 请求；

UA 能够选择适当的 protocal/port 接收应答和发送请求；

重发和重发终止，实现通信的可靠性；

能够解释 ICMP，收到 ICMP 差错报文之后，将它映射到相似的 status code 处理过程。

2）SIP Proxy

按作用分类：Outbound Proxy；Proxy。（有前者，SIP 终端可以做得非常简单）。从是否维护连接信息分类：Statulful Proxy，Statuless Proxy。从逻辑上来讲，代理最主要的功能是将 SIP 信息包转发给目的用户。它最低限度要包括 UA 功能。在具体实现中，它还应该实现以下功能：

呼叫计费，包括强制路由选择；

防火墙（可选）；

通过查询 DNS，选择 SIP 服务器；

检测环路，在路径上包含 Fork Proxy 服务器，可能会有环路产生，必须检测；

非 SIP URI 解释功能：传递 SIP 包到适当的目的地址中去；

丢弃 via header 中，最上一个不是自己地址的 SIP 包；

特定的 Proxy 将实现 IP 到 PSTN 之间的网关，提供 IP、电话、Email 之间的交互；

根据传递要求，对 VIA 和 Record Route 进行相应修改；

根据收到的 Cancel，立即发送 200 应答；

通过查询 Location Server 和 Redirect Server，查找目的用户的地址。

3）SIP Server

主要作为信息数据库，对 Proxy 提供服务。Server 主要分为三类：

Location Server：存储了 SIP 地址对一个或多个 IP 地址的映射，主要面向 Proxy 和 Redirect Server。

Redirect server：接收查询请求，通过 Location Server 找到对应的地址列表，把结果返回

给用户。

Registrar：接收 SIP 终端的 Register 请求，将 SIP 地址和 IP 地址组对写入 Location Server 的数据库中。

4）SIP 终端

作为用户可用的终端设备，它具备拨打 IP 电话或发起/参与多媒体会议的功能，还有友好的用户界面。在其内部应该实现的功能有：

发起或结束一个会话，包括：记录会话中每一个子会话的相关状态，即保存并维护每一个活动的 Call Leg；维护 Call Leg 上“事务”有关的状态（IP/Port/Protocal/Record Set）；

构造请求和应答 Message：包含 Req_URI 的选择；通过查询 DNS，选择 SIP 服务器；SIP 包的发送目的（Outbound Proxy / Request URI）；SIP 包的加密；

Contact Header、Record Set 的构造；

多播风暴避免，对于多播请求，要延迟 0 ~ 1 s 时间来回答；

智能应答，如果已经在一个会议中，自动代理用户回答；

方便地修改会议参数；

能够参与多播组，即支持 IGMP；

（代替他人）注册，重定向 SIP 请求；

通过 Contact Header 实现直接发送到目的用户和重定向用户功能；

可以设置 Outbounding Proxy。

5.3.3　SIP 协议消息

1. SIP 消息总体描述

SIP 是 IETF 提出的在 IP 网络上进行多媒体通信的应用层控制协议，可用于建立、修改、终结多媒体会话和呼叫，号称通信技术上的“TCP/IP”，SIP 协议采用基于文本格式的客户/服务器方式，以文本的形式表示消息的语法、语义和编码，客户机发起请求，服务器进行响应。SIP 独立于底层协议——TCP、UDP、SCTP，采用自己的应用层可靠性机制来保证消息的可靠传送。有关 SIP 协议的详细内容参见 IETF RFC3261。

SIP 消息有两种：客户机到服务器的请求（Request），服务器到客户机的响应（Response）。

SIP 消息由一个起始行（Start-Line）、一个或多个字段（Field）组成的消息头、一个标志消息头结束的空行（CRLF）以及作为可选项的消息体（Message Body）组成。其中，描述消息体（Message Body）的头称为实体头（Entity Header），如图 5-46 所示。

其格式如下：

SIP 消息 = 请求行/状态行

*消息头部（1 个或多个头部）

CRLF（空行）

【消息体】

起始行分请求行（Request Line）和状态行（Status Line）两种，其中请求行是请求消息的起始行，状态行是响应消息的起始行。

消息头分通用头（General-Header）、请求头（Request-Header）、响应头（Response-Header）

和实体头（Entity-Header）4 种。

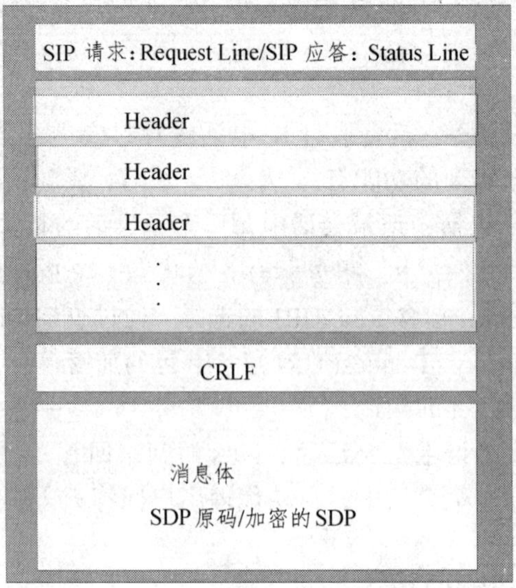

图 5-46　SIP 的消息结构

2. SIP 请求消息

请求消息的格式如下：

Request = Request-Line
　　　　*（General-Header
　　　　|Request-Header
　　　　|Entiy-Header
　　　　[Message Body]

请求行（Request-Line）以方法（Method）标记开始，后面是 Requst-URI 和协议版本（SIP-Version），最后以回车键结束，各个元素间用空格键字符间隔：

RequesLine = Method SP Request-URI SP SIP-Verison CRLF

SIP 用术语“Method”来对说明部分加以描述，Method 标识是区分大小写的。

Method = "INVITE"|"ACK"|OPTION|"BYE"
　　　　|"CANCEL"|REGISTER"||INFO"

SIP 定义了以下几种方法（Methods）。

1）INVITE

INVITE 方法用于邀请用户或服务参加一个会话。在 INVITE 请求的消息体中可对被叫方被邀请参加的会话加以描述，如主叫方能接收的媒体类型、发出的媒体类型及其一些参数；对 INVITE 请求的成功响应必须在响应的消息体中说明被叫方愿意接收哪种媒体，或者说明被叫方发出的媒体。

服务器可以自动地用 200（OK）响应会议邀请。

2）ACK

ACK 请求用于客户机向服务器证实它已经收到了对 INVITE 请求的最终响应。ACK 只和

INIVITE 请求一起使用。对 2xx 最终响应的证实由客户机用户代理发出，对其他最终响应的证实由收到响应的第一个代理或第一个客户机用户代理发出。ACK 请求的 To，From，Call-ID，Cseq 字段的值由对应的 INVITE 请求的相应字段的值复制而来。

3）OPTIONS

用于向服务器查询其能力。如果服务器认为它能与用户联系，则可用一个能力集响应 OPTIONS 请求；对于代理和重定向服务器只要转发此请求，不用显示其能力。

OPTIONS 的 From、To 分别包含主被叫的地址信息，对 OPTIONS 请求的响应中的 From、To（可能加上 tag 参数）、Call-ID 字段的值由 OPTIONS 请求中相应的字段值复制得到。

4）BYE

用户代理客户机用 BYE 请求向服务器表明它想释放呼叫。

BYE 请求可以像 INVITE 请求那样被转发，可由主叫方发出也可由被叫方发出。呼叫的一方在释放（挂断）呼叫前必须发出 BYE 请求，收到 BYE 请求的这方必须停止发送媒体流给发出 BYE 请求的一方。

5）CANCEL

CANCEL 请求用于取消一个 Call-ID，To，From 和 Cseq 字段值相同的正在进行的请求，但取消不了已经完成的请求（如果服务器返回一个最终状态响应，则认为请求已完成）。

CANCEL 请求中的 Call-ID、To、Cseq 的数字部分及 From 字段和原请求的对应字段值相同，从而使 CANCEL 请求与它要取消的请求匹配。

6）REGISTER

REGISTER 方法用于客户机向 SIP 服务器注册列在 To 字段中的地址信息。

REGISTER 请求消息头中各个字段的含义定义如下：

To：含有要创建或更新的注册地址记录。

From：含有提出注册的人的地址记录。

Request-URI：注册请求的目的地址，地址的域部分的值即为主管注册者所在的域，而主机部分必须为空，一般而言，Request-URI 中的地址的域部分的值和 To 中的地址的域部分的值相同。

Call-ID：用于标识特定客户机的注册请求。来自同一个客户机的注册请求至少在相同重启周期内 Call-ID 字段值应该相同；用户可用不同的 Call-ID 值注册不同的地址，后面的注册请求将替代前面的所有请求。

Cseq：call-ID 字段值相同的注册请求的 CSeq 字段值必须是递增的，但次序无关系，服务器并不拒绝无序请求。

Contact：此字段是可选项；用于把以后发送到 To 字段中的 URI 的非注册请求转到 Contact 字段给出的位置。如果请求中没有 Contact 字段，那么注册保持不变。

Expires：表示注册的截止期。

7）INFO

INFO 方法是对 SIP 协议的扩展，用于传递会话产生的与会话相关的控制信息，如 ISUP 和 ISDN 信令消息，有关此方法的使用还有待标准化，详细内容参见 IETF RFC 2976。

其他扩展的含义如下。

re-INVITE：用来改变参数；

PRACK：与 ACK 作用相同，但又是用于临时响应；

SUBSCRIBE：该方法用来向远端端点预定其状态变化的通知；

NOTIFY：该方法发送消息以通知预定者它所预定的状态的变化；

UPDATE：允许客户更新一个会话的参数而不影响该会话的当前状态；

MESSAGE：通过在其请求体中承载即时消息内容实现即时消息；

REFER：其功能是指示接受方通过使用在请求中提供的联系地址信息联系第三方。

3. SIP 响应消息

响应消息格式如下：

Response = Status-Line

*(general-header

|response-header

|entiy-header

CRLF

[message-body]

状态行（Status-Line）以协议版本开始，接下来是用数字表示的状态码（Status-Code）及相关的文本说明，最后以回车键结束，各个元素间用空格字符（SP）间隔，除了在最后的 CRLF 序列中，这一行别的地方不许使用回车或换行字符。

Status-Line = SIP-version SP Status-Code SP Reason-Phrase CRLF

SIP 协议中用三位整数的状态码（Status Code）和原因码（Reason Code）来表示对请求做出的回答。状态码用于机器识别操作，原因短语（Reason-Phrase）是对状态码的简单文字描述，用于人工识别操作。其格式如下；

Status-Code = 1xx（Informational）

|2xx（Success）

|3xx（Redirection）

|4xx（Client-Error）

|5xx（Server-Error）

|6xx（Global-Failure）

状态码的第一个数字定义响应的类别，在 SIP/2.0 中第一个数字有 6 个值，定义如下：

1xx（Informational）：请求已经收到，继续处理请求。

2xx（Success）：行动已经成功地收到、理解和接受。

3xx（Redirection）：为完成呼叫请求，还须采取进一步的动作。

4xx（Client Error）：请求有语法错误或不能被服务器执行。客户机需修改请求，然后再重发请求。

5xx（Server Error）：服务器出错，不能执行合法请求。

6xx（Global Failure）：任何服务器都不能执行请求。

其中，1xx 响应为暂时响应（Provisional Response），其他响应为最终响应（Final Response）。

4. SIP 协议的主要消息头字段

1）From

所有请求和响应消息必须包含此字段，以指示请求的发起者。服务器将此字段从请求消息复制到响应消息。

该字段的一般格式为：

From：显示名〈SIP URL〉；tag=xxx

From 字段的示例有：

From："A.G.Bell" <sip：agb@bell-telephone.com>

2）To

该字段指明请求的接收者，其格式与 From 相同，仅第一个关键词代之以 To。所有请求和响应都必须包含此字段。

3）Call ID

该字段用以唯一标识一个特定的邀请或标识某一客户的所有登记。用户可能会收到数个参加同一会议或呼叫的邀请，其 Call ID 各不相同，用户可以利用会话描述中的标识，例如 SDP 中的 o（源）字段的会话标识和版本号判定这些邀请的重复性。

该字段的一般格式为：

Call ID：本地标识@主机，其中，主机应为全局定义域名或全局可选路 IP 地址。

Call ID 的示例可为：

Call ID：19771105@foo.bar.com

4）Cseq

命令序号。客户在每个请求中应加入此字段，它由请求方法和一个十进制序号组成。序号初值可为任意值，其后具有相同的 Call ID 值，但不同请求方法、头部或消息体的请求，其 Cseq 序号应加 1。重发请求的序号保持不变。ACK 和 CANCEL 请求的 Cseq 值与对应的 INVITE 请求相同，BYE 请求的 Cseq 值应大于 INVITE 请求，由代理服务器并行分发的请求，其 Cseq 值相同。服务器将请求中的 Cseq 值复制到响应消息中去。

Cseq 的示例为：

Cseq：4711 INVITE

5）Via

该字段用以指示请求经历的路径。它可以防止请求消息传送产生环路，并确保响应和请求的消息选择同样的路径。

该字段的一般格式为：

Via：发送协议 发送方：参数

其中，发送协议的格式为：协议名/协议版本/传送层，发送方为发送方主机和端口号。

Via 字段的示例可为：

Via：SIP/2.0/UDP first.example.com：4000

6）Contact

该字段用于 INVITE、ACK 和 REGISTER 请求以及成功响应、呼叫进展响应和重定向响应消息，其作用是给出其后和用户直接通信的地址。

Contact 字段的一般格式为：

Contact：地址：参数

其中，Contact 字段中给定的地址不限于 SIP URL，也可以是电话、传真等 URL 或 mailto：URL。其示例可为：

Contact："Mr. Watson" <sip：waston@worcester.bell-telephone.com>

5. 请求消息的实例与操作

以下为一请求消息的格式。

//向 sip：bob@acme.com 发起呼叫，协议版本号 2.0

INVITE sip：bob@acme.com SIP/2.0

VIA：SIP/2.0/UDP alice_ws.radvision.com　　//通过 Proxy：alice_ws.radvision.com

From：Alice A.　　//发起呼叫的用户的标识

To：Bob B.　　//所要呼叫的用户

Call-ID：2388990012@alice_ws.radvision.com　　//对这一呼叫的唯一标识

CSeq：1　　//命令序号，标识一个事件

Subject：Lunce today.　　//呼叫的名字或属性

Content-Lenth：182　　//消息体的字节长度

[一个空白行标识消息头结束，消息体开始]

v=0　　//SDP 协议版本号

o=Alice 53655765 2353687637 IN IPV4 128.3.4.5//会话建立者和会话的标识，会话版本，地址的协议类型，地址

s=Call from alice　　//会话的名字

c=IN IPV4 alice_ws.radvision　　// 连接的信息

M = audio 3456 RTP/AVP 0 3 4 5//对媒体流的描述：类型、端口，呼叫者希望收发的格式

通过以上的例子，可以对 SIP 协议有一个基本认识。除了在建立会话时进行各种消息交互外，SIP 终端还可以在会话过程中，发出消息改变或添加会话的某些属性。例如，用户在进行语音通话的过程中，想增加视频信道，可以在不中断通话的情况下，发送新的 INVITE 消息，打开双方的视频媒体，使通话变成可视。这为用户的使用带来很大的灵活性。

6. 响应消息的实例与操作

SIP 响应消息状态码举例：

100　Trying

181　Call Is Being Forwarded

182　Queued

200　OK

301　Moved Permanently

302　Moved Temporarily

400　Bad Request

404　Not Found

405　Not Allowed

500　Internal Server Error

504　Gateway Time-out

600　Busy Everywhere

SIP 响应消息举例：

S->C：SIP/2.0 200 OK

Via：SIP/2.0/UDP kton.bell-tel.com

From：A. Bell <sip：a.g.bell@bell-tel.com>

To：<sip：Watson@bell-tel.com>；tag=37462311

Call-ID：662606876@kton.bell-tel.com

CSeq：1 INVITE

Contact：sip：Watson@Boston.bell-tel.com

Content-Type：application/sdp

Content-Length：...

v=0

o=Watson 4858949 4858949 IN IP4 192.1.2.3

s=I'm on my way

c=IN IP4 Boston.bell-tel.com

m=audio 5004 RTP/AVP 0 3

5.3.4　SIP 呼叫流程

1. 注册注销过程

SIP 为用户定义了注册和注销过程，其目的是可以动态建立用户的逻辑地址和其当前联系地址之间的对应关系，以便实现呼叫路由和对用户移动性的支持。逻辑地址和联系地址的分离也方便了用户，它不论在何处、使用何种设备，都可以通过唯一的逻辑地址进行通信。

注册/注销过程是通过 REGISTER 消息和 200 成功响应来实现的。在注册/注销时，用户将其逻辑地址和当前联系地址通过 REFGISTER 消息发送给其注册服务器，注册服务器对该请求消息进行处理，并以 200 成功响应消息通知用户注册注销成功。如图 5-47 所示的是 SIP 注册流程。

SIP 注册流程主要步骤如下。

（1）SIP 用户向其所属的注册服务器发起 REGISTER 注册请求。在该请求消息中，Request-URI 表明了注册服务器的域名地址，To 头域包含了注册所准备生成、查询或修改的地址记录，Contact 头域表明该注册用户在此次注册中欲绑定的地址，Contact 头域中的 Expires 参数或者 Expires 头域表示了绑定在多长时间内有效。

（2）注册服务器返回 401 响应，要求用户进行鉴权。

（3）SIP 用户发送带有鉴权信息的注册请求。

（4）注册成功。

SIP 用户的注销和注册更新流程基本与注册流程一致，只是在注销时 Contact 头域中的 Expires 参数或 Expires 头域值为 0。

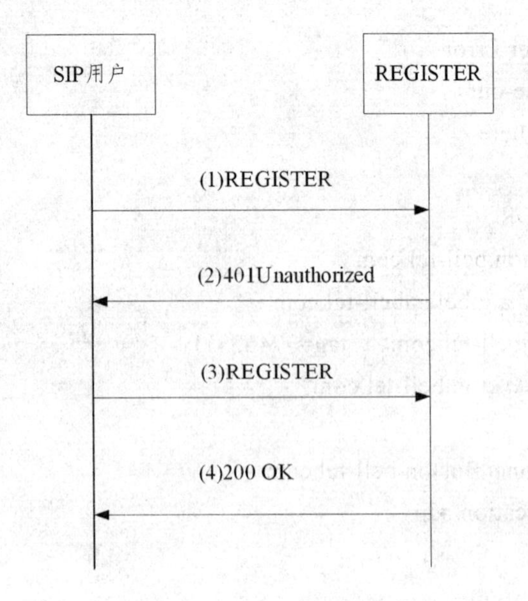

图 5-47　SIP 注册流程

2. 代理方式呼叫流程

SIP IP 电话系统中的呼叫是通过 INVITE 邀请请求、200 OK 成功响应和 ACK 确认请求的三次握手来实现的，即当主叫用户代理要发起呼叫时，它构造一个 INVITE 消息，并发送给被叫，被叫收到邀请后决定接受该呼叫，就回送一个成功响应（状态码为 200），主叫方收到成功响应后，向对方发送 ACK 请求，被叫收到 ACK 请求后，呼叫成功建立。

呼叫的终止通过 BYE 请求消息来实现。当参与呼叫的任一方要终止呼叫时，它就构造一个 BYE 请求消息，并发送给对方。对方收到 BYE 请求后，释放与此呼叫相关的资源，回送一个成功响应，表示呼叫已经终止。

当主、被叫双方已建立呼叫，如果任一方想要修改当前的通信参数（通信类型、编码等），可以通过发送一个对话内的 INVITE 请求消息（称为 re-INVITE）来实现。

下面结合如图 5-48 所示的具体场景介绍一下 SIP 呼叫的详细过程。

① 用户 A 向其所属的出域代理服务器（软交换）PROXY1 发起 INVITE 请求消息，在该消息中的消息体中带有用户 A 的媒体属性 SDP 描述；

② PROXY1 返回 407 响应，要求鉴权；

③ 用户 A 发送 ACK 确认消息；

④ 用户 A 重新发送带有鉴权信息的 INVITE 请求；

⑤ 经过路由分析，PROXY1 将请求转发到 PROXY2；

⑥ PROXY1 向用户 A 发送确认消息“100 TRYING”，表示正在对收到的请求进行处理；

⑦ PROXY2 将 INVITE 请求转发到用户 B；

⑧ PROXY2 向 PROXY1 发送确认消息“100 TRYING”

⑨ 终端 B 振铃，向其归属的代理服务器（软交换）PROXY2 返回“180 RINGING”响应。

⑩ PROXY2 向 PROXY1 转发“180 RINGING”；

⑪ PROXY1 向用户 A 转发“180 RINGING”，用户 A 所属的终端播放回铃音；

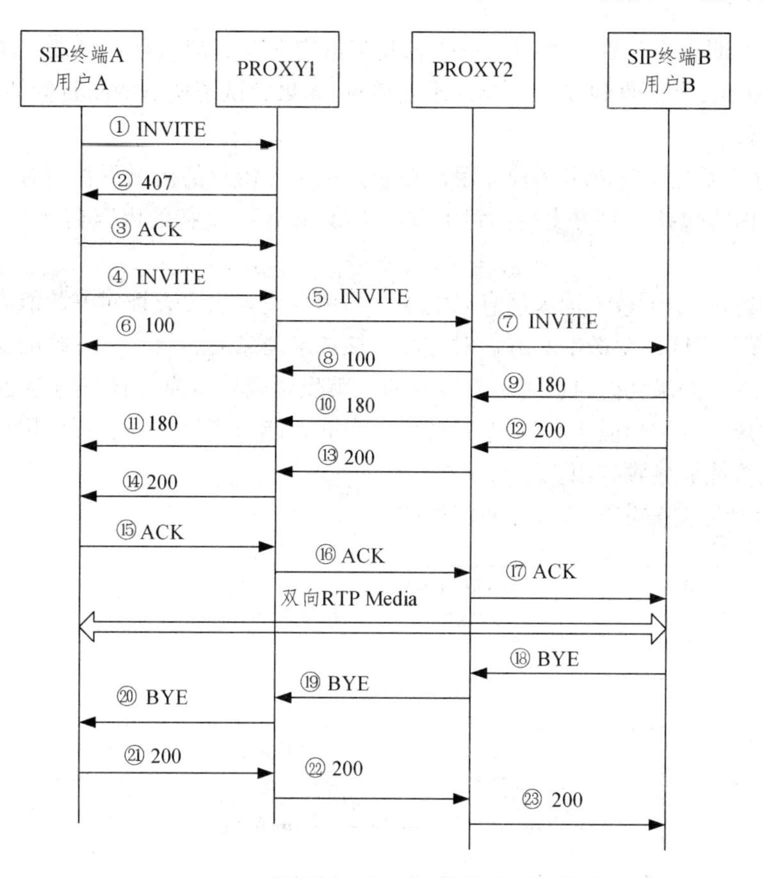

图 5-48　代理方式的 SIP 正常呼叫流程

⑫ 用户 B 摘机，终端 B 向其归属的代理服务器（软交换）PROXY2 返回对 INVITE 请求的“200 OK”响应，在该消息中的消息体中带有用户 B 的媒体属性 SDP 描述；

⑬ PROXY2 向 PROXY1 转发“200 OK”；

⑭ PROXY1 向用户 A 转发“200 OK”；

⑮ 用户 A 发送针对 200 响应的 ACK 确认请求消息；

⑯ PROXY1 向 PROXY2 转发 ACK 请求消息；

⑰ PROXY2 向用户 B 转发 ACK 请求消息，用户 A 与 B 之间建立双向 RTP 媒体流；

⑱ 用户 B 挂机，用户 B 向归属的代理服务器（软交换）PROXY2 发送 BYE 请求消息；

⑲ PROXY2 向 PROXY1 转发 BYE 请求消息；

⑳ PROXY1 向用户 A 转发 BYE 请求消息；

㉑ 用户 A 返回对 BYE 请求的 200 OK 响应消息；

㉒ PROXY1 向 PROXY2 转发 200 OK 请求消息；

㉓ PROXY2 向用户 B 转发 200 OK 响应消息，通话结束。

3. 重定向过程

当重定向服务器（其功能可包含在代理服务器和用户终端中）收到主叫用户代理的 INVITE 邀请消息，它通过查找定位服务器发现该呼叫应该被重新定向（重定向的原因有多种，如用户位置改变、实现负荷分担等），就构造一个重定向响应消息（状态码为 3xx），将新的目标地址回送给主叫用户代理。主叫用户代理收到重定向响应消息后，将逐一向新的目标地址发送 INVITE 邀请，直至收到成功响应并建立呼叫。如果尝试了所有的新目标都无法建立呼叫，则本次呼叫失败。

SIP IP 电话系统还提供了一种让用户在不打扰对方用户的情况下查询对方通信能力的手段。可查询的内容包括：对方支持的请求方法（Method）、支持的内容类型、支持的扩展项、支持的编码等。

能力查询通过 OPTION 请求消息来实现。当用户代理想要查询对方的能力时，它构造一个 OPTION 请求消息，发送给对方。对方收到该请求消息后，将自己支持的能力通过响应消息回送给查询者。如果此时自己可以接收呼叫，就发送成功响应（状态码为 200），如果此时自己忙，就发送自身忙响应（状态码为 486）。因此，能力查询过程也可以用于查询对方的忙闲状态，看是否能够接收呼叫。

如图 5-49 所示是重定向方式呼叫流程图。

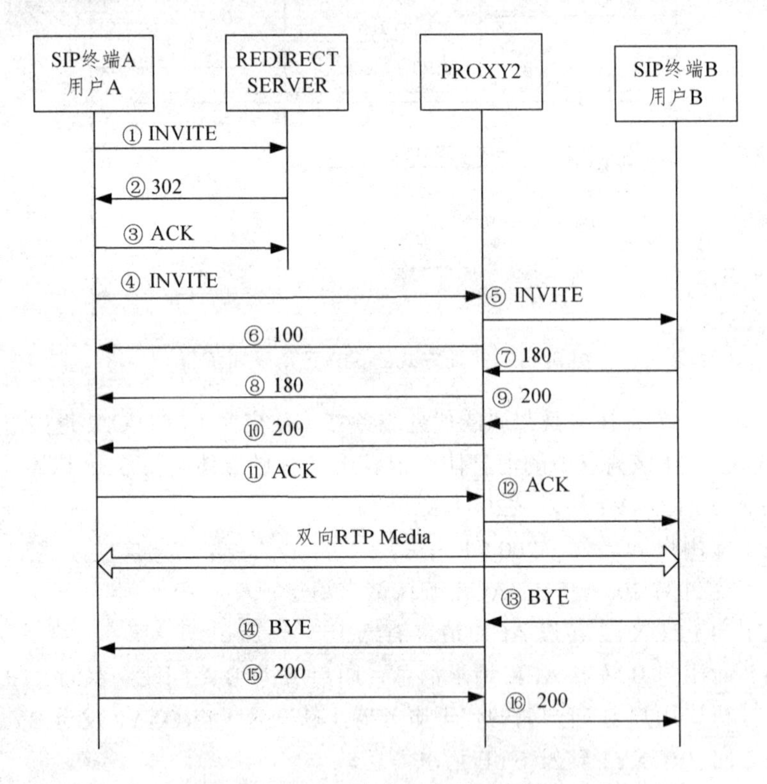

图 5-49　重定向方式呼叫流程

① 用户 A 向重定向服务器发送 INVITE 请求消息，该消息不带 SDP；

② 重定向服务器返回“302 Moved temporarily 响应”，该响应的 Contact 头域包含用户 B 当前更为精确的 SIP 地址；

③ 用户 A 向重定向服务器发送确认 302 响应响应受到的 ACK 消息；

④ 用户 A 向重定向代理服务器 PROXY2 发送 INVITE 请求消息，该消息不带 SDP；

⑤ PROXY2 向用户 B 转发 INVITE 请求；

⑥ PROXY2 向用户 A 发送确认消息“100 TRYING”，表示正在对收到的请求进行处理；

⑦ 终端 B 振铃，向其归属的代理服务器（软交换）PROXY2 返回“180 RINGING”响应；

⑧ PROXY2 转发“180 RINGING”响应；

⑨ 用户 B 摘机，终端 B 返回对 INVITE 请求的“200 OK”响应，在该消息中的消息体中带有用户 B 的媒体属性 SDP 描述；

⑩ PROXY2 转发“200 OK”响应；

⑪ 用户 A 发送确认“200 OK”响应收到的 ACK 请求，该消息中带有用户 A 媒体的属性的 SDP 描述；

⑫ PROXY2 转发 ACK 消息，用户 A 和用户 B 之间建立双向的媒体流；

⑬ 用户 B 挂机，用户 B 向 PROXY2 发送 BYE 请求消息；

⑭ PROXY2 向用户 A 转发 BYE 请求消息；

⑮ 用户 A 返回对 BYE 请求的 200 OK 响应消息；

⑯ PROXY2 向用户 B 转发 200 OK 响应消息，通话结束。

5.3.5　SIP 消息实例

本节具体介绍几种常见的呼叫过程中所涉及的 SIP 消息，包括发起呼叫的过程，接收呼叫的过程，终止呼叫或拒绝请求的过程，取消邀请的过程，转接的过程等。其 SIP 呼叫示例如图 5-50 所示。

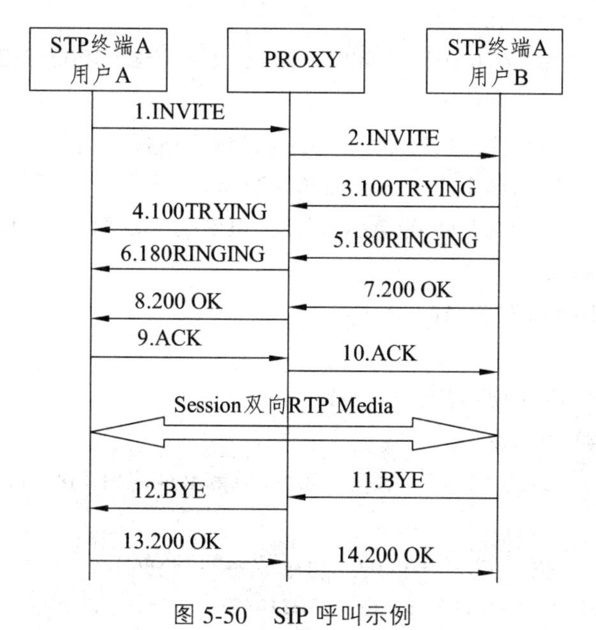

图 5-50　SIP 呼叫示例

1. 发起呼叫过程

//发出 INVITE 请求

Request：INVITE sip：100@172.20.16.107 SIP/2.0

Via：SIP/2.0/UDP 172.20.16.107：5060；rport；branch=z9hG4bK5DF007802335421F9A6DAE3DC9B49E54

From：300 <sip：300@172.20.16.107>；tag=2549473886

To：<sip：100@172.20.16.107>

Contact：<sip：300@172.20.16.107：5060>

Call-ID：B2ADB3A5-CCB1-485D-AB6C-17D70D82D76E@172.20.16.107

CSeq：22243 INVITE

Content-Type：application/sdp

//返回响应 100 Trying

Response：SIP/2.0 100 Trying

Via：SIP/2.0/UDP 172.20.16.107：5060；branch=z9hG4bK5DF007802335421F9A6DAE3DC9B49E54

From：300 <sip：300@172.20.16.107>；tag=2549473886

To：<sip：100@172.20.16.107>；tag=as30112a7b

Call-ID：B2ADB3A5-CCB1-485D-AB6C-17D70D82D76E@172.20.16.107

CSeq：22243 INVITE

Contact：<sip：100@172.20.16.146>

//如果被邀请方收到 INVITE 请求，在应答呼叫之前接收到响应 180 Ringing

Response：SIP/2.0 180 Ringing

Via：SIP/2.0/UDP 172.20.16.107：5060；branch=z9hG4bK5DF007802335421F9A6DAE3DC9B49E54

From：300 <sip：300@172.20.16.107>；tag=2549473886

To：<sip：100@172.20.16.107>；tag=as30112a7b

Call-ID：B2ADB3A5-CCB1-485D-AB6C-17D70D82D76E@172.20.16.107

CSeq：22243 INVITE

Contact：<sip：100@172.20.16.146>

//收到被邀请方应答呼叫的响应 200 OK

Response：SIP/2.0 200 OK

Via：SIP/2.0/UDP 172.20.16.107：5060；branch=z9hG4bK5DF007802335421F9A6DAE3DC9B49E54

From：300 <sip：300@172.20.16.107>；tag=2549473886

To：<sip：100@172.20.16.107>；tag=as30112a7b

Call-ID：B2ADB3A5-CCB1-485D-AB6C-17D70D82D76E@172.20.16.107

CSeq：22243 INVITE

Contact：<sip：100@172.20.16.146>

//呼叫发起方收到 200 OK 消息，直接发送一个 ACK 确认消息给被邀请方

Request：ACK sip：100@172.20.16.146 SIP/2.0

Via：SIP/2.0/UDP 172.20.16.107：5060；rport；branch=z9hG4bK30F7F7B47E45499BAC

441059EFA2DEA2

From：300 <sip：300@172.20.16.107>；tag=2549473886

To：<sip：100@172.20.16.107>；tag=as30112a7b

Contact：<sip：300@172.20.16.107：5060>

Call-ID：B2ADB3A5-CCB1-485D-AB6C-17D70D82D76E@172.20.16.107

CSeq：22243 ACK

2. 接受呼叫过程

//接收到 INVITE 请求

Request：INVITE sip：300@172.20.16.107 SIP/2.0

Via：SIP/2.0/UDP 172.20.16.146：5060；branch=z9hG4bK5490f4d8

From："ppp" <sip：100@172.20.16.146>；tag=as45eb9e71

To：<sip：300@172.20.16.107>

Contact：<sip：100@172.20.16.146>

Call-ID：0ee9bea806059b0f2770ce5c060d5251@172.20.16.146

CSeq：102 INVITE

Date：Tue，15 Mar 2005 05：41：21 GMT

//发送回应 100 Trying

Response：SIP/2.0 100 Trying

Via：SIP/2.0/UDP 172.20.16.146：5060；branch=z9hG4bK5490f4d8

From："ppp" <sip：100@172.20.16.146>；tag=as45eb9e71

To：<sip：300@172.20.16.107>；tag=3363667257

Contact：<sip：300@172.20.16.107：5060>

Call-ID：0ee9bea806059b0f2770ce5c060d5251@172.20.16.146

CSeq：102 INVITE

//如果接受邀请，则在接受之前发送回应 180 Ringing

Response：SIP/2.0 180 Ringing

Via：SIP/2.0/UDP 172.20.16.146：5060；branch=z9hG4bK5490f4d8

From："ppp" <sip：100@172.20.16.146>；tag=as45eb9e71

To：<sip：300@172.20.16.107>；tag=3363667257

Contact：<sip：300@172.20.16.107：5060>

Call-ID：0ee9bea806059b0f2770ce5c060d5251@172.20.16.146

CSeq：102 INVITE

如果决定应答呼叫，则发送 200 Ok 消息

Response：SIP/2.0 200 Ok

Via：SIP/2.0/UDP 172.20.16.146：5060；branch=z9hG4bK5490f4d8

From："ppp" <sip：100@172.20.16.146>；tag=as45eb9e71

To：<sip：300@172.20.16.107>；tag=3363667257

Contact：<sip：300@172.20.16.107：5060>

Call-ID：0ee9bea806059b0f2770ce5c060d5251@172.20.16.146

CSeq：102 INVITE

//接收到邀请方发来的 ACK 确认消息

Request：ACK sip：300@172.20.16.107：5060 SIP/2.0

Via：SIP/2.0/UDP 172.20.16.146：5060；branch=z9hG4bK74cf8e58

From："ppp" <sip：100@172.20.16.146>；tag=as45eb9e71

To：<sip：300@172.20.16.107>；tag=3363667257

Contact：<sip：100@172.20.16.146>

Call-ID：0ee9bea806059b0f2770ce5c060d5251@172.20.16.146

CSeq：102 ACK

3．终止呼叫或拒绝接受邀请过程

//发送 BYE 消息

Request：BYE sip：100@172.20.16.146 SIP/2.0

Via：SIP/2.0/UDP 172.20.16.107：5060；rport；branch=z9hG4bK2CF3B0C22620465D988E1CC2C8A71C56

From：300 <sip：300@172.20.16.107>；tag=2549473886

To：<sip：100@172.20.16.107>；tag=as30112a7b

Contact：<sip：300@172.20.16.107：5060>

Call-ID：B2ADB3A5-CCB1-485D-AB6C-17D70D82D76E@172.20.16.107

CSeq：22244 BYE

返回 200 OK 消息

Response：SIP/2.0 200 OK

Via：SIP/2.0/UDP 172.20.16.107：5060；branch=z9hG4bK2CF3B0C22620465D988E1CC2C8A71C56

From：300 <sip：300@172.20.16.107>；tag=2549473886

To：<sip：100@172.20.16.107>；tag=as30112a7b

Call-ID：B2ADB3A5-CCB1-485D-AB6C-17D70D82D76E@172.20.16.107

CSeq：22244 BYE

Contact：<sip：100@172.20.16.146>

4．取消邀请过程

//发出 INVITE 请求

Request：INVITE sip：100@172.20.16.107 SIP/2.0

Via：SIP/2.0/UDP 172.20.16.107：5060；rport；branch=z9hG4bKE7C2E749AA8B49C693EA90BE1BB367D6

From：300 <sip：300@172.20.16.107>；tag=1829163469

To：<sip：100@172.20.16.107>

Contact：<sip：300@172.20.16.107：5060>

Call-ID：7C09DBD4-85DE-4DA7-8881-A9B309F8E672@172.20.16.107

CSeq：41305 INVITE

//返回响应 100 Trying

Response：SIP/2.0 100 Trying

Via：SIP/2.0/UDP 172.20.16.107：5060；branch=z9hG4bKE7C2E749AA8B49C693EA90BE1BB367D6

From：300 <sip：300@172.20.16.107>；tag=1829163469

To：<sip：100@172.20.16.107>；tag=as3324adcc

Call-ID：7C09DBD4-85DE-4DA7-8881-A9B309F8E672@172.20.16.107

CSeq：41305 INVITE

Contact：<sip：100@172.20.16.146>

//返回响应 180 Ringing

Response：SIP/2.0 180 Ringing

Via：SIP/2.0/UDP 172.20.16.107：5060；branch=z9hG4bKE7C2E749AA8B49C693EA90BE1BB367D6

From：300 <sip：300@172.20.16.107>；tag=1829163469

To：<sip：100@172.20.16.107>；tag=as3324adcc

Call-ID：7C09DBD4-85DE-4DA7-8881-A9B309F8E672@172.20.16.107

CSeq：41305 INVITE

Contact：<sip：100@172.20.16.146>

取消 INVITE 请求

Request：CANCEL sip：100@172.20.16.107 SIP/2.0

Via：SIP/2.0/UDP 172.20.16.107：5060；rport；branch=z9hG4bKE7C2E749AA8B49C693EA90BE1BB367D6

From：300 <sip：300@172.20.16.107>；tag=1829163469

To：<sip：100@172.20.16.107>

Contact：<sip：300@172.20.16.107：5060>

Call-ID：7C09DBD4-85DE-4DA7-8881-A9B309F8E672@172.20.16.107

CSeq：41305 CANCEL

返回 487 请求终止应答

Response：SIP/2.0 487 Request Terminated

Via：SIP/2.0/UDP 172.20.16.107：5060；branch=z9hG4bKE7C2E749AA8B49C693EA90BE1BB367D6

From：300 <sip：300@172.20.16.107>；tag=1829163469

To：<sip：100@172.20.16.107>；tag=as3324adcc

Call-ID：7C09DBD4-85DE-4DA7-8881-A9B309F8E672@172.20.16.107

CSeq：41305 INVITE

Contact：<sip：100@172.20.16.146>

//返回应答 200 OK

Response：SIP/2.0 200 OK

Via：SIP/2.0/UDP 172.20.16.107：5060；branch=z9hG4bKE7C2E749AA8B49C693EA90BE1BB367D6

From：300 <sip：300@172.20.16.107>；tag=1829163469

To：<sip：100@172.20.16.107>；tag=as3324adcc

Call-ID：7C09DBD4-85DE-4DA7-8881-A9B309F8E672@172.20.16.107

CSeq：41305 CANCEL

Contact：<sip：100@172.20.16.146>

//发送 ACK 确认消息

Request：ACK sip：100@172.20.16.107 SIP/2.0

Via：SIP/2.0/UDP 172.20.16.107：5060；rport；branch=z9hG4bKE7C2E749AA8B49C693EA90BE1BB367D6

From：300 <sip：300@172.20.16.107>；tag=1829163469

To：<sip：100@172.20.16.107>；tag=as3324adcc

Contact：<sip：300@172.20.16.107：5060>

Call-ID：7C09DBD4-85DE-4DA7-8881-A9B309F8E672@172.20.16.107

CSeq：41305 ACK

5. 转接过程

//发送 BYE 消息

Request：BYE sip：300@172.20.16.107：5060 SIP/2.0 <CR><LF>

Via：SIP/2.0/UDP 172.20.16.146：5060；branch=z9hG4bK417b6471；rport <CR><LF> ..

From："ppp" <sip：100@172.20.16.146>；tag=as532e99b3 <CR><LF>

To：<sip：300@172.20.16.107>；tag=999672062 <CR><LF>

Contact：<sip：100@172.20.16.146><CR><LF>

Call-ID：3ca929b41bcc9aab018bc51e55dc4e43@172.20.16.146 <CR><LF>

CSeq：103 BYE<CR><LF>

//当接收方收到 INVITE 请求，返回 200 OK 消息

Response：SIP/2.0 200 Ok <CR><LF>

Via：SIP/2.0/UDP 172.20.16.146：5060；branch=z9hG4bK417b6471；rport <CR><LF>

From："ppp" <sip：100@172.20.16.146>；tag=as532e99b3 <CR><LF>

To：<sip：300@172.20.16.107>；tag=999672062 <CR><LF>

Contact：<sip：300@172.20.16.107：5060><CR><LF>

Call-ID：3ca929b41bcc9aab018bc51e55dc4e43@172.20.16.146 <CR><LF>
CSeq：103 BYE<CR><LF>

5.4　其他协议

5.4.1　SIGTRAN 协议

SIGTRAN（Signaling Transport，信令传输协议）协议栈支持通过 IP 网络传输传统电路交换网 SCN（Switched Circuit Network，电路交换网）信令。该协议栈支持 SCN 信令协议分层模型定义中的层间标准原语接口，从而保证已有的 SCN 信令应用可以未经修改地使用，同时利用标准的 IP 传输协议作为传输底层，通过增加自身的功能来满足 SCN 信令的特殊传输要求。

SIGTRAN 协议栈担负信令网关和媒体网关控制器间的通信，有两个主要功能：适配和传输。与此对应，SIGTRAN 协议栈包含两层协议：传输协议和适配协议，前者就是 SCTP/IP，后者如 M3UA（适配 MTP3 用户）、IUA（适配 Q.921 用户）等。SIGTRAN 协议栈模型如图 5-51。

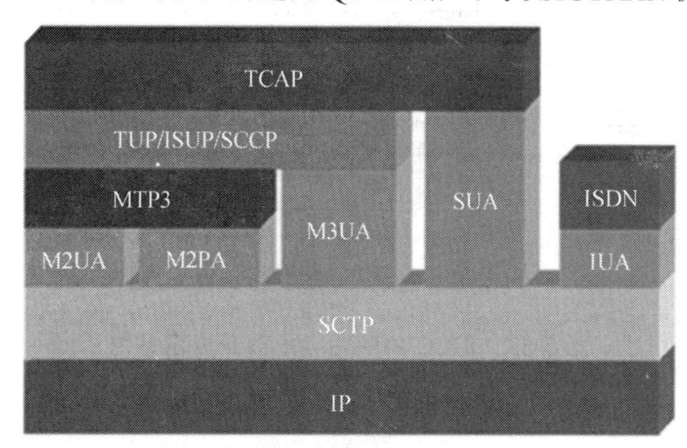

图 5-51　SIGTRAN 协议栈模型

SIGTRAN 协议簇是 IETF 的 SIGTRAN 工作组制定的 NO.7 与 IP 互通规范。该协议族通过 IP 网络传输传统电路交换网信令。该协议栈支持 SCN 信令协议分层模型定义中大层间标准原语接口，从而保证已有的 SCN 信令应用可以未经修改地使用，同时利用标准的 IP 传输协议作为传输底层，通过增加自身的功能来满足 SCN 信令的特殊传输要求。

SIGTRAN 协议簇从功能上可以分两类，第一类是通用信令传输协议，该协议实现了 NO.7 与 IP 互通效果，可靠的传输，目前采用 IETF 制定 SCTP。第二类是七号信令适配协议。该类协议主要是针对 SCN 中现有的各令协议制定的信令适配协议。

5.4.2　BICC 协议概述

BICC（Bearer Independent Call Control，与承载无关的呼叫控制）协议属于应用层控制协议，可用于建立、修改、终结呼叫，可以承载全方位的 PLMN/PSTN/ISDN 业务。

BICC 是对 ISUP 协议的演进和发展，其最基本的特点就是将呼叫控制和承载控制两个层面分离，使得呼叫业务功能（CSF）和承载控制功能（BCF）相独立。

1. BICC协议功能和特点

BICC最基本的特点是将呼叫控制和承载控制两个层面分离。这样使得BICC规范将主要负责呼叫业务功能部分的处理，而具体的承载控制BICC不必关心，如图5-52所示。这种分层、独立的结构体系思想，与分组网络结构化、构件化的设计思想是完全一致的。

在UMTS系统，BICC应用于不同MSC Server之间的呼叫控制接口上。

2. 接口定义及功能

1）Nc接口定义

Nc是UMTS R4阶段的新增接口，3GPP协议中也称为Nc参考点（Nc Reference Point）。该接口是MSC Server（或GMSC Server）间的标准接口，运行ITU-T制定的BICC或ISUP协议。

2）Nc接口功能

Nc接口为UMTS的电路域业务提供独立于用户面承载技术及控制面信令传输技术的局间呼叫控制能力，实现不同网络之间的互通。

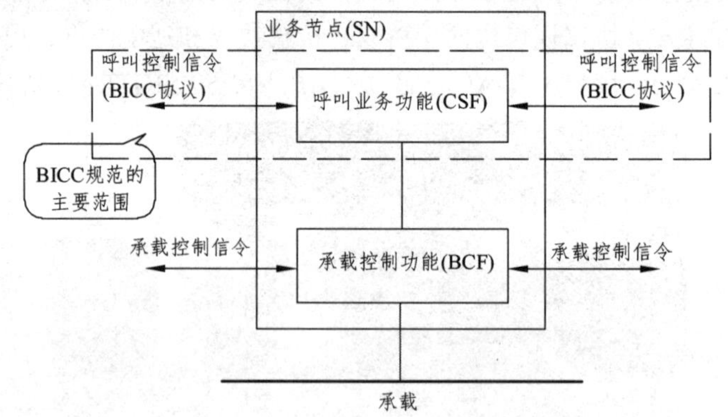

图5-52 BICC的呼叫与承载分离示意图

3. 协议栈结构

按照BICC协议的定义，BICC协议可以利用任何传输网络进行信令传输，如IP、ATM、TDM网等，根据应用的需要，MSOFTX3000实现四种传输方式：基于TDM的MTP3，基于IP的M3UA或SCTP以及基于ATM的MTP3b，如图5-53所示。

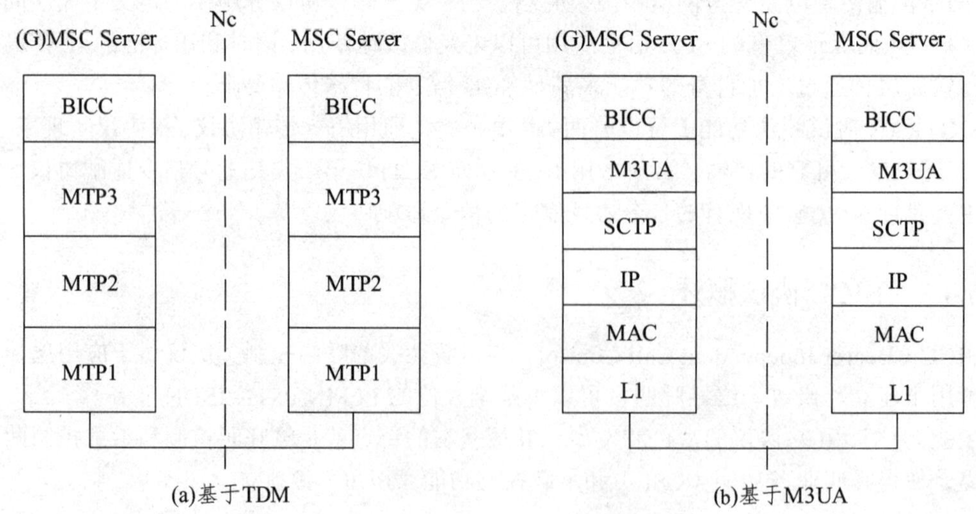

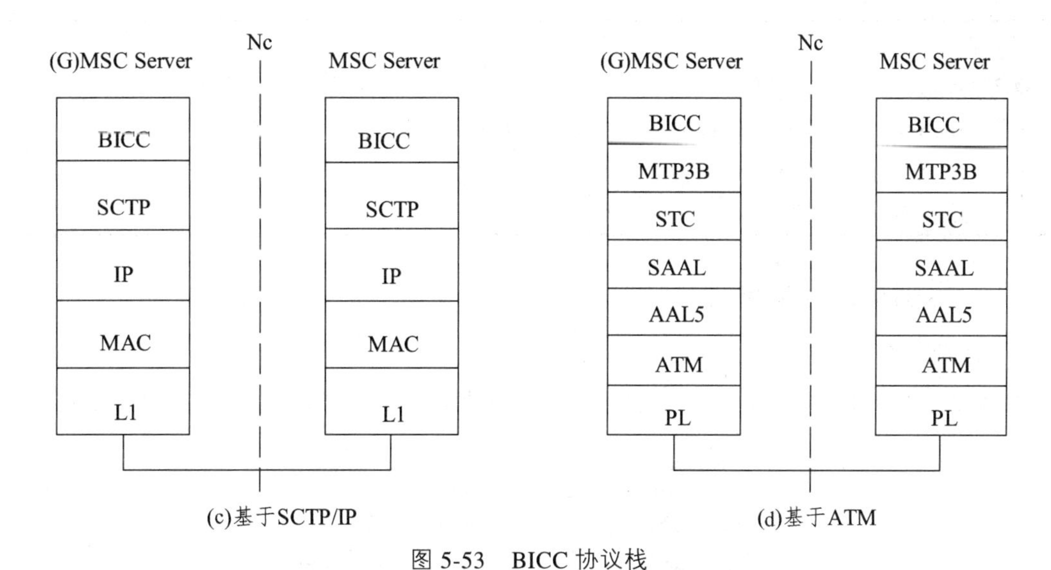

图 5-53　BICC 协议栈

技能训练　SIP 代理服务器、软电话配置及协议分析

一、实训项目单

编制部门：　　　　　　　　　　编制人：　　　　　　　　　　编制日期：

<table>
<tr><td>项目编号</td><td>5</td><td>项目名称</td><td colspan="2">SIP 代理服务器、软电话配置及协议分析</td><td>学时</td><td>4</td></tr>
<tr><td>学习领域</td><td colspan="3">VoIP 系统组建、维护与管理</td><td>教材</td><td colspan="2">NGN 之 VoIP 技术应用实践教程</td></tr>
<tr><td>实训
目的</td><td colspan="6">通过本单元实习，熟练掌握以下内容：
了解 SIP 代理服务器的工作原理；
掌握 MiniSipServer 的配置方式；
掌握 SoftPhone 配置方法；
会分析进行 SIP 协议抓包并分析。</td></tr>
<tr><td colspan="7">●实训内容
（1）SIP 代理服务器的工作原理；
（2）MiniSipServer 的配置方式；
（3）SoftPhone 配置方法；
（4）SIP 协议抓包并分析。
●实训设备与工具
SipServer：MiniSipServer；SoftPhone：X-Lite；抓包工具 MiniSniffer；计算机若干台。
●方法与步骤（见详细步骤说明）
（1）设备硬件连接；
（2）部署；</td></tr>
</table>

（3）抓包。

◘评价要点

配置 MiniSipServer 和 SoftPhone 成功，使得电话互通。（40 分）

能进行抓包操作。（30 分）

抓包后能正确分析。（30 分）

二、基础实训环境搭建

1. 组网结构图

本基础实验的模型为：同一 SIP 服务器同一局域网配置，此时的组网结构如图 5-54 所示。

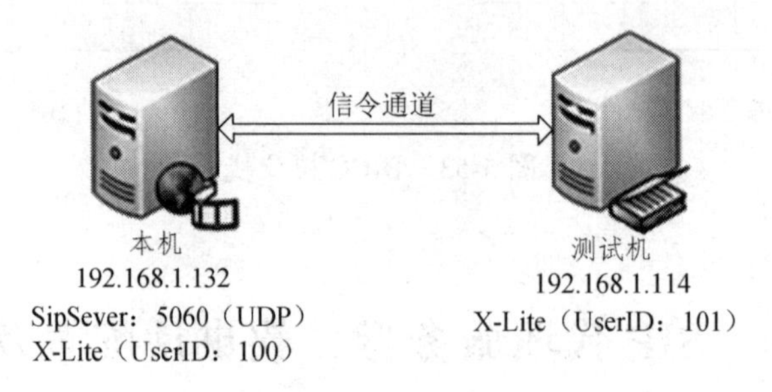

图 5-54　基础组网结构图

2. 部署

组网完成后在本机上做如下部署。

（1）安装并启动 MiniSipServer，安装完成后界面如图 5-55 所示。通过开始菜单启动，默认监听 UDP 5060 端口；系统自带三个默认用户，密码和用户名一样，在下一步要用到。分机注册界面如图 5-56 所示。

（2）安装并配置 X-Lite（userID：100，Password：100），X-Lite 需要 .NetFramework4.0 和 VC2010 SP1，安装时联网下载。如下图 5-57 所示。

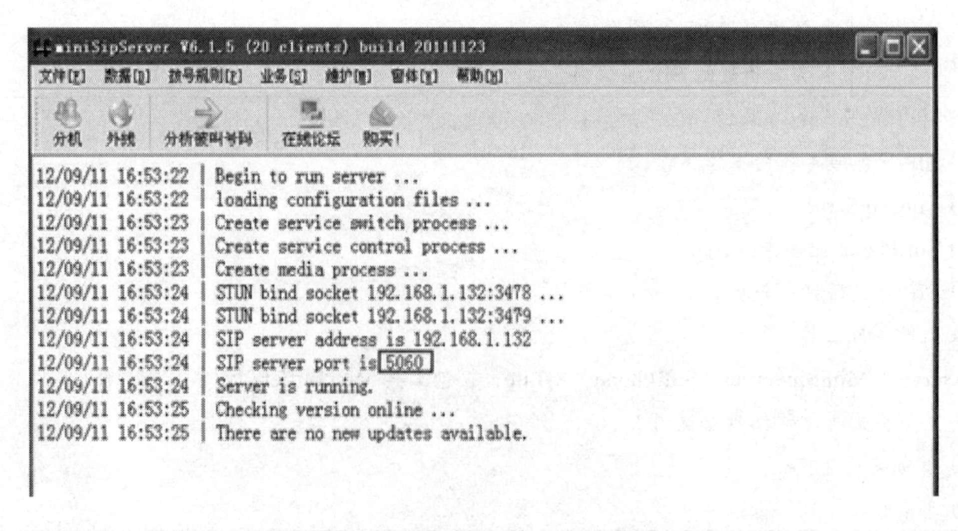

图 5-55　MiniSipServer 启动界面

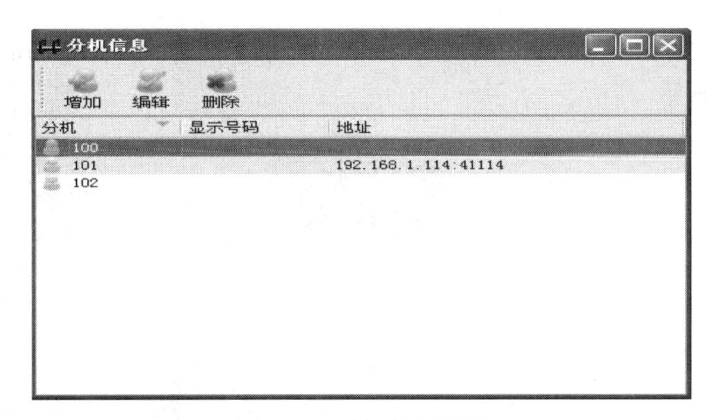

图 5-56　分机注册界面

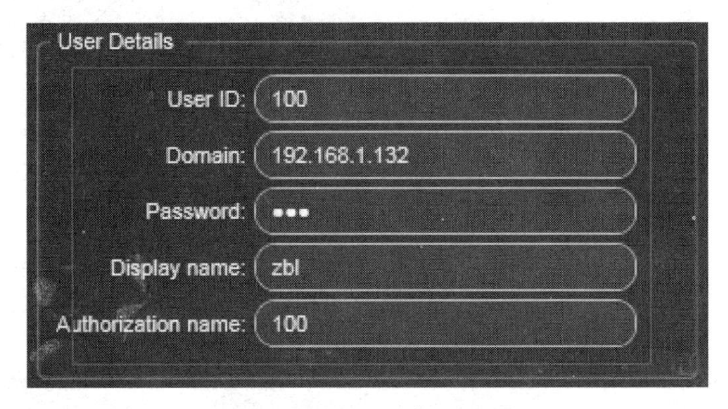

图 5-57　X-Lite 用户配置界面

（3）通过 X-Lite 让测试机和本机通话。

在本机和测试机上都运行 X-Lite 软件后，在 MiniServerIP 中点击“分机”查看用户在线状态，登录的用户图标应是绿色的；在命令行下可以查看连接。如图 5-58 所示。

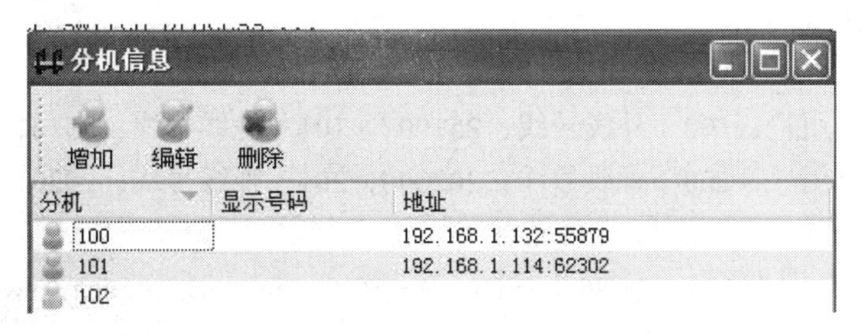

图 5-58　登录的用户图标

三、MSS Trunk 配置

MSS 是 Management Support System 的首字母，即管理支撑系统，trunk 一般指“主干网络、电话干线”，即两个交换局或交换机之间的连接电路或信道，它为两端设备之间进行转接，作为信令和终端设备数据传输链路。

1. 实验拓扑图

在之前实验的基础之上，我们熟悉了 MiniSipServer 的基本配置方式，为了能弥补没有多台 IBX1000 的问题，我们可以利用此代理服务器的环境来搭建一个 MSS Trunk 的环境，实验拓扑图如图 5-59 所示。

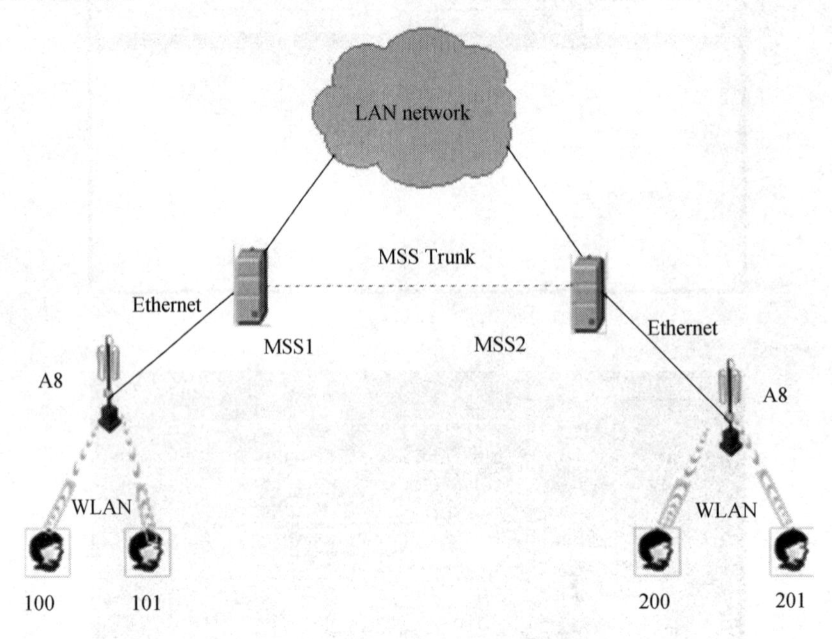

图 5-59　MSS Trunk 实验拓扑图

2. 网络配置说明

关于本网络配置说明如下：

（1）本测试的目的：用于测试两个 SIP 服务器之间的用户相互通信。

（2）设备所在网段：10.6.128.*/24。

（3）各个设备 IP 信息：

MSS1：10.6.128.25/24

MSS2：10.6.128.20/24

MSS1 有 VoIP 用户：100（外线号线：25100），101（外线号线：25101）

MSS2 有 VoIP 用户：200（外线号线：20200），201（外线号线：20201）

所有的 VoIP 用户通过 A8 与 MSS 连接

A8 的 IP 地址分别为 10.6.128.80（SSDI：A8-80-0，networki moden：switch）、10.6.128.221（SSDI：A8-221-0，networki moden：switch）。

（4）A8 通过以太网线与 MSS 相连。

（5）两个 MSS 之间启用了 MSS Trunk。

3. MSS 配置

MSS 关键配置步骤如下：

（1）设定 SIP 服务器，如图 5-60 所示。

（2）添加本地账号："Data->Local users->add"，在 User information 对话框中的"Basic"标签中添加本地用户，本例中：MSS1 添加 100，101，用户名与密码相同，如图 5-61 所示。

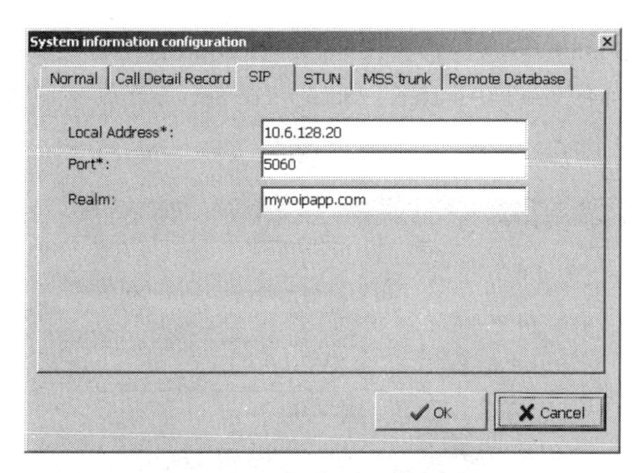

图 5-60　设定 SIP 服务器

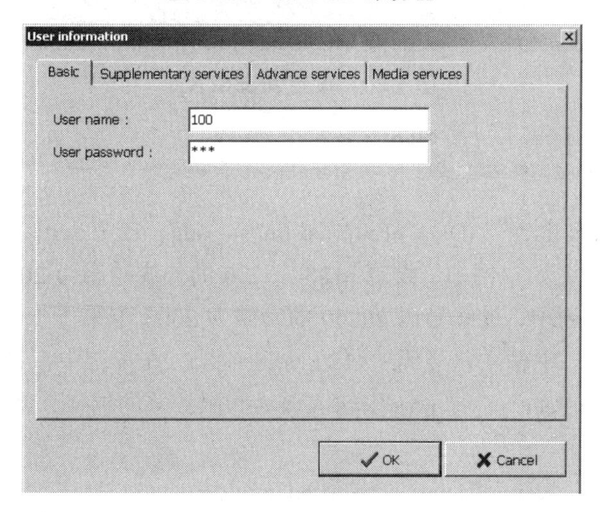

图 5-61　添加本地账号

（3）设定 MSS 的 MSS trunk 端口。“Data->System information”，在 MSS Trunk 标签中输入 Signal port 与 IP relay start port，本例中使用默认配置，如图 5-62 所示。

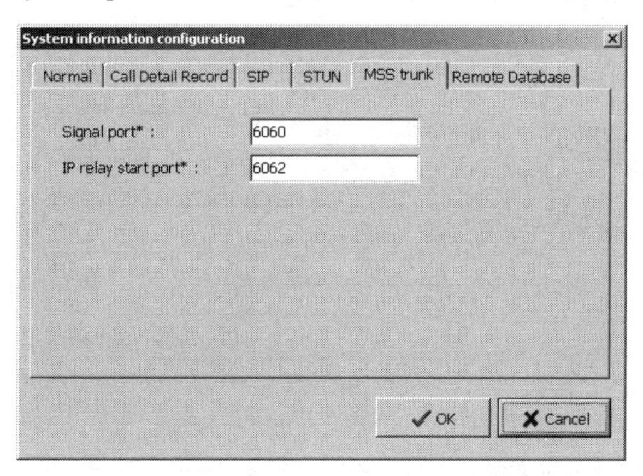

图 5-62　设定 MSS 的 MSS trunk 端口

（4）设定 Peer server：“Data->Peer server->add”，在 Peer server ID 中任意输入一个数字，

本例输入 1，在 Description 本输入注释，在 Server IP address 中输入对端 MSS 地址（本例中，在 MSS1 此位置中输入 MSS2 的 IP：10.6.128.25），在 Server Port 中输入在第（3）步中 Signal port 设定的端口号，如图 5-63 所示。

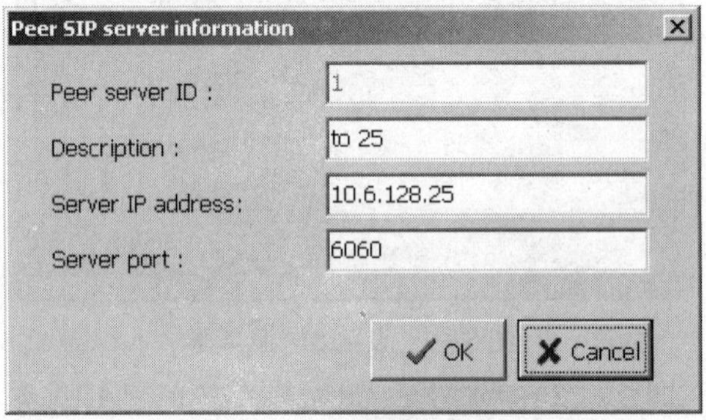

图 5-63　设定 Peer Server

注意：① Server IP address 为对端 MSS 服务器 IP 地址；
② Server port 一定要和在第 2 步中 Signal port 设定的端口号相同。

（5）设定“External lines”：Data->External lines-> add，在 External lines 中输入不同 MSS 拨打本地号时的外线号，如本例中，设定 MSS2：200 的外线号码为 20200；在 Password 中输入本地号码的密码，本列中，外线号码 20200 的密码为 200（与第 1 步中所设定的密码相同），在 Peer sever IP address 中输入该号码所属的 MSS 地址，在本例中，设定 20200 的服务器 IP 地址为 10.6.128.20，在 Peer sever port 中输入该 SIP 服务器的端口，默认为 5060，如图 5-64 所示。

（6）设定 Called analysis：“Dialing->Called analysis->add”，在 Called prefix 中输入对方 MSS 中外线的前缀，本例中 MSS1 在该位置输入 20，MSS2 在本位置输入 25；选择“MSS trunk”，并在 Peer server ID 中输入在第 3 步 Peer server ID 中定义的端口号，如图 5-65 所示。

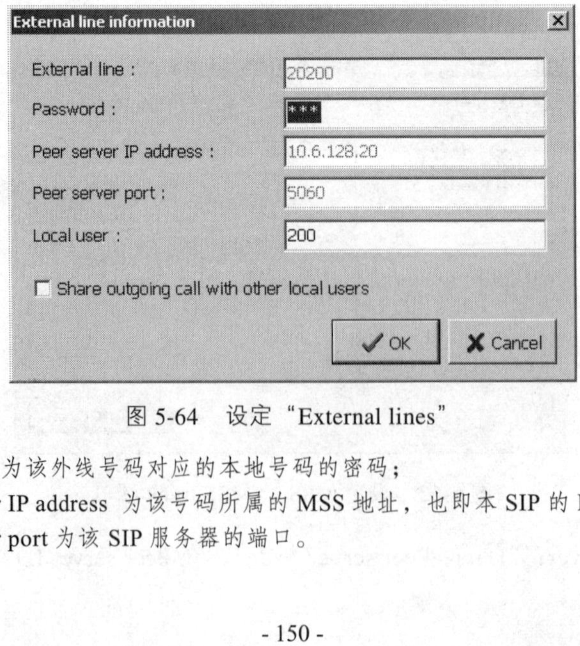

图 5-64　设定“External lines”

注意：① Password 为该外线号码对应的本地号码的密码；
② Peer sever IP address 为该号码所属的 MSS 地址，也即本 SIP 的 IP 地址；
③ Peer sever port 为该 SIP 服务器的端口。

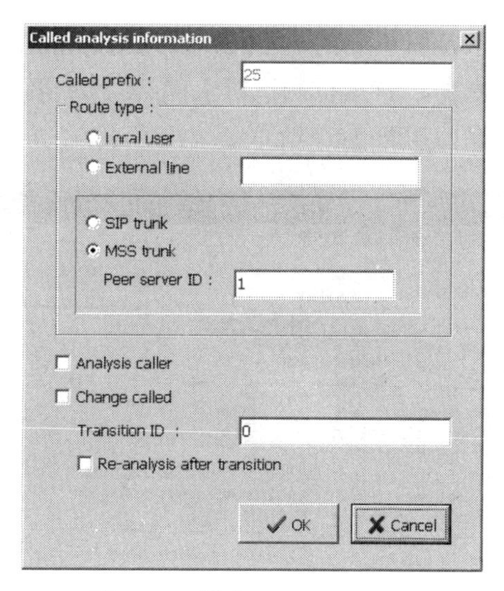

图 5-65　设定 called analysis

注意：① Called prefix 对端 MSS 中外线的前缀，本例中 MSS1 在该位置输入 20，MSS2 在本位置输入 25；

② peer server ID 中输入在第（4）步 Peer server ID 中定义的号。

（7）重新启动 MSS。

（8）配置 IP Phone，并验证业务，分别注册到 MSS1 和 MSS2 上的两个终端电话间拨打外号能够正常通信。

四、抓包并分析 SIP 协议

1. 抓包方法

为了分析 SIP 协议的工作过程，我们采用 MiniSniffer 抓包工具进行抓包，主要操作过程如下：

（1）关掉 MiniSipServer 和两个 X-Lite，运行 MiniSniffer 抓包工具，并开始抓包，如图 5-66 所示。

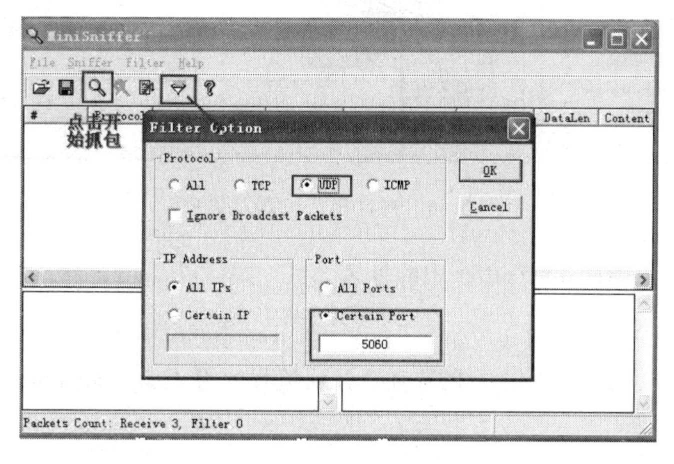

图 5-66　运行 MiniSniffer 抓包工具

（2）运行 MiniSipServer 和测试机上的 X-Lite，因为 MiniSniffer 可能抓不到本机端口之间的数据包，也为了便于分析数据，就运行测试机上的 X-Lite 客户端。记住在运行之前打开 MiniServerSip 的报文跟踪功能，如图 5-67 所示。

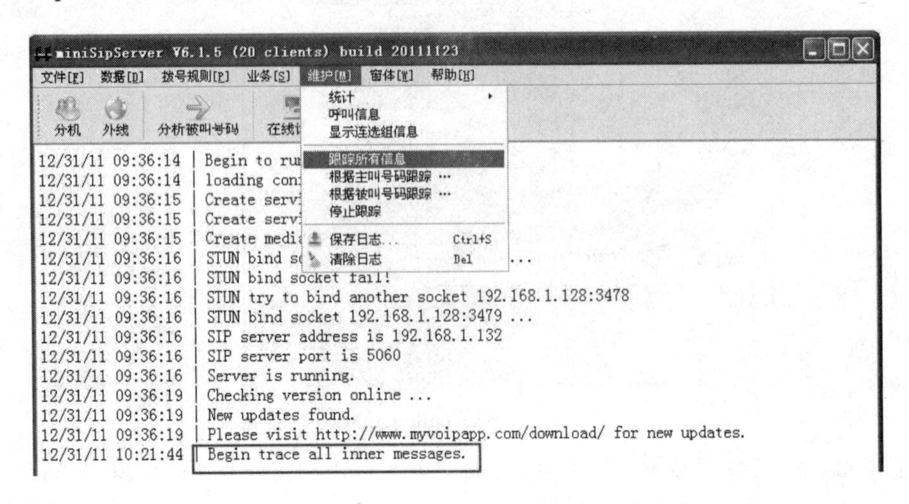

图 5-67　打开 MiniServerSip 的报文跟踪功能

（3）经过对比分析，抓包和 MiniSipServer 自身的报文跟踪信息是一致的，所以为了以后调试和学习 SIP 协议完全可以使用 MiniSniffer 做为辅助工具，如图 5-68 所示。

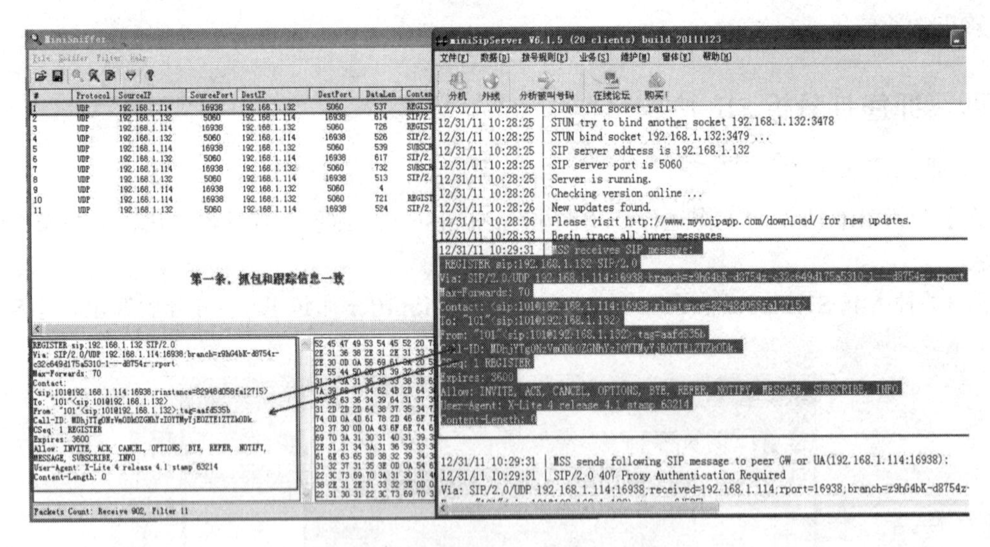

图 5-68　对比抓包和跟踪信息

为了便于分析，保存 MiniSniffer 中的报文。

2. 抓包所得协议详情

根据 RFC3261 中文版第 22.3 章的描述，注册流程分为 4 步，如图 5-69 所示。

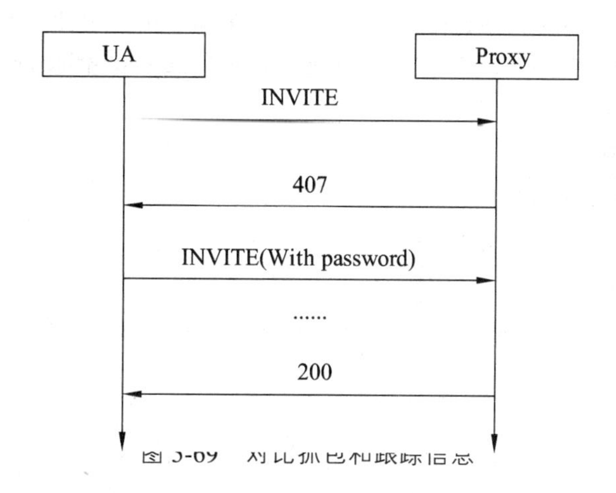

图 5-69　对比抓包和跟踪信息

1）上行 Register

REGISTER sip：192.168.1.132 SIP/2.0

REGISTER sip：192.168.1.132 SIP/2.0

Via：SIP/2.0/UDP 192.168.1.114：16938；branch=z9hG4bK-d8754z-c32c649d175a5310-1---d8754z-；rport

Max-Forwards：70

Contact：101@192.168.1.114：16938；rinstance=82948d058fa12715>

To："101"101@192.168.1.132>

From："101"101@192.168.1.132>；tag=aafd535b

Call-ID：MDhjYTg0NzVmODk0ZGNhYzI0YTMyYjE0ZTE1ZTZkODk.

CSeq：1 REGISTER

Expires：3600

Allow：INVITE，ACK，CANCEL，OPTIONS，BYE，REFER，NOTIFY，MESSAGE，SUBSCRIBE，INFO

User-Agent：X-Lite 4 release 4.1 stamp 63214

Content-Length：0

2）下行认证要求 407 报文

SIP/2.0 407 Proxy Authentication Required

SIP/2.0 407 Proxy Authentication Required

Via：SIP/2.0/UDP 192.168.1.114：16938；received=192.168.1.114；rport=16938；branch=z9hG4bK-d8754z-c32c649d175a5310-1---d8754z-

From："101"101@192.168.1.132>；tag=aafd535b

To："101"101@192.168.1.132>；tag=2a4824

CSeq：1 REGISTER

Call-ID：MDhjYTg0NzVmODk0ZGNhYzI0YTMyYjE0ZTE1ZTZkODk.

Allow：INVITE，OPTIONS，ACK，CANCEL，BYE，REFER，SUBSCRIBE，NOTIFY，MESSAGE

User-Agent：miniSipServer V6.1.5（20 clients）build Dec 1 2011

Proxy-Authenticate：Digest realm="myVoIPapp.com"，algorithm=MD5，nonce="18bf67854ae23d6d2cd772af69535f91"，stale=FALSE

Content-Length：0

3）上行包含认证信息的 Register

REGISTER sip：192.168.1.132 SIP/2.0

REGISTER sip：192.168.1.132 SIP/2.0

Via：SIP/2.0/UDP 192.168.1.114：16938；branch=z9hG4bK-d8754z-5509a16f1ceae597-1---d8754z-；rport

Max-Forwards：70

Contact：101@192.168.1.114：16938；rinstance=82948d058fa12715>

To："101"101@192.168.1.132>

From："101"101@192.168.1.132>；tag=aafd535b

Call-ID：MDhjYTg0NzVmODk0ZGNhYzI0YTMyYjE0ZTE1ZTZkODk.

CSeq：2 REGISTER

Expires：3600

Allow：INVITE，ACK，CANCEL，OPTIONS，BYE，REFER，NOTIFY，MESSAGE，SUBSCRIBE，INFO

Proxy-Authorization：Digest username="101"，realm="myVoIPapp.com"，nonce="18bf67854ae23d6d2cd772af69535f91"，uri="sip：192.168.1.132"，response="581842f465276cd5fa908061d7bf2f69"，algorithm=MD5

User-Agent：X-Lite 4 release 4.1 stamp 63214

Content-Length：0

4）下行注册成功信息

SIP/2.0 200 OK

SIP/2.0 200 OK

Via：SIP/2.0/UDP 192.168.1.114：16938；received=192.168.1.114；rport=16938；branch=z9hG4bK-d8754z-5509a16f1ceae597-1---d8754z-

From："101"101@192.168.1.132>；tag=aafd535b

To："101"101@192.168.1.132>；tag=4d074db8

CSeq：2 REGISTER

Call-ID：MDhjYTg0NzVmODk0ZGNhYzI0YTMyYjE0ZTE1ZTZkODk.

Allow：INVITE，OPTIONS，ACK，CANCEL，BYE，REFER，SUBSCRIBE，NOTIFY，MESSAGE

User-Agent：miniSipServer V6.1.5（20 clients）build Dec 1 2011

Contact：101@192.168.1.114：16938>

Expires：120

Content-Length：0

理论训练

1. SIP 协议的网络模型结构中有两类基本的网络实体，其中____是驻存在终端系统中的功能块，____则是处理与多个呼叫相关联信令的网络设备。

2. 在 SIP 协议网络模型中，____是直接和用户发生交互作用的功能实体，它能够代理用户的所有请求或响应。

3. 在 SIP 协议网络模型中，____是代表其他客户机发起请求，既充当服务器又充当客户机的中间程序。

4. 在 SIP 协议网络模型中，____把请求消息中的被叫用户地址映射成零个或更多个新地址，向请求方发送应答以指示被叫用户的地址。

5. 为了实现漫游，SIP 用户需要将当前所在位置登记到网络中的____上，以便其他用户能够通过位置服务器确定该用户的位置。

6. SIP 协议使用 SIP 的____来标识用户、进行寻址，该地址实际上就是 SIP 服务器的应用层地址，采用____格式。

7. SIP 协议消息分为____和响应两类。其中，____消息从客户机发往服务器，响应消息则从____发往____。

8. 一个 SIP 请求消息由请求行开始，请求行由一个____、一个____、一个 SIP 的版本指示组成。

9. SIP 应答消息的起始行是状态行，状态行由 SIP 版本号开始，接着是一个表示应答结果的____，起始行还可能包含一个原因说明，用文本形式对结果进行描述。

10. 当接收到 INVITE 消息时，收到这个 INVITE 消息的客户端将发送一个_____消息进行确认。

11. 在 SIP 中，____消息用来终止一个等待处理或正在处理的请求。

12. SIP 系统中,用户代理客户端使用____方法来登录并且把它的地址注册到 SIP 服务器。

13. SIP 协议的头字段____限定一个请求消息在到达目的地之前允许经过的最大跳数。

14. SIP 协议的头字段____用以指示请求历经的路径。它可以防止请求消息传送产生环路，并确保应答和请求消息选择同样的路径，以保证通过防火墙或满足其他特定的选路要求。

15. 当 SIP 消息中 Content-Type 头部字段为："Content-Type：application/sdp"时，说明该消息的消息体类型为____。

16. H.248 协议是与媒体网关之间的____接口协议。

17. H.248 提出了网关的连接模型概念，模型的基本构件有____和____。

18. H.248 协议中的____是 MG 上的一个逻辑实体，它可以发送____和____/____或接收一个或者多个数据流。终端分为半永久性终端和临时性终端两种。____代表物理实体，临时性终端代表____。

19. H.248 协议中____代表一组终端之间的相互关系，实际上对应为呼叫，在同一个____中的终端之间可相互通信。

20. H.248 协议可以采用____、UDP 或____用作协议的传输层协议。

21.媒体网关和软交换设备之间的一组______组成了事务交互。事务交互可以由______来标识。

22. 在 H.248 协议中，命令的参数定义为____。其中，___描述网关自远端实体接收的媒体流的特性，___描述网关向远端实体发送的媒体流特性。

23. R4 核心网中 MSC Server 间的呼叫控制信令接口采用____协议，这种协议在信令的基础上发展起来，解决了呼叫控制和分离的问题。

24. BICC 新增的 APM 机制使得 Nc 接口两端的呼叫控制节点间可以交互相关的信息，BICC 还可为 MGW 间的承载控制信令在 Nc 接口上提供传输功能。

25. BICC 消息由____、消息类型编码、____、必备可变部分和任选部分组成，其中，___是局间呼叫关系对应的逻辑编号，指示了该消息对应于哪一次呼叫实例。

26. SIGTRAN 协议体系主要由两个部件组成，即_____和信令传送层，信令传送层采用____协议，该协议在网络层标准的协议支持下工作。

27. 简要说明 SIP 协议的功能。

28. 简要说明 SIP 系统中各种服务器的功能。

29. SIP 消息有哪两大类？分别说明这两大类消息的发送方向。

30. 简要说明 SIP 请求消息的一般格式。

31. 简要说明 SIP 协议中 INVITE（邀请）消息和 REGISTER（登记）消息的功能。

32. 分别说明 SIP 协议中 To 头部字段、Contact 头部字段和请求消息 REQUEST-URL 表示的地址的含义。

33. 简要说明 SIP 协议中 Via 头部字段的作用。

34. 简要说明会话描述协议 SDP 的功能，会话描述协议 SDP 的内容一般是如何传送的？

35. 说明网关的连接模型中终端和关联域的概念。

36. 说明 H.248 协议中消息、事务、关联域命令、参数（描述符）的关系。

37. 简要说明 H.248 协议中 Add 命令、Modify 命令和 Notify 命令的功能。

38. 简要说明 H.248 协议中的本地描述语和远端描述语的作用。

39. 画出 SIP 网络系统的逻辑结构。

40. 画出基于 SIP 的多媒体通信的协议栈结构。

41. 分析以下采用 SIP 协议建立呼叫时发送的一条消息，并回答以下问题：主叫的注册账号是什么？被叫的注册账号是什么？与主叫直接通信的地址是什么？该消息的消息体采用的协议是什么？本次会话中主叫可以接收几种编码的音频？主叫接收的音频流用的传输协议是什么？主叫接收媒体流的 IP 地址和 RTP 端口号分别是什么？

INVITE sip：8882101@10.77.226.41 SIP/2.0
From：sip：8882100@10.77.226.41；tag=1c13959
To：sip：8882101@10.77.226.41
Call-Id：call-973574765-4@10.77.226.121
Cseq：1 INVITE
Content-Type：application/sdp
Content-Length：199
Accept-Language：en
Supported：sip-cc，sip-cc-01，timer
Contact：sip：8882100@10.77.226.121

User-Agent：Pingtel/1.0.0 （VxWorks）

Via：SIP/2.0/UDP 10.77.226.121

v=0

o=Pingtel 5 5 IN IP4 10.77.226.121

s=phone-call

c=IN IP4 10.77.226.121

t=0 0

m= audio 8766　RTP/AVP　0　96　8

a= rtpmap：0 pcmu/8000/1

a= rtpmap：96 telephone-event/8000/1

a= rtpmap：8 pcma/8000/1

42. RGW-RGW 之间利用 H．248 协议建立呼叫的网络结构如图 5-70 所示，分析以下的 RGW1 to MGC 和 MGC to RGW1 的 H．248 协议消息，并回答以下问题：RGW1 向 MGC 发送 H.248 消息时使用的 IP 地址和端口号分别是什么？RGW1 为本次呼叫分配的关联标识号是什么？该关联中包含了哪些终端？终端 100000034 能接收几种格式的媒体流？终端 100000034 接收媒体流的 IP 地址和 RTP 端口号分别是什么？终端 A2223 的对端接收媒体流的 IP 地址和 RTP 端口号分别是什么？

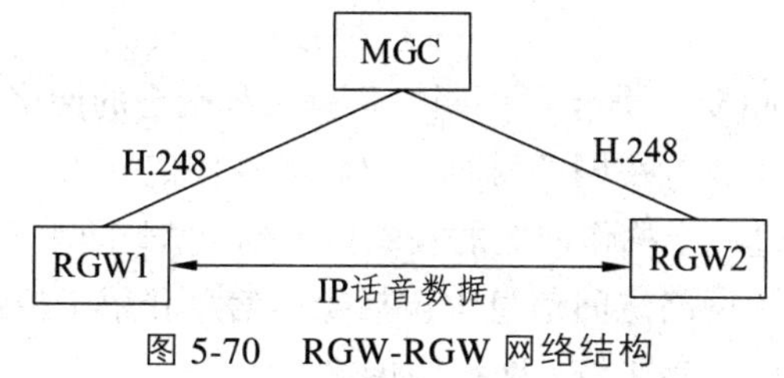

图 5-70　RGW-RGW 网络结构

RGW1 to MGC：

MEGACO/1 [10.54.250.43]：2944

P=369363687{C=286{

A=A0，A=A100000034{

M{O{MO=RC，RV=OFF，RG=OFF，nt/jit=40}，

{v=0 c=IN IP4 10.54.250.43 m=audio 18300 RTP/AVP 8}}}}}

MGC to RGW1：

MEGACO/1 [10.54.250.187]：2944

T=370281196{C=286{

MF=A0{M{O{MO=SR，RV=OFF，RG=OFF，tdmc/ec=ON}}，

E=369109258{al/*}，

SG{}}，

MF=A100000034{M{O{MO=SR，RV=OFF，RG=OFF}，

R{v=0 c=IN IP4 10.54.250.18 m=audio 18296 RTP/AVP 8}}}}}

项目 6　VoIP 中的网关技术

【教学目标】

知识目标	技能目标
掌握网关的概念及网关技术概述； 掌握 MG 和 MGC 主要功能； 了解 No.7 信令网与 IP 网的互通方式； 掌握 SG 设备的组网方式及实现技术； 了解 IP 话音的 QoS 管理要求； 掌握驻地媒体网关 RGW。	清楚网关的概念及网关技术概述； 能够描述媒体网关 MG、SG、MGC、RGW 的主要功能； 掌握 MG 和 SG 设备的组网方式及实现技术； 掌握配置综合接入网关 I-508C 以及排查相关故障的方法。

【项目引入】

以软交换为核心、IP/ATM 为骨干网的网络将是一种融合的网络，它不仅能够实现传统的电信网络、计算机网络和有线电视网的融合，也将实现固定和移动网络的融合。现行的各种网络将作为边缘网络并通过一个称作网关的技术接入到 IP 骨干网，从而实现全网的融合。网关的作用就是完成两个异构网络之间信息（包括媒体信息和用于控制的信令信息）的相互转换，以便一个网络中的信息能够在另一网络中传输。

【相关知识】

6.1　概　述

完成信息传送媒体间相互转换的设备称作媒体网关，媒体网关是将一个网络中传送信息的媒体格式转换另一网络所要求的媒体格式的设备。例如媒体网关能够在电路交换网和分组网的媒体流之间进行转换，可以处理音频、视频或 T.120，也具有处理三者任意组合的能力，能够进行全双工的媒体翻译，可实现 IVR、媒体会议等功能。

媒体网关的作用主要是负责将各种用户或网络的媒体流综合地接入到 IP 核心网中，媒体网关包括中继网关、接入网关、住户网关等，设备本身并没有明确的分类，任何一类媒体网关都将遵循开放的原则并具体实现某一类或几类媒体转换和接入功能，接受软交换的统一管理和控制。按照媒体网关设备再在网络中的位置，其主要作用可分类如下：

中继网关：主要针对传统的 PSTN/ISDN 中 C4 或 C5 交换局媒体流的汇接接入，将其接入到 ATM 或 IP 网络，实现 VoATM 或 VoIP 功能。

接入网关：接入网关负责各种用户或接入网的综合接入，如直接将 PSTN/ISDN 用户、以太网用户、ADSL 用户或 V5 用户接入。这类接入网关一般放置在靠近用户的端局，同时它还具有拨号 Modem 数据业务分流的功能。

住户网关：从目前的情况看，放置在用户住宅小区或企业的媒体网关主要解决用户话音和数据（主要指 Internet 数据）的综合接入，未来可能还会解决视频业务的接入。

信令网关是 No.7 信令网与 IP 网的边缘接收和发送信令消息的信令代理，信令网关的功能主要完成信令消息的中继、翻译或终接处理。信令网关功能可以和媒体网关功能集成在一个物理实体中，处理由媒体网功能控制的与线路或中继终端有关的信令消息。

6.2　网关技术演进

Internet 网的发展促进了 VoIP 技术的发展。VoIP 技术从具有语音服务的 PC 级产品到限定在 IP 网络内部的通话，进而发展到通过 Internet 网传送具有较好服务质量的话音、传真和数据业务，促进了传统的电信网络和 Internet 网的融合。众所周知，H.323 网络就是基于 VoIP 技术的 IP 电话网络之一，它实现了 PSTN 和 IP 网络的融合。由于 IP 网络和 PSTN 网络存在三个基本不同之处：第一，两种网络的地址解决方案不同。在 PSTN 中以 E.164 地址方案来表示端点，而 IP 网络使用的地址有 IP 地址、域名系统（DNS）和统一资源定位标识符等；第二，两种网络的话音编码方式不同。PSTN 使用 G.711 编码，而 IP 网络则需要压缩编码，如 G.729；第三，两种网络使用的信令协议不同。PSTN 主要的信令协议是 No.7 信令，而 IP 网络最著名的信令解决方法有 H.323 和 SIP 协议。PSTN 和 IP 网络的这些差别，需要一个功能实体来适配，该功能实体就是网关。

网关的引入，促进了 IP 电话系统的发展，为 PSTN 用户节省了长途电话费用。为了建立 PSTN 和 Internet 之间的连接，网关不但要执行媒体格式转换，还要进行信令转换，而且需要控制内部资源以便为每个呼叫建立内部的话音通路。网关的这种结构对于 IP 电话系统的大规模部署具有相当的制约，主要表现如下：

（1）扩展性：运营商期望未来的 IP 电话系统能支持数百万用户，但现有网关大多只能支持几千用户。其原因是网关既要支持媒体变换，又要支持媒体控制和信令，功能过于复杂。

（2）和 PSTN 的无缝融合：运营商和用户都希望未来的 IP 电话的使用方法和传统的 PSTN 完全相同，但现有 IP 电话系统均要求进行二次拨号，即先拨业务接入码和网关相接，然后才能拨被叫用户号码。

（3）可用性：运营商要求系统业务中断时间和 PSTN 相仿，每年仅几分钟，但现有的网关结构缺乏故障保护机制，难以满足此要求。

（4）No.7 信令能力：运营商期望目前由 7 号信令网提供给 PSTN 用户的各种业务也能提供给 IP 电话用户，但现有许多网关，尤其是 ISP 提供的网关尚不能支持 7 号信令。

因此，网关体系结构的突破势在必行，网关功能分解已成为当前最佳解决方案。

6.2.1 网关功能分解

IETF 的 RFC2719 给出了网关的总体模型，将网关的特征分为三个功能实体：媒体网关（MG）功能、媒体网关控制（MGC）功能和信令网关（SG）功能，如图 6-1 所示。

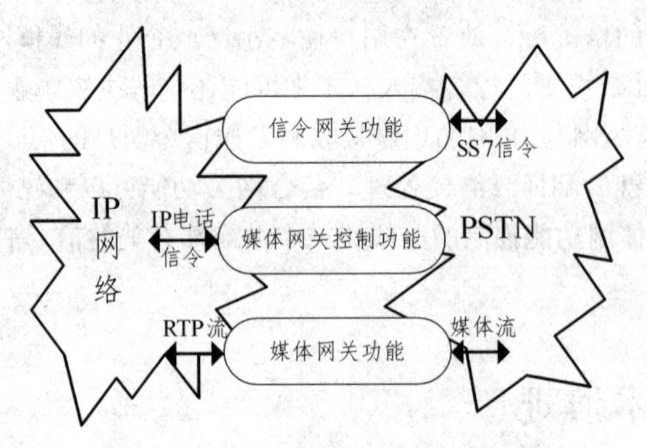

图 6-1 分离的网关功能实体

媒体网关功能在物理上一端终接于 PSTN 电路，另一端则是作为 IP 网络路由器所连接的终端。媒体网关功能的主要目的是将一个网络中的比特流转换为另一种网络中的比特流，并且在传输层和应用层都需要进行这种转换。在传输层，一方面要进行 PSTN 网络侧的复用功能，另一方面还要进行 IP 网络侧的解复用功能。这是因为在 PSTN 网络中，多个语音通路以时分复用机制（TDM）复用为一个帧的，而 IP 网则将话音通路封装在实时传输协议（RTP）的净负荷中；在应用层，PSTN 和 IP 网络的语音编码机制不同，PSTN 主要采用 G.711 编码，而 IP 网络采用语音压缩编码以减少每个话路占用的带宽。这就导致了两个结果：语音质量的降低和时延的增加。因此，媒体网关功除了利用 IP 网络中提供的用来提高 QoS 的技术外，还具有支持 IP 网流量旁路或其他增强功能，如播放提示音、收集数字和统计等。实际上，这些增强功能还可以进一步被旁路到一个专用的设备中。

信令网关(SG)功能负责网络的信令处理,如它可以将 No.7 信令的 ISUP 消息转换为 H.323 网络中的相应消息。信令网关功能一方面通过 IP 协议和媒体网关控制器（MGC）功能进行通信，另一方面通过 NO.7 和 PSTN 进行通信。根据应用模型的不同，信令网关的作用也有所不同。在中继网关应用模型中，信令网关功能的作用仅仅是将信令以隧道的方式传送到媒体网关控制器中，由后者进行信令的转换。

媒体网关控制器功能控制整个网络：监视各种资源并控制所有连接，也负责用户认证和网络安全；媒体网关控制器功能发起和终接所有的信令控制。实际上，媒体网关控制器功能主要进行信令网关功能的信令翻译。在很多情况下，媒体网关控制器功能和信令网关功能集成在同一个设备中。

6.2.2 网关功能互联体系结构

媒体网关功能、信令网关功能和媒体网关控制器功能能够以不同的方式进行组合。媒体网关单元（MGU）是包含媒体网关功能的物理实体，信令网关单元（SGU）则是信令网关功能的物理实体，而媒体网关控制单元（MGCU）是媒体网关控制器功能的物理实体。根据所要求的功能和使用位置的不同，下一代网络中将存在不同的网关组织类型。中继网关，它将长途交换机连接到 IP 路由器，应该有 NO.7 信令接口，并且能够管理大量的连接（PSTN 侧的 64 kb/s 链路和 IP 侧的 RTP 流）。中继网关的用途是利用 IP 网络的分组媒体流传送来替代 PSTN 的长途中继链路，实现“电话到电话的呼叫”。接入网关，通过接入接口（如用户网络接口 UNI）将电话连接到 IP 路由器，用来支持“计算机到电话”或者“电话到计算机”以及“电话到电话”呼叫。例如，网络接入服务器（NAS）可以通过 ISDN 接口将长途交换机和 IP 路由器连接在一起。用户驻地媒体网关，能将模拟电话连接到 IP 路由器。总的来说，用户驻地媒体网关支持的用户数目较少，且位于离用户比较近的地方。用户驻地网关的目的是为了扩大 IP 网络的使用。

网关三个功能分离的结果是在其功能实体之间需要引入新的接口，如 MGC 和 SG 之间、MGC 和 MG 之间都需要新的接口进行通信。MGC 和 MG 之间的接口协议用于媒体网关控制器控制媒体网关，如呼叫控制、连接控制和资源分配等。ITU-T 和 IETF 联合开发的 H.248/MEGACO 协议用于 MGC 对 MG 的控制。MGC 和 SG 之间的接口协议能够在 IP 网络中传输 NO.7 信令，比较有名的是 IETF 的信令传输组（SIGTRAN）制订的 SCTP 协议。图 6-2 所示是根据网关功能分离建立的网络体系结构。

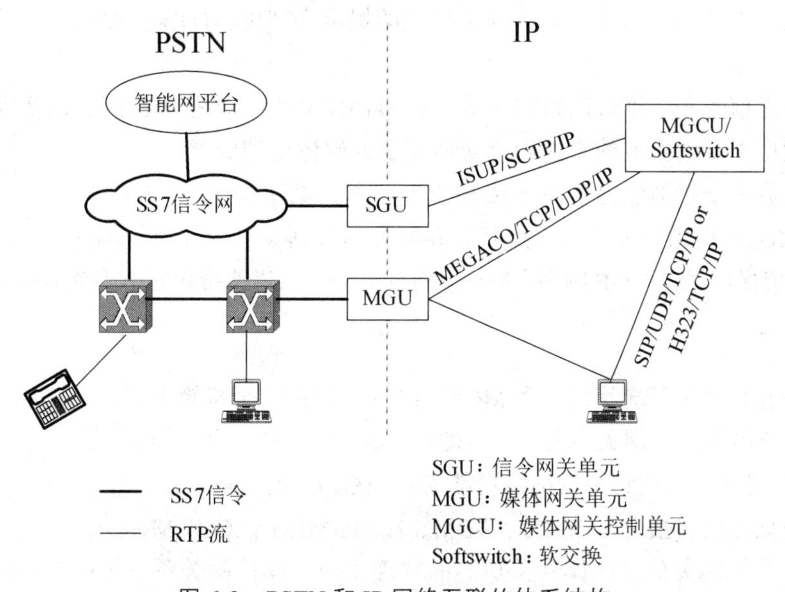

图 6-2　PSTN 和 IP 网络互联的体系结构

图 6-2 没有表示出一个媒体网关控制单元（MGCU）管理多个媒体网关单元（MGC）的情形，也没有表示出 MGCU/Softswitch 和智能网平台之间的链路。媒体网关单元还在不断地演进中，IETF 的很多工作组（主要是 SIGTRAN 工作组）都正在致力于这方面的标准研究工作。

6.3　媒体网关

6.3.1　媒体网关定义

国际软交换协会（ISC）在软交换参考体系结构中将媒体网关功能（MGF）定义为：MGF

是接入到 IP 网络的一个端点/网络中继或几个端点的集合，它是分组网络和外部网络（PSTN、移动网络等）之间的接口设备，例如，它可以是 IP 网络和电路网络（如 IP 到 PSTN）之间、两个分组网络（如 IP 到 3G/ATM）之间的网关。

1. 媒体网关的主要作用

媒体网关的主要作用是将媒体从一种传输格式转换为另一种传输格式，最常见的是将电路媒体格式转换为分组媒体格式，ATM 分组格式转换为 IP 分组格式，或者将模拟/ISDN 电路格式转换为分组格式（在用户驻地媒体网关中）。

2. 媒体网关的主要功能

媒体网关的主要功能包括：

（1）通过 MGCP 或 H.248/MEGACO 和 MGCF 通信，和 MGCF 的通信是主从关系（MGCF 为主，MGF 为从）。

（2）具有媒体处理功能，如媒体编码转换、媒体分组打包、回声消除、抖动缓冲管理、分组丢失补偿等。

（3）能执行媒体插入功能，如呼叫进程中的提示音产生、DTMF 生成、证实音生成、语音检测等。

（4）能处理信令和媒体时间检测功能，如 DTMF 检测、摘挂机检测、语音动作检测等。

（5）管理位于本设备上的上述功能实体需求的媒体处理资源。

（6）具有数字分析的能力（基于从 MGCF 下载的数字地图）。

（7）向 MGCF 提供一种审计端点状态和能力的机制。

（8）不需要保持经过 MGF 的多个呼叫的呼叫状态，仅需要维护它所支持的呼叫连接状态。

3. 注意

（1）一个 SIP 电话系统就是一个 MGF（MGCF 独占一个机箱）。

（2）一个支持 SIP 的网关也是一个 MGF（MGCF 独占一个机箱）。

（3）MGF 将呼叫定位到源端网络可能需要 MGCF 的控制。

（4）实用化协议包括 RTP/RTCP、TDM、H.248/MEGACO 和 MGCP。

实际上，媒体网关就是媒体网关功能的物理实现。媒体网关负责媒体的传输，包括将模拟的或者电路交换的语音转换为分组语音，反之亦然。媒体网关处于传输平面，对应于 OSI 模型的第四层（传输层）。媒体网关和处于汇聚层的路由器和交换机共同完成语音信号在网络中的传输。媒体网关的主要传输协议为 RTP/UDP，主要信令协议为 MGCP 和 H.248/MEGACO。

6.3.2 媒体网关在软交换网络中的位置

通过媒体网关、信令网关和媒体网关控制器的不同组合，现有的通信网络（包括 PSTN、PLMN、IP 网络和有线电视网）都可以接入到核心骨干网（ATM 或 IP 网络）中。虽然每种网络的接入方案会有所差别，但总的来说，可以归纳为三种基本的应用：中继应用、接入应用和驻地用户应用。

1. 中继应用

图 6-3 所示表示了利用中继媒体网关替代汇接局的中继应用情况。图中软交换替代了传统的 PSTN 的 C4 汇接交换机，信令网关进行 No.7 信令和基于 SIGTRAN 的 IP 信令协议的转换和传输，而中继媒体网关则在 MGC 的控制下完成 PSTN 到 IP 再到 PSTN 的媒体中继汇接连接。

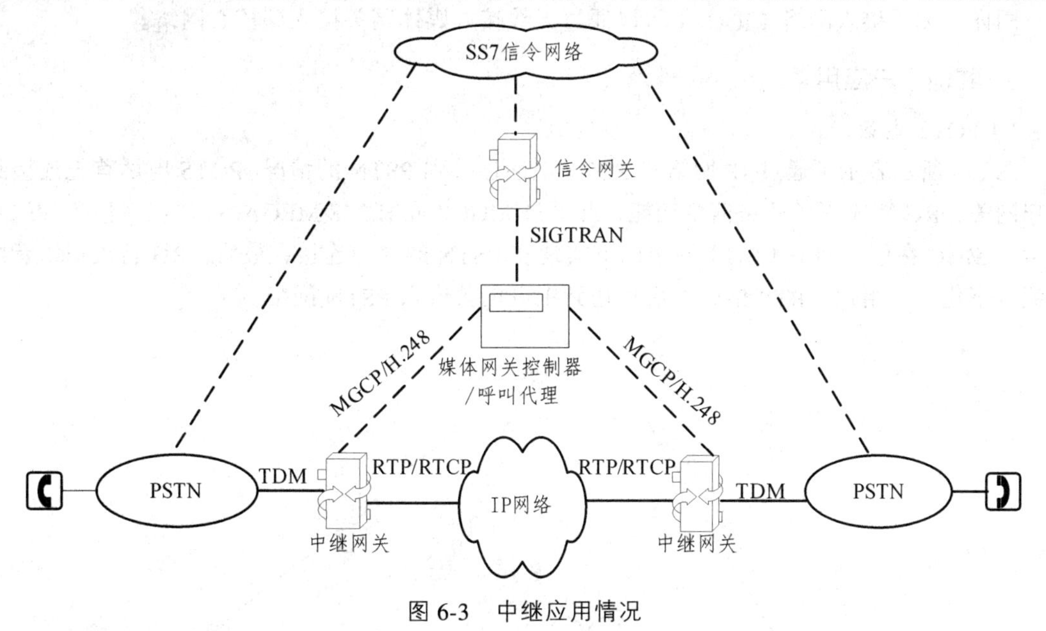

图 6-3　中继应用情况

2. 接入应用

图 6-4 所示表示了各种接入网络（V5、GR303 和 ISDN 等）通过软交换连接到 PSTN 的情形。接入网关（AG）通过 V5/GR303/ISDN 协议和接入网完成信令交互功能，对于 V5 或者 ISDN 接入网关将终接其物理连接，并将信令消息通过 SIGTRAN 协议（V5UA 或 IUA）传送

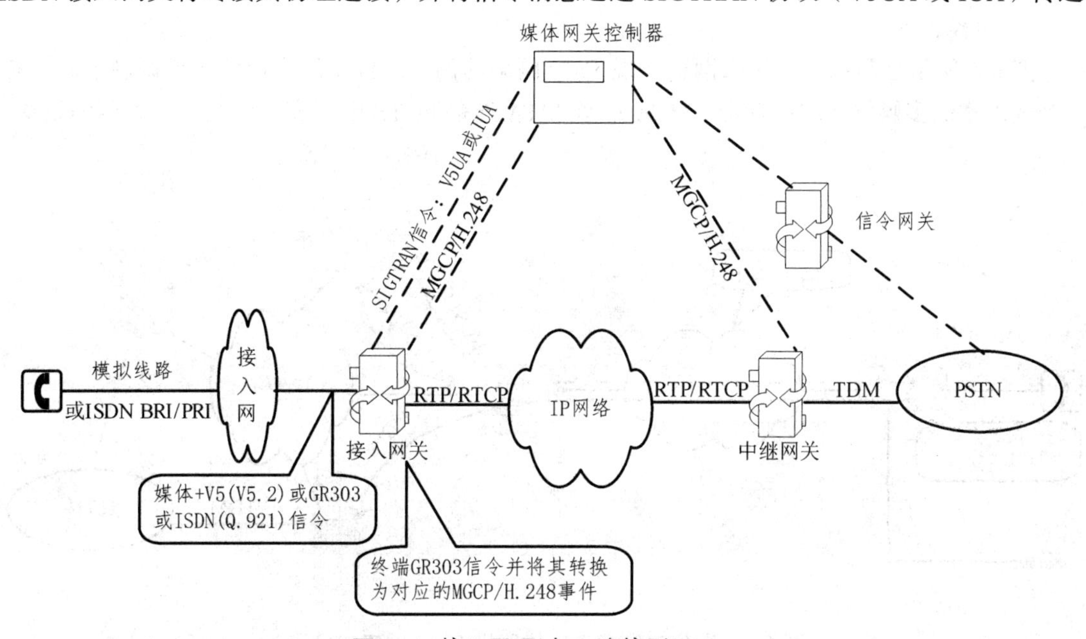

图 6-4　接入网通过 IP 连接到 PSTN

到 MG；对于 GR303 则接入网关直接终接信令消息，并将其转换为适当的 MGCP 或 H.248/MEGACO 事件传送到 MGC。同时也对来自接入网的语音媒体流进行分组和码型转换并以 RTP 消息格式发送到中继网关（TG）。TG 再将分组化的语音媒体流转换为 PCM 语音，然后通过电路交换中继模式发送到 PSTN。

同样，无线接入网络（RAN）可以通过无线接入媒体网关接入到核心网络。

3. 驻地用户应用

1）POTS 电话

图 6-5 所示表示了通过 IP 网络将 POTS 电话连接到 PSTN 的情况。POTS 电话首先连接到住户网关，RG 完成用户环路信令功能，并通过 MGCP 或 H.248/MEGACO 协议将信令传送到 MGC，MGC 在信令网关（SG）的帮助下实现和 PSTN 的呼叫连接，最后，RG 将模拟语音媒体流数字化、分组化（RTP 格式）后传送到中继网关进入 PSTN 网络。

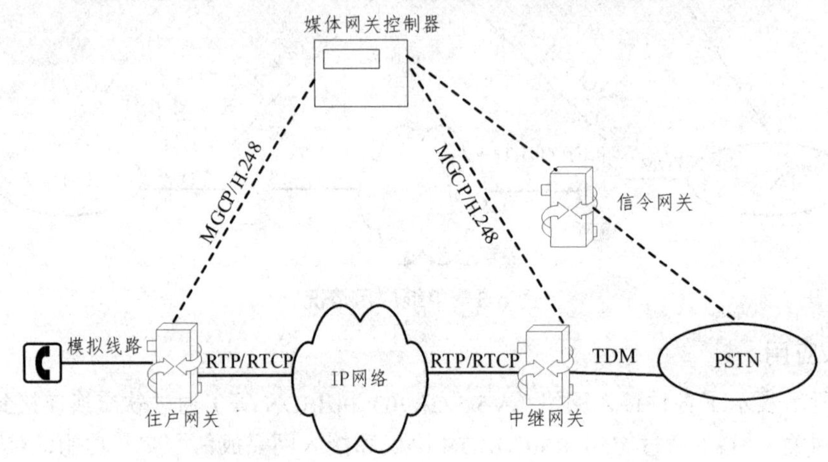

图 6-5　通过 IP 网络实现 POTS 电话之间的通信

2）电缆网络

图 6-6 所示是利用电缆接入网络实现 VoIP 网络的例子。位于用户边的电缆调制解调器有一个嵌入式的多媒体终端适配器（MTA），该 MTA 连接 POTS 电话和任何基于以太网的设备，

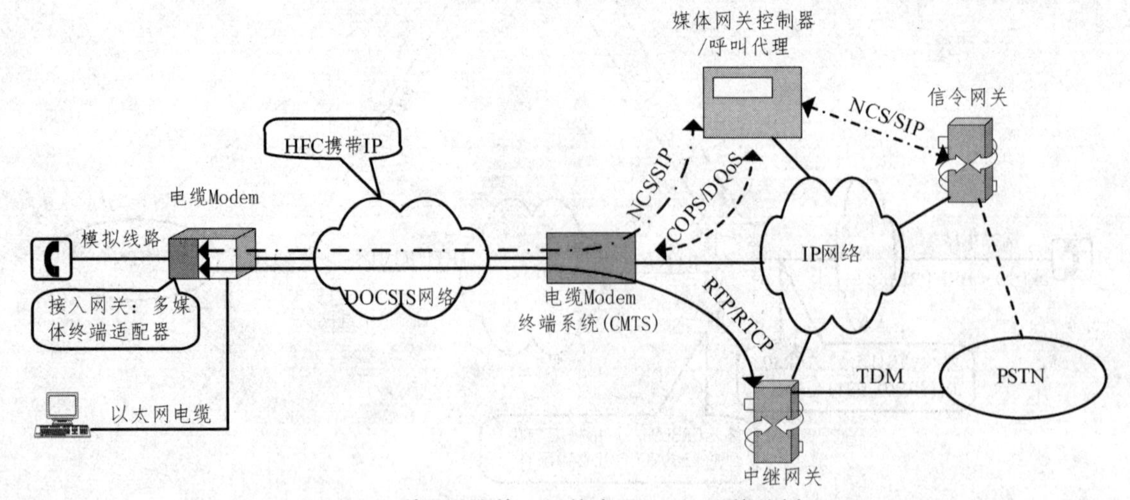

图 6-6　利用电缆接入网络实现 VoIP 网络的例子

完成 AG/RG 的功能。MTA 也可以和电缆调制解调器分离，但需要通过以太网相互连接。MTA 终接来自/去往 POTS 电话的用户环路信令，并且通过 CMTS 和 MGC 进行信令交互（利用 NCS 或 SIP 协议，其中网络控制信令协议 NCS 是 MGCP 的修正协议）；MGC 通过信令网关和 PSTN 进行信令交互。另外，MTA 也终接来自 POTS 电话的模拟语音，将其数字化、分组化后承载在 RTP 上并通过 CM/CMTS 电缆网络发送到中继网关。这里，MGC 通过 TGCP 协议（MGCP 的修正协议）控制 TG。

为了能够和分组电缆（PacketCable）系统完全兼容，MGC 必须通过 COPS 协议和 CMTS 进行信令交互。

为了保证电缆网络的 QoS，MGC 可以通过动态 QoS（DQoS）和 COPS 协议与 CMTS 通信。

3）VoDSL 和 IAD

图 6-7 所示是利用 DSL 接入网实现 VoIP 网络的例子。位于用户边的综合接入设备（IAD）（又叫接入网关/住户网关/异步用户环路终端单元）连接 POTS 电话或任何以太网设备，完成用户环路信令功能，通过 DSLAM 和 MGC 以 MGCP 或 H.248/MEGACO 协议方式进行信令交互；MGC 通过信令网关和 PSTN 进行信令交互。另外，IAD 也完成来自 POTS 电话的语音媒体流的数字化和分组化，并将其通过 DSLAM 以 RTP 消息格式传送到中继网关。

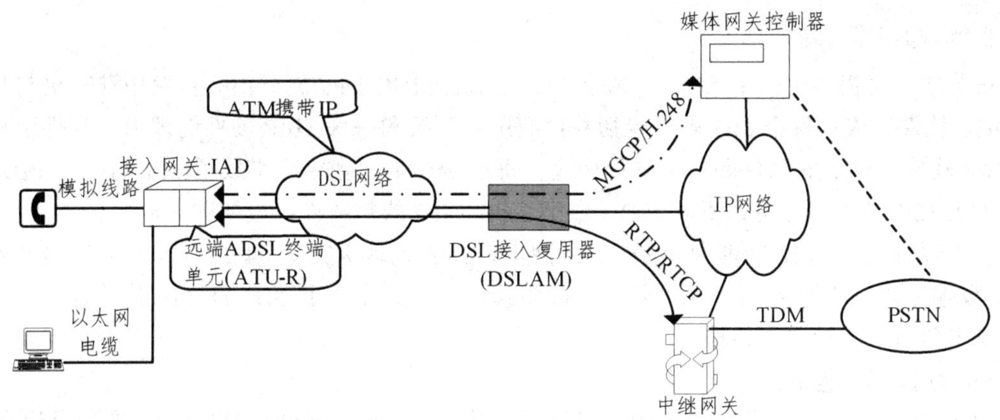

图 6-7　利用 DSL 接入网络实现 VoIP 网络的例子

6.3.3　媒体网关实现技术

1. 功能要求

媒体网关提供分组网和 PSTN 之间的音频、数据、传真和视频媒体的互通方式，为在 IP 分组网上传送具有长途音质载荷而对语音数据流进行压缩和分组。典型地说，是通过数字信号处理器来完成诸如模拟到数字的转化、话音/音频码压缩、回声消除、静音检测和抑制、码压缩、信号音产生、带外 DTMF 信号传输等。

具体而言，一个媒体网关必须支持以下功能：

（1）用 RTP 传送协议处理音频数据；

（2）作为对 MGCP 或 H.248/MEGACO 消息的响应，由媒体网关控制器分配 DSP 资源和 DS1 时隙。管理 DSP 资源以提供语音和分组功能，从而为以上所提及的功能服务；

（3）支持原有协议，例如 loop-start、ground-start、E&M、CAS、QSIG 及在 DS1 上传输

的 ISDN；

（4）支持 DS1 净通路配置，以在 No.7 网络中传送语音净荷；

（5）管理 DS1 线路资源和链接；

（6）媒体网关软件支持冗余和高可用性策略；

（7）能够在不引起其他软交换组件冲突的情况下进行扩展，包括端口、板卡和节点的扩展。

另外，媒体网关应该具有以下系统特性：

（1）它是 I/O 加强器，能够支持 I/O 的伸缩性；

（2）最大的存储空间必须能够存储状态信息、配置信息、MGCP 消息、DSP 库等；

（3）磁盘容量主要用于登录，从而减小了所需的磁盘容量；

（4）连接到 IP 网络的以太网接口需要有冗余；

（5）连接到 TDM 网络的接口必须能贯穿多个 T1/E1 接口；

（6）通常具有 120 个端口（DS0）的密度。在 DSP 上这些接口可以进行合并，以便执行多种类型的压缩；

（7）H110 总线可以继承和重用本地化系统的灵活性；

（8）高利用率的配置可以扩大用户密度。

2. 结构模型

拆分式网关模型由一个 MGC、两个 MG 组成。MGC 的功能可由一台商用计算机与相应的 MGC 软件完成；每个 MG 硬件包括一台商用计算机和一块 VoIP 硬件处理卡，软件由相应的 VoIP 软件，MGCP 软件和应用软件构成，每个 MG 通过数字中继线 E1/T1 与一台 PBX 相连，PBX 接有若干普通电话机和 ISDN 数字话机。MG 的软硬件组成如图 6-8 所示。

硬件部分包括 VoIP 处理卡和 Ethernet 网卡，VoIP 处理卡实现 E1/T1 接口传输、语音处理（A/u 律编解码、压缩/解压、回声抵消、静默抑制、背景音产生等）、DTMF/特殊音产生与检测，网卡负责以太帧收发传输。

MG 软件部分包括：

（1）CT Access：它是基于 VoIP 处理卡的软件开发包，提供的一组 API，实现电话出/入呼叫控制、数据转换的 DSP 控制、播放或记录语音消息等。

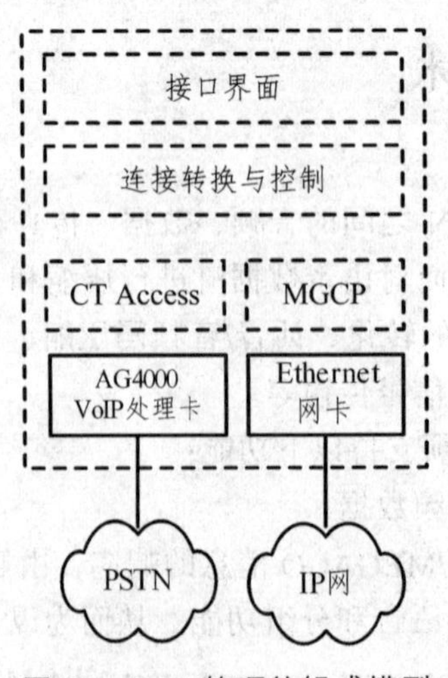

图 6-8　MG 软硬件组成模型

（2）MGCP 软件：完成 MGCP 协议规定的功能，并向应用程序报告有关信息；依据应用程序的要求，产生有关消息。

（3）连接转换与控制：实现 PSTN API 与 MGCP API 间的映射。根据 PSTN 或 MG 侧是主叫还是被叫、收到的事件和该呼叫所处状态转移到新状态，产生 PSTN 或 MG 侧的一系列动作。设置的状态包括初始化、空闲、摘机、新呼叫、呼入、振铃、连接、拆除连接等。

（4）用户接口界面：通过该界面，用户可选择该 MGCP 端点的相关信息，例如 VoIP 接口板类型与数量、信令协议类型、允许的语言编码（G.711 A/u 律、G.723.1、G.729、Full Rate GSM）、MG 与 MGC 的 IP 地址配置、PSTN 接口增益控制、交互式语音选择等。另外还包含用户状态的显示，如用户名、主被叫号码、呼叫状态、主被叫 IP 地址与端口地址等。

3. 媒体网关开发环境

媒体网关开发环境是一种可便携的软件模块，能够用于构建下一代融合网络的网关平台，它集成了多个厂家的协议栈，为开发新的产品提供了极大的方便。

媒体网关开发环境能够提供接入硬件和 DSP 固件的外部接口，也支持配置、控制和管理功能。通过建立一个能够将媒体网关的 DSP/信令驱动映射到平台 API 硬件的简化适配层，媒体网关开发环境就能够和不同的硬件平台进行接口。另外，媒体网关开发环境的扩展也极其容易，通过开发特定的 API 和端点控制器，就可以支持新的软件包。媒体网关开发环境如图 6-9 所示，媒体网关开发环境的高层体系结构如图 6-10 所示。

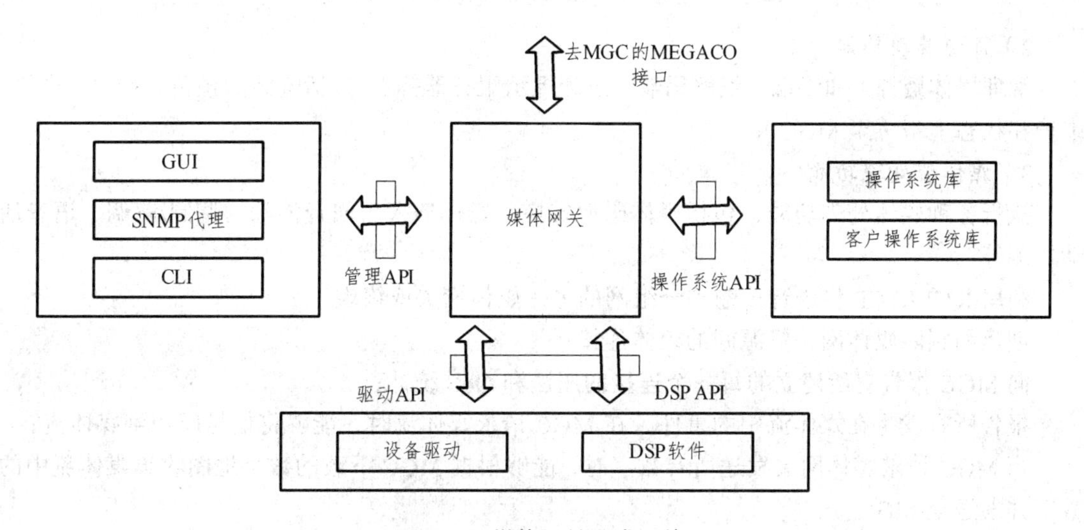

图 6-9　媒体网关开发环境

媒体网关开发环境提供以下功能：

1）H.248/MEGACO 协议功能

管理媒体网关和网络中的单个或多个媒体网关控制器之间的关联，包括注册、注销、故障和切换管理；

管理媒体网关和每个媒体网关控制器（该媒体网关已经注册在 MGC 中）之间的事务处理，包括事务处理的创建、删除、传送顺序、可靠传输和命令执行。

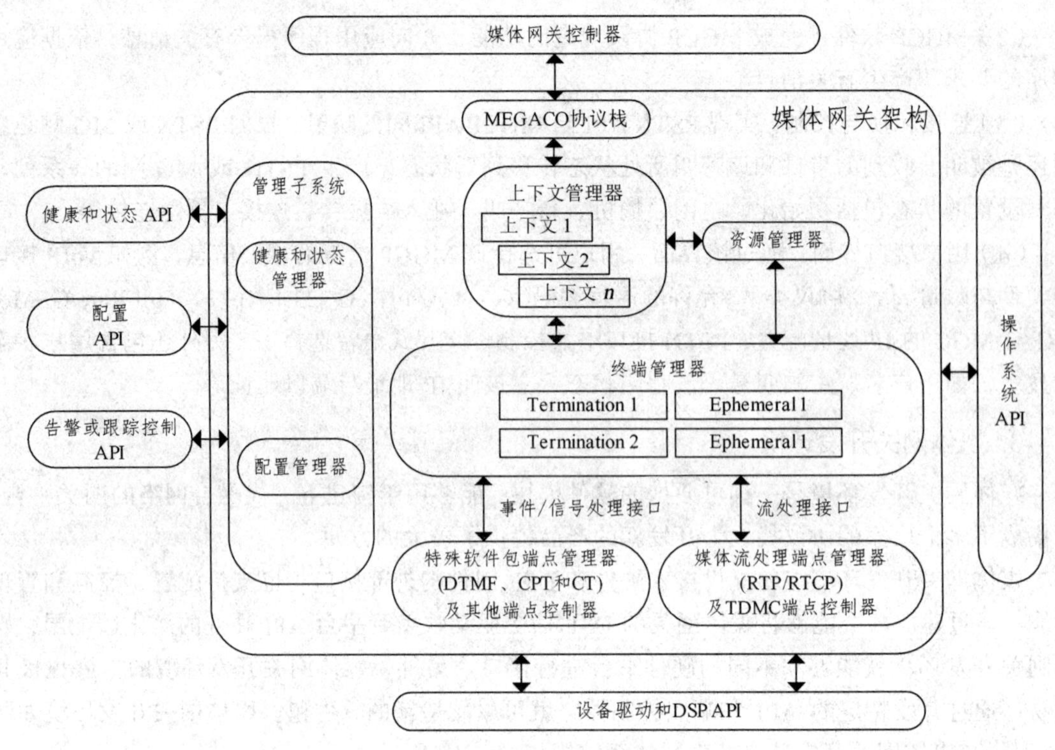

图 6-10　媒体网关开发环境的高层体系结构

2）资源管理功能

管理媒体资源（如终端、编解码器、语音提示服务器等），包括资源的预留、释放、供给、维护和状态上报（至 MGC）;

3）媒体流处理功能

执行各种媒体处理功能，包括媒体码型转换、媒体插入、回音消除、调制/解调、语音活动检测等;

利用 RTP/RTCP 将语音传输到分组网的另一媒体网关或终端;

创建和删除媒体网关资源间的媒体连接;

向 MGC 报告它所建立的每一个连接的用法和 QoS 统计;

报告所有发生在媒体流中的事件，在 MGC 请求媒体流时，能够将信号应用到媒体流;

当 MGC 请求媒体网关发送所有数字时，能够根据 MGC 下载的数字地图收集媒体流中的数字并发送至 MGC。

4）管理和维护功能

向用户提供配置接口，支持用户向媒体网关请求资源;

媒体网关软件负责维护功能，如健康和状态监测、故障管理、故障报告（至用户）等;

支持各层跟踪媒体网关软件;

累计存储不同的统计，以便优化媒体网关的供给能力并提高其性能。

4. 电信级高密度 VoIP 网关的设计示例

图 6-11 所示是一个高密度 VoIP 网关的参考设计模型，包括:

告警监测和控制模块（M&C）;

呼叫处理模块；

PSTN 接口模块；

分组接口模块；

VoIP/通用端口（UP）模块；

背板接口。

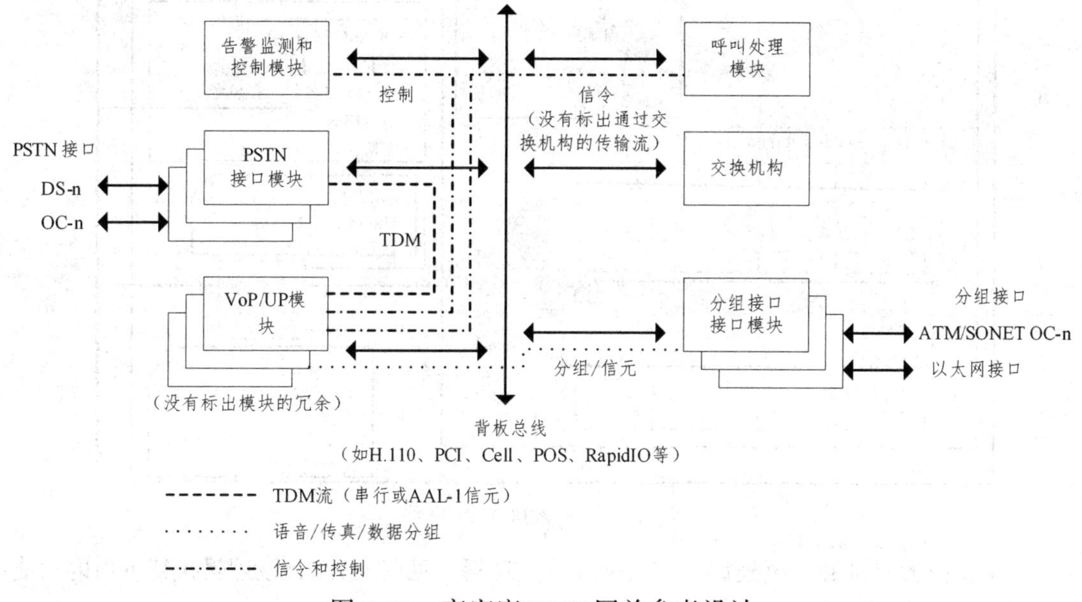

图 6-11　高密度 VoIP 网关参考设计

其中，告警监测和控制模块执行网关的全面管理，包括通路配置、状态和统计检测、呼叫记录报告、告警处理等；呼叫处理模块执行呼叫建立和呼叫释放功能，并且完成 PSTN 和分组网络的交互功能。根据不同的应用和设备位置，呼叫处理模块支持 PSTN 电话信令（No.7 信令系统、ISDN 信令、TR08 和 TR303）和 VoIP 网络信令（H.323、MGCP、H.248/MEGACO、SIP 和 ATM 宽带本地仿真业务）。

根据体系结构的不同，呼叫处理模块可以和执行低层信令协议的 VoIP 模块集成在一起，也可以相互分离。

PSTN 接口模块提供 PSTN 接口，包括 T1、E1、DS3、OC3 等接口，可支持大容量的语音通路（每个设备机架可容纳 10 万个话音通路）。

分组接口模块提供分组网络接口，根据应用的不同，VoIP 网关可以是以 ATM 为核心的，也可以是以 IP 为核心的，或者是 ATM 和 IP 网络的混合。在很多情况下，为了实现 ATM 和 IP 之间的互通，对于每个呼叫而言，VoIP 网关必须同时支持 VoATM 和 VoIP 技术。分组接口包括用于 ATM 和 POS（packet over SONET）的 OC-n（OC-3、OC-12 等）光接口以及多个 100 BaseT 和 Gigabit 以太网接口。

交换机构模块执行信元/分组路由功能。交换机构根据线路卡填写的适当消息头信息来指导信元/分组到达相应的线路卡/外部接口。

如图 6-12 所示，VoIP 模块是由一些称之为“DSP 农场”的 DSP 组成的，能够完成 PSTN 和分组网络之间语音流的转换。从 PSTN 到分组网络，VoIP 模块接收来自 PSTN 的 64 kb/s 数据流，经过转换后将分组或信元输出到分组接口模块；反之，VoIP 模块接收来自分组接口模块的分组或信元，而向 PSTN 模块输出 64 kb/s 数据流。DSP 是由主处理器控制的，而且，主处理器还负责 DSP 的配置和软件下载、辅助呼叫的建立和终端以及其他网络管理功能。

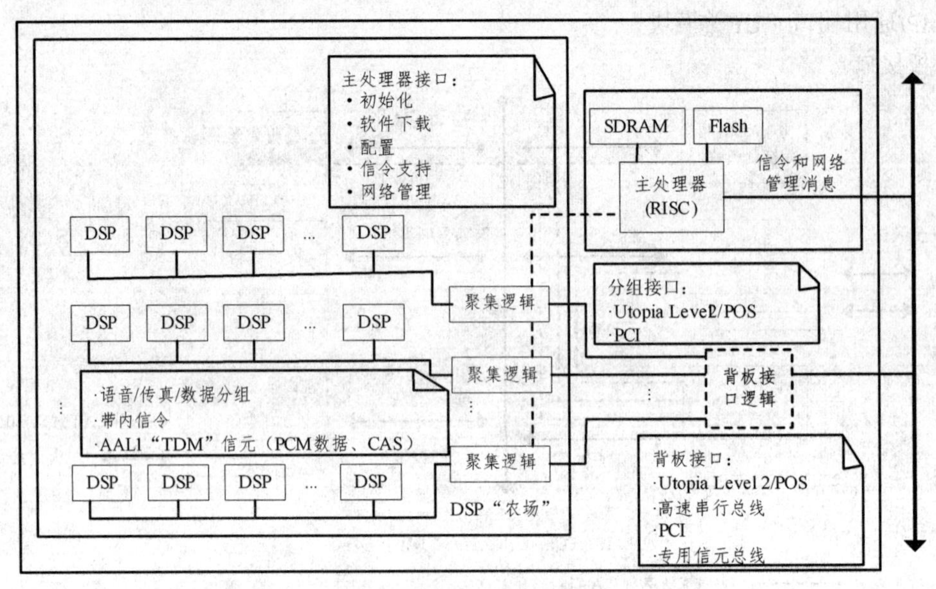

图 6-12　高密度 VoP 模块

为了支持大容量的 VoP 通路，需要采用聚集逻辑（见图 6-13），该逻辑执行下面的功能：

将来自多个 DSP 的分组流聚集到背板或分组网络接口；

将来自背板或分组网络接口的输入分组选路到适当的 DSP；

向背板或分组网络提供标准的接口；

为主处理器过滤网络管理和呼叫建立/释放信息。

系统中使用的背板接口有很多，典型的有 PCI、信元总线变种和 POS 等。来自 TDM 的媒体流可以通过 H.100 TDM 总线进行中继，或者可以将 PCM 媒体流封装在 ATM 信元中发送到相同的用于分组流的信元总线。

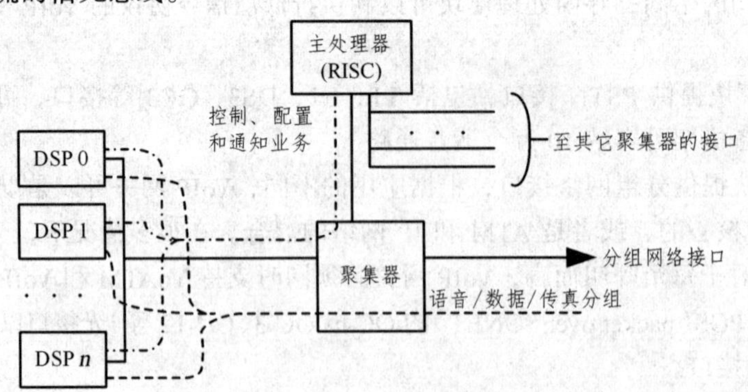

图 6-13　VoIP 聚集逻辑

高密度、高质量的 VoIP 系统的最关键的成分是软件，电信级的系统包括下列软件特征：

回音消除、语音压缩、分组再生、语音处理、传真和 Modem 支持、分组打包、信令支持以及网络管理。

1）回音消除

当网络的传输时延大于 50 ms 时，回声问题就变得非常突出，因此，VoIP 方案需要相应的回声消除技术。ITU 对回声消除性能需求做了相应的定义，最初的标准是 G.165 建议，更严格的标准是 G.168。这些标准提供了一系列客观的性能测试，但没有描述具体的实现方法，也没有规定回音消除器的主观性能。

一个良好的回音消除器必须具有下列属性：

能够很好地消除回音，包括呼叫开始阶段的回声消除和呼叫期间的回声预防；

能够很好地支持双向通话（主被叫同时通话），包括在双向通话语音突发开始或结束时对语音进行限幅；

能够很好地处理背景噪音，包括处理高背景噪声和可变背景噪声；

能够超越 G.165/G.168 标准，支持更严格的回音消除标准，如 G.168-2002；

具有接地保护功能。值得注意的是，仅仅兼容 G.165/G.168 并不能保证回音消除器在实际环境中能够正常工作；

提供快速的收敛时间、较低的驻留回声（收敛深度）、对无歧变或限幅的双向通话的可靠检测以及能够处理背景噪声和很好地支持窄带信令；

提供最高达 128 ms 的尾音（电信级网关常常具有这样的需求），包括在整个 128 ms 尾音上支持多个反射；

能够动态跟踪回音通路的变化，能够支持会议、呼叫转移、永久摘机连接等，也支持冗余保护；

在四线连接和低混合衰耗的情形下能够正常工作；

具有在线配置和测量能力。

2）语音压缩

语音压缩对于呼叫建立、呼叫终接以及处理用户呼叫功能（如语音信箱接入、信用卡呼叫等）都是非常重要的，尤其对于高密度系统，更是需要一些关键技术。包括：

可靠的语音检测（无虚假检测、无失效检测）；

早期检测以最小化时延和预防带内语音泄漏，其中，带内语音泄漏可能导致在远端生成虚假语音；

根据不同的网络应用和系统结构（如拨号数字、传真检测、Modem 检测、呼叫进展语音等），采用不同的语音检测策略；

支持双向语音检测和生成，从而能够用于 CPE 不支持该功能的场所。

3）分组再生（packet play-out）

分组再生解决网络损伤对语音的影响问题，其中网络损伤包括分组丢失、分组延时和分组可变延时，而分组可变延时可能会改变原始语音的顺序。因此，高质量的 VoIP 网关必须具有分组再生算法能力。

4）传真和 Modem 支持

电信级应用的 VoIP 系统的最关键特征之一是能够完全模拟 PSTN 网络，如替代 C5 交换机。因此，除了语音业务外，必须支持传真和拨号上网。传真接力能够为分组网络中的两个模拟传真机提供可靠的实时传真业务。分组网络两端的 VoIP 设备能够欺骗模拟传真机，使其认为已经直接连接到 PSTN 网络，从而能够正确操作。执行传真接力功能的 VoP 设备必须能够处理网络延时、抖动（可变延时）和分组丢失对传真和 Modem 的影响，也能够预防传真机操作超时。一些标准的协议（如 T.38 和 AAL-2）已经能够实现不同厂家设备的互通，而一些专用技术则用于提高不同传真机之间的互通性，因为那些传真机可能会受到长时延和其他分组网络的影响。传真接力应该包括以下功能：

传真 Modem 泵：V.17、V.29、V.27ter 和 V.21；

传真接力协议：T.38（TCP/IP）或 AAL-2（ATM）；

传真机欺骗协议：专用协议。

对于 Modem 接力，目前正在制订互通性的标准。Modem 接力应该具以下功能：

Modem 泵：V.90、V.34 等；

Modem 接力协议：协商、流量控制和误码控制协议

5）分组打包

为了实现系统的可伸缩性和灵活性，DSP 需要执行下列分组打包功能：

VoIP（RTP/RTCP）；

AAL-2；

AAL-1xN（视频会议流）。

为了支持混合的 ATM/IP 联网设备和网络通路交换，这些分组打包技术应该是基于每个通路的，以便能够在分组网络之间进行选路。其中，选路过程中可能会包括语音净荷的码型转换和/或包装格式的变化，例如：

VoIP（RTP）和 AAL-2 之间的转换；

G.726 和 G.729AB 之间的转换。

6）信令支持

信令支持是 DSP 软件的基本功能之一，包括以下特征：

完全的语音检测和生成能力：DTMF、R1/R2、No.7、呼叫提示音、双向语音处理等；

随路信令（CAS）支持：CAS 比特处理；

共路信令（CCS）支持：HDLC 或 MTP1（No.7）；

为实现高伸缩性，DSP 应该支持 CAS 和 CCS 以分担主处理器的负荷；

业务提示音播放（TDM 或分组网络）。

7）网络管理

及时发现、隔离、修复故障并且尽可能快地减少或消除用户的损失，是任何通信系统必须具备的特征，这包括：

基于单个通路的配置，包括可设置国家代码特定信息；

每个通路的统计和状态信息上报；

每个通路的运行跟踪和诊断；

线路诊断测试支持；

冗余支持。

图 6-14 表示了一个高密度 VoIP 媒体网关软件的体系结构，设计这些软件的原则应该是时延最小、伸缩性最大，即：

高效率和自适应的算法；

对于每一个通路而言，VoIP 设备中都封装（RTP、AAL-1、AAL-2）了消息头；

低时延的实现；

分担主处理器负荷以支持系统的通路密度。

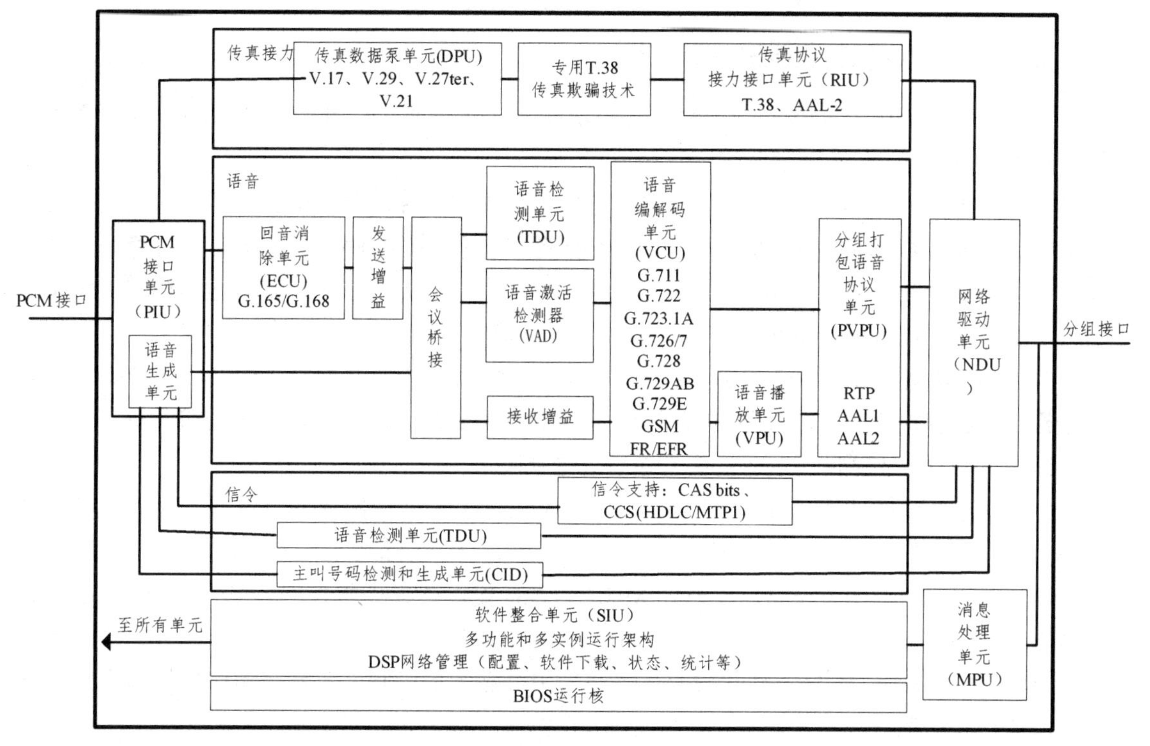

图 6-14　高密度 VoIP 网关软件体系结构

6.4　媒体网关控制器

6.4.1　媒体网关控制协议

从 1997 年以来，已经设计出了许多不同的网关控制协议，包括简单网关控制协议（SGCP）、互联网设备控制协议（IPDC）和媒体设备控制协议（MDCP）。然而，只有两种媒体控制协议得到了广泛的发展：作为事实标准的媒体网关控制协议（MGCP）和作为 ITU 和 IETF 标准协议的 H.248/MEGACO。其中，H.248 和 MEGACO 在协议文本上是相同的，只是在协议消息传输语法上有所区别，H.248 采用 ASN.1 语法格式（ITU-T X.680），而 MEGACO 采用 ABNF 语法格式（RFC2234）。

MGCP 是 SGCP 和 IPDC 的联合建议。虽然 IETF 没有实现 MGCP 的标准化，但 MGCP 保持了 RFC（RFC 2705）信息的状态。进一步的“标准化”工作是由国际软交换协会（ISC）和分组电缆实验室（Packet Cable Labs）进行的。MGCP 规范的升级版本（RFC 2750bis）已经出版，而且在 ITU 和 IETF 合作下，H.248/MEGACO 的标准化工作进展也非常迅速。

MGCP 和 H.248/MEGACO 都属于主/从连接控制协议，允许控制器（媒体网关控制器，呼叫代理，软交换或者关守）建立或者拆除媒体网关上的电路或者分组端口间的媒体连接。两个协议之间最主要的不同是它们在网关内的连接方式。

6.4.2 媒体网关控制协议功能

媒体网关控制协议能够支持多种复杂的功能，并且能够在标准的、开放的、可计算的组件上实现业务。

（1）资源控制：MGC 能对每个呼叫动态地分配媒体资源，并自由选择呼叫所需的资源，或由 MG 告知 MGC 应选择的资源；MGC 还能够获取 MG 中各种资源的状态，对每个连接进行管理，能够根据不同的终端类型（如 TDM、模拟、以太网、ATM 或帧中继等终端）建立不同类型的连接，也可以在每个呼叫中任意加入媒体流。

（2）媒体处理控制：MGC 能够对一个呼叫中的媒体流指定其参数（包括回音消除、音频信号检测、静音检测、μ 律/A 律选择等），并能对媒体流在不同传输媒介中的参数进行调整，还可以进行 DTMF 检测、Modem 或 FAX 终端检测等。

（3）信号与事件处理：MGC 能命令 MG 对不同媒体流所应监视的事件及其相关的信号进行检测，并将其报告给 MGC。同样，MGC 也能通知 MG 解除对信号的监视。

（4）连接管理：网关控制协议能在 MGC 和 MG 之间建立一种控制关系，一个 MGC 能够管理一个或多个 MG，一个 MG 也可以被多个 MGC 管理。

（5）传输：MGC 和 MG 之间的消息传递采用可靠传输机制，能够自动检测传输失败并支持大量的连接控制。

（6）安全：媒体网关控制协议必须保证 MGC 和 MG 之间的安全通信。

（7）应用支持：为方便应用扩展，媒体网关控制协议应尽可能允许 MGC 提供各种附加业务，如 NAS、实时传真、会话和 IVR 等业务。

H.248/MEGACO 和 MGCP 都是媒体网关控制协议，但二者在协议模型、定义、性能、可扩展性以及对应用的支持等多个方面都存在许多不同，因而其开发工具、开发技术也有所不同，下面将分别进行介绍。

6.4.3 MGCP 媒体网关控制器设计

MGCP 由 IETF 定义，是外部呼叫控制元素（MGC 和 CA）控制电话网关的协议。MGCP 允许 MGC 或 CA 向 MG 发送指令，从而控制 MG 将电路交换的语音转换为分组流，或者反之，也能够将来自外部网络的分组或信元数据流连接封装为 RTP 格式的分组或信元流。图 6-15 所示表示了 MGCP 的服务原语。其中，CA 向 MG 发送“Notification Request”消息，命令 MG 创建、修饰和拆除一个连接，也可以命令 MG 向其通知是否有事件发生。

MGCP 被组织为若干事务处理的集合，其中每个事务处理又由一个命令和一个响应（通常称之为“确认”）组成。MGCP 通过事务处理标识符来关联命令和响应，以提供“最多一次（At-Most-Once）”功能。如果没有及时响应，命令就被重发。其中，大多数 MGCP 命令不是等幂的。发送到最近的事务处理中的响应清单和当前正在执行的响应清单应该都被存储在 MGCP 实体的内存中。输入命令的事务处理标识符和最近响应的事务处理标识符进行比较，如果二者能够匹配，MGCP 实体就不执行当前输入的事务处理，只是简单地重发响应。剩余的命令将和当前的事务处理清单相比较，如果发现合适的匹配，MGCP 实体不执行该输入事务处理，而是简单地忽略该事务处理。如图 6-16 所示是 MGCP 的 MSC 模型，所谓 MSC 是指媒体服务控制子系统。

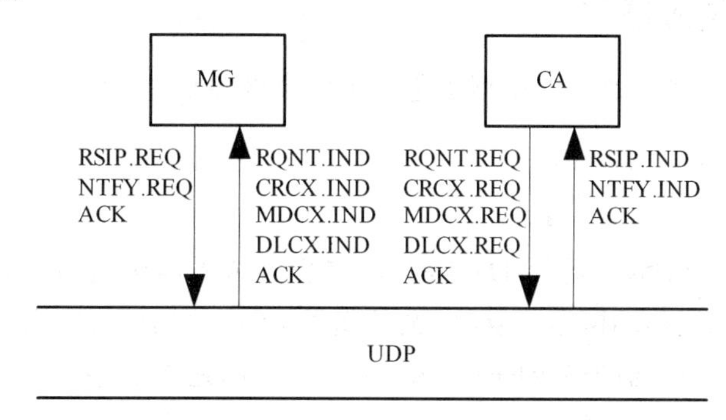

图 6-15　MGCP 服务原语

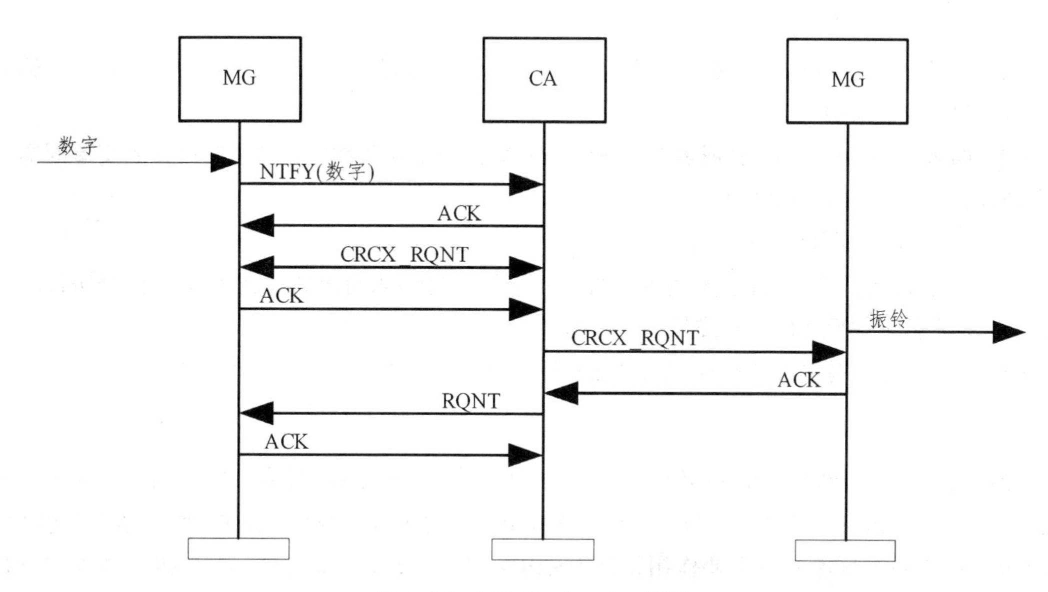

图 6-16　MGCP 的 MSC 模型

呼叫代理 CA 可以同时向同一网关发送若干消息。在 MGCP 中，消息可以是“背负式的（piggy-backed）”。被背负的几个消息可以看作是同时接收到的消息而被正确处理。例如，可以将“RQNT”消息背负在和连接相关的命令（如 CRCX、MDCX 和 MLCX）上，这是因为每个和连接相关的命令之后都有一个“RQNT”消息。

MGCP 并没有假设传输机制可以维护命令和相应的顺序，这就可能造成空转条件，而 MGCP 通过“隔离清单”概念和失步显示检测来处理空转条件。如果收到一个事件，网关将向 CA 发送通知命令，并将端点置于“notification”状态，直到收到 CA 的确认后才取消该状态。只要端点保持该状态，以后检测到的事件都将被存储在“隔离”缓冲其中，等待后面的处理。如果收到通知命令的确认，端点就退出“notification”状态。

6.5 信令网关技术

6.5.1 信令网关概述

国际软交换协会（ISC）的参考模型中定义了信令网关功能（SG-F）和接入网关信令功能（AGS-F）。

1. G-F 定义

SG-F 提供 VoIP 和 PSTN（基于 TDM 的 NO.7 信令或者基于 ATM 的 BICC 信令）之间的信令接口功能；对于无线移动网络，SG-F 也是基于 IP 的移动核心网络和基于 NO.7/TDM 或者 BICC/ATM 的 PLMN 之间的信令网关。SG-F 主要作用是在 IP 协议上封装和传输 PSTN 信令协议。

2. SG-F 的功能

SG-F 的功能包括：

（1）利用 SIGTRAN 协议簇封装来自 PSTN 的信令协议（如 NO.7 信令），并将其传输到 MGC-F 或另一个 SG-F。

（2）如果 SG-F 和 MGC-F 或者其他 SG-F 不在同一个设备中，则 SG-F 到其他实体间需要一个协议接口（如 SIGTRAN）。

（3）一个 SG-F 可以为多个 MGC-F 服务。

（4）对于移动网络，SG-F 利用 SIGTRAN 协议簇封装来自 PSTN/PLMN 的信令协议（如 NO.7），并将其传输到 MGC-F 或另一个 SG-F。

（5）SG-F 的实用化协议包括 SIGTRAN 以及基于 SCTP 的 TUA、SUA 和 M3UA 协议。

3. GS-F 定义

AGS-F 是 VoIP 网络和电路交换接入网络（V5 或 ISDN 接入网络）之间的信令网关；对于移动网络，AGS-F 是基于 IP 的移动核心网络和基于 NO.7/TDM 或者 BICC/ATM 的 PLMN 之间的信令网关。AGS-F 的主要作用是将 V5/ISDN 信令协议（固定网）或 BSSAP/RANAP 信令协议（移动网）封装在 IP 上后传输到 MGC-F。

4. AGS-F 功能

AGS-F 功能包括：

（1）用 SIGTRAN 封装 V5 或 ISDN 信令协议（如 NO.7 信令），并将其传输到 MGC-F；

（2）对于移动网络，用 SIGTRAN 封装 BSSAP 或 RANAP 信令协议（如 NO.7 信令），并将其传输到 MGC-F；

（3）如果 AGS-F 和 MGC-F 或者其他 AGS-F 不在同一个设备中，则 AGS-F 到其他实体间需要一个协议接口（如 SIGTRAN）；

（4）一个 MGC-F 可能为多个 AGS-F 服务；

（5）AGS-F 实用化的协议包括 SIGTRAN 以及基于 SCTP 的 IUA、V5UA 和 M3UA 协议。

6.5.2　信令网关的分类

信令网关就是 SG-F 或 AGS-F 的物理实现，提供 NO.7 信令网络和分组语音网络之间的接口，能将 NO.7 信令协议转换为 IP 协议传送到软交换中。信令网关的典型部署有 NO.7 信令网关和 IP 信令网关。

1. NO.7 信令网关

NO.7 信令网关中继 NO.7 信令协议的高层（ISUP，SCCP，TCAP）跨越 IP 网络。NO.7 信令网关终接来自一个或者更多 PSTN 网络的 NO.7 信令消息传输协议，并通过基于 IP 的信令传输协议（如 SCTP）中继 NO.7 高层协议到一个或者更多的基于 IP 的网络组件（例如，软交换机）。通常，NO.7 信令网关只提供有限的路由能力，完整的路由能力由软交换机或者特殊协议设备（如 H.323 关守或者 SIP 代理）提供。

2. IP 信令网关

IP 信令网关在两种情况下提供 IP 到 IP 的信令转化。首先，出于安全原因，如不暴露在信令消息内服务商的互联网 IP 地址，IP 信令网关可以看作是部署在分组网络间的 ALG。在这种情况下，应用层特指协议堆栈的应用层协议（例如，SIP 或者 H.323）。IP 信令网关也提供 NAT 能力，当数据包穿过网络边界的时候，在传输层把公共 IP 地址（例如，SCTP）转化为私有地址。

其次是需要在不具有完全信令能力的分组网络之间通过在网络边界上设置协议转换器来实现较小程度的网间互通的情况。例如，一个基于 H.323 的网络能通过一个 IP 信令网关和一个基于 SIP 的网络互通。然而，更加可能的情况是由软交换来提供信令协议转换能力。

6.5.3　信令网关支持的协议

SIGTRAN 是实现用 IP 网络传送电路交换网信令消息的协议栈，它利用标准的 IP 传送协议作为底层传输，通过增加自身功能来满足信令传送的要求。

SIGTRAN 协议栈的组成如图 6-17 所示，包括三个部分：信令适配层、信令传输层和 IP 协议层。信令适配层用于支持特定的原语和通用的信令传输协议，包括针对 No.7 信令的 M3UA、M2UA、M2PA、SUA 和 IUA 等协议，还包括针对 V5 协议的 V5UA 等。信令传输层支持信令传送所需的一组通用的可靠传送功能，主要指 SCTP 协议。IP 协议层实现标准的 IP 传送协议。

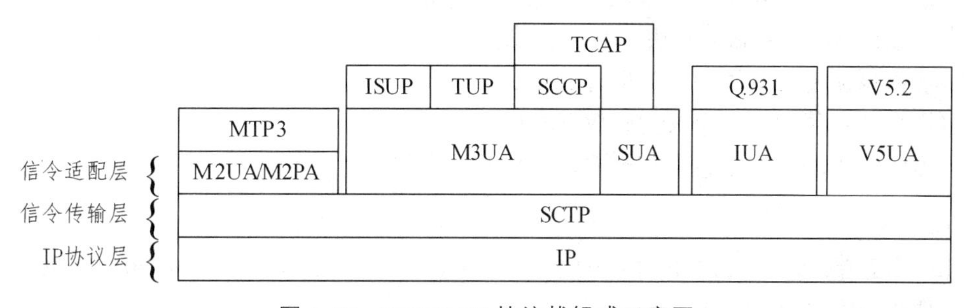

图 6-17　SIGTRAN 协议栈组成示意图

通过 SIGTRAN，可在信令网关单元和媒体网关控制器单元之间（SG-MGC）、在媒体网关单元和媒体网关控制器单元之间（MG-MGC）、在分布式媒体网关控制单元之间（MGC-MGC）以及在电路交换网的信令点或信令转接点所连接的两个信令网关之间（SG-SG）传送电路交换网的信令（主要指 No.7 信令）。

SIGTRAN 的主要功能是完成 No.7 信令在 IP 网络层的封装，支持的应用包括用于连接控制的 7 号信令应用（如用于 VoIP 的应用业务）和用于无连接控制的 7 号信令应用，解决 No.7 信令网与 IP 网实体相互跨界访问的需要。

在 IP 网的基础上，SIGTRAN 提供透明的信令消息传送功能，包括：

传送各种不同类型的协议，如 7 号信令的应用和用户部分（包括 MTP3、ISUP、TCAP 等）；

确认正在传输何种电路交换网协议；

提供公用基础协议，定义头格式、安全性外延和信令传输过程，在需要增加专用电路交换网协议时实现必要的外延；

与下层 IP 结合，提供电路交换网下层应有的相关功能（包括流量控制），保证控制流内有序地传输信令消息，对信令消息的源点和目的点进行逻辑判断，对信令消息控制的物理接口进行逻辑判断、差错检测、恢复传送路径中的故障部分，检测对等实体是否可用等；

在一个 SIGTRAN 的上层支持多个电路交换网协议，避免在另一个控制流出现传送错误时中断当前控制流的传送；需要时，允许信令网关向不同的目标端口发送不同的控制流；

可以传送被下层电路交换网分割或重组的消息单元；

提供一种合适的安全机制，保护网络中传送的信令消息；

通过对信令生成（包括电路交换网信令生成）的适当控制和对拥塞的反应策略，避免 Internet 拥塞。

SIGTRAN 支持的主要协议有：

1. SCTP

SCTP 是 SIGTRAN 定义的信令传送协议，是对目前信令消息交换所使用的 UDP 和 TCP 协议的进一步发展。IETF RFC2960 定义：SCTP 是一种可靠的数据报传输协议，能够运行于提供不可靠传递的分组网络上（如 IP 网）。

SCTP 是面向连接的，SCTP 中的关联概念要比 TCP 中的连接概念的含义更广。一个关联的两个 SCTP 端点都向对方提供一个 SCTP 端口号和一个 IP 地址表，这样，每个关联都由两个 SCTP 端口号和两个 IP 地址表来识别。

SCTP 提供如下功能：

通过证实功能可无差错、不重复地传送用户数据；

根据通路的 MTU 限制，对用户数据分段；

在多个数据流上保证用户消息顺序递交；

将多用户消息复用到一个 SCTP 数据块中；

提供多归属机制、网络级可靠性和相关的安全保证。

2. M2UA

在 IP 网终端点保留 No.7 的 MTP3/MTP2 间的接口，M2UA 可用来向用户提供与 MTP2 向 MTP3 所提供业务相同的业务集。

M2UA 支持对 MTP2/MTP3 接口边界的数据传送、链路建立、链路释放、链路状态管理和数据恢复，从而为高层提供业务。

M2UA 的功能包括映射功能、流量/拥塞控制、SCTP 流管理、无缝的 7 号信令网络管理互通和管理/解除阻断。

3. M2PA

使用 M2PA 协议的信令传送机制，可在 IP 网络上处理任何两个 7 号信令点之间的 MTP3 消息和提供 MTP 信令网网管功能。M2PA 主要用来传送 7 号信令中的 MTP3 消息。其功能包括：支持 MTP3/MTP2 的原语、支持 MTP2 的功能、完成 7 号信令链路和 IP 实体的映射、SCTP 流管理以及允许 MTP3 的功能保留。

4. M3UA

M3UA 定义了适合传送 ISUP 和 SCCP 或 TUP 消息的 MTP3 用户适配模块。在 M3UA 的具体应用中，可以通过 SG 直接调用 M3UA 传送用户信令，也可以通过 SG 调用 M3UA 进行 SCCP 信令传输。M3UA 可提供多种业务，如支持传递 MTP3 用户消息、与 MTP3 网络管理功能互通以及支持到多个 SG 连接的管理等。

M3UA 的功能主要包括：7 号信令点码的表示、7 号信令与 M3UA 的互通功能、支持对应用服务器或应用服务器进程的冗余配置、流量控制和流量管理、SCTP 流映射和客户机/服务器模式等。

5. SUA

SUA 定义了如何在两个信令端点间通过 IP 传送 SCCP 用户消息或第三代网络协议消息，该协议不仅可以通过信令网关实现 7 号信令和 IP 网的互通，也可以实现当前 IP 网络内两个 IP 信令点之间的互通。

SUA 的功能主要包括：支持对 SCCP 用户部分的消息传输、支持 SCCP 无连接业务、支持 SCCP 面向连接的业务、支持 SCCP 用户协议对等层之间的无缝操作、支持分布式基于 IP 的信令节点以及支持异步地向管理发送状态变化报告等。

6.5.4　信令网关的组织结构

最初的工业设计是将信令网关功能内置于软交换内部。这样，从信令的角度来看，每个软交换都是一个信令端点（SEP），通过直接方式与其他软交换以及 PSTN/ISDN 中的信令点建立信令联系。软交换内置信令网关的信令互通结构，如图 6-18 所示。在这种结构方式中要求各信令点两两相连，即网状连接方式，显然很不经济，尤其是它不能适合大规模网络的应用。

因此，一个自然的想法就是仿照现有 7 号信令网的结构，在分组网中引入信令转接点（STP），也就是独立的信令网关。它和 PSTN/ISDN 中的信令点相连，并和各个软交换相连，负责信令消息在两类不同网络之间的转接。其信令连接结构如图 6-19 所示，为准直连方式。和常规 STP 不同的是，由于转接涉及两类不同网络中的信令转接，因此除了转接寻址和路由功能外，还需要交换底层传送协议。如果分组网络为 ATM 网络，则经由信令 ATM 适配层（SALL）适配后拆装成信元进行传送。如果分组网络是 IP 网络，则采用 IETF SIGTRAN 工作组定义的流控制传送协议（SCTP）进行传送。当然，信令网关也可以在 PSTN/ISDN 中用作独立的 STP。

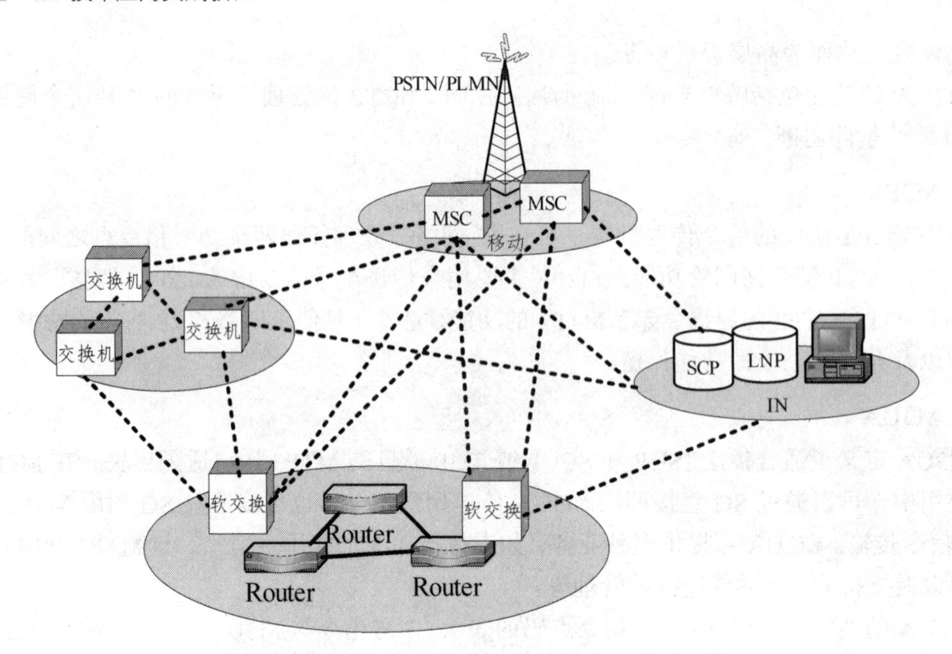

图 6-18　软交换（内置信令网关）的直接信令传送方式

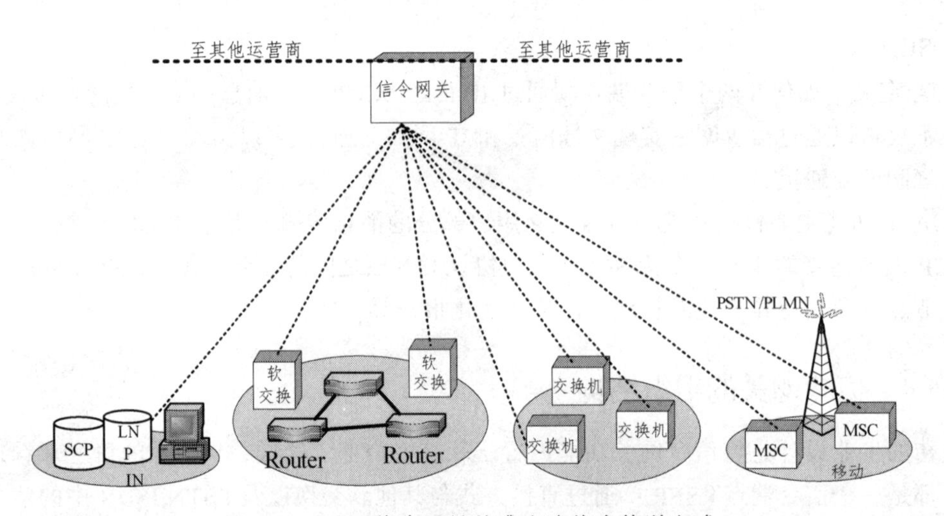

图 6-19　采用信令网关的准直连信令传送方式

引入信令网关的根本原因是市场发展的需要。随着信息源的高速增长和信息获取技术的大力发展，通信网络用户特别是移动网用户数迅速增加，每个用户的呼叫次数也不断增加。新的增值业务不断出现，需要更多的网络智能及相应的控制信令。此外，网络优化后层次精简，节点容量普遍加大，电信市场开放必然使运营网络日益增多，网络互通业务将大量上升，这些都要求在信令网中装备大容量、可扩展、功能增强的 STP 和信令网关。

图 6-20 所示给出了一个由信令网关构成的全域 NO.7 重叠网络结构。其中，信令网关作为信令网高层的大容量 STP，以准直联方式和传送网中的信令点相连。传送网包括传统的电路交换网和基于分组技术的下一代网络，信令端点包括固定网和移动网交换机、软交换和业务控制点。

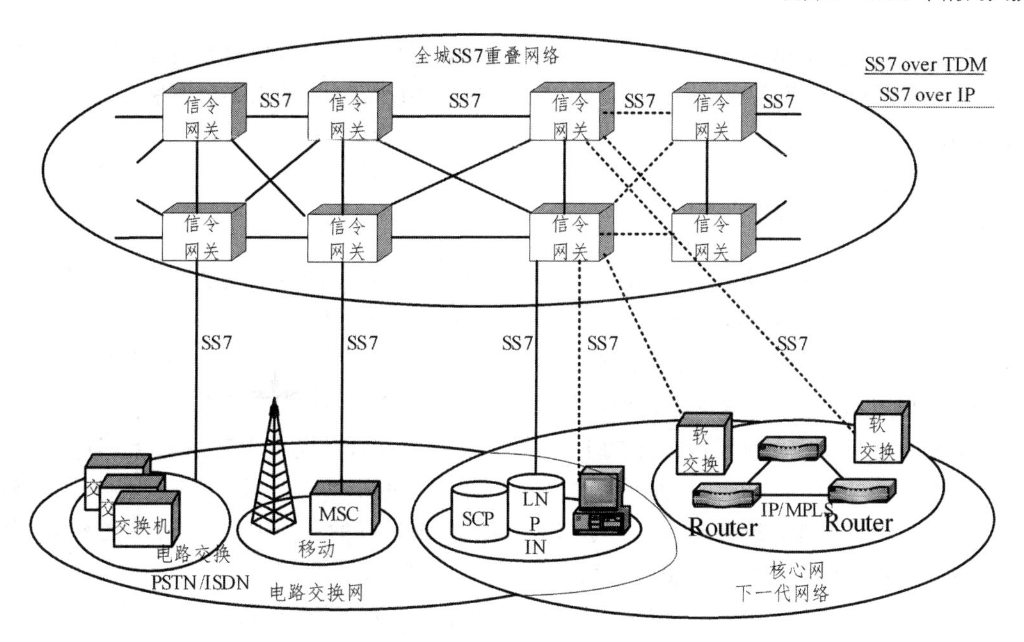

图 6-20　全域 NO.7 重叠网络结构

图 6-21 所示是一个信令网关的功能实现结构示例。信令消息处理和全局名翻译器分别完成 7 号信令的 MTP-3 和 SCCP 功能，TDM 接口完成底层 MTP 功能，NO.7 over IP 功能支持与 IP 网络互通的信令网关功能。NP 服务器是一个增强功能模块，可根据用户需要选用。所有模块经由高速 ATM 内部总线相连。

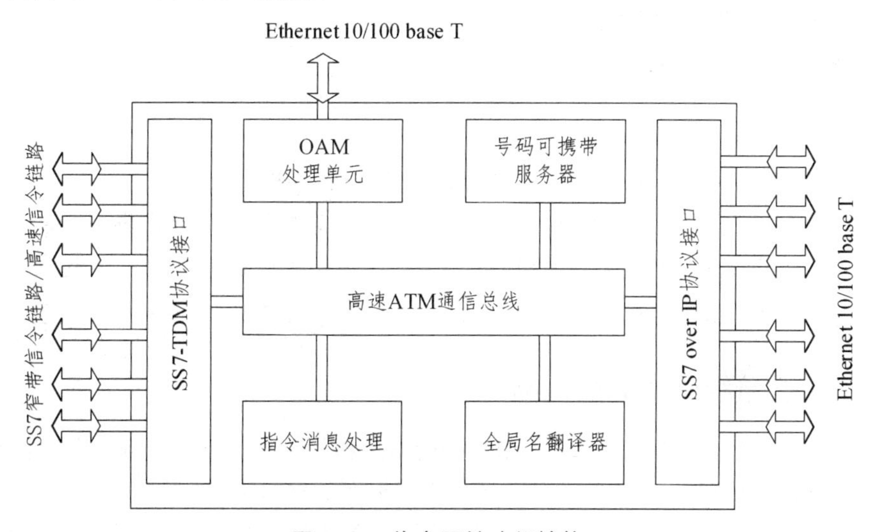

图 6-21　信令网关功能结构

6.6　接入网关技术

接入网技术已经经历了一个漫长地从模拟用户环路到下一代 DLC 的发展过程。该技术允许接入网业务提供商能够向用户提供除了像语音业务这种基础业务以外更加灵活的高级接入业务（如数字数据业务和高速 Internet 接入业务）。接入协议也将从专用协议发展到标准的 V5.2 和 GR-303。

6.6.1　V5.2 概述

V5.2 是支持本地接入网（AN）的通用信道信令系统协议，该协议允许电信提供商分离本地交换供给设备和接入网设备。接入网可以基于不同的技术，像 DLC、Cable、HFC 和无线，V5.2 可以屏蔽掉这些不同技术的网络接入。

V5.2 是从 V5.1 发展过来的多链路集中接口，V5.1 是单链路集中接口。

协议基于来自本地交换（LE）上的 E1 链路，这些链路可以设置为链路集合，且每一个链路集合可由 1 到 16 个 E1 组成。协议可以提供 POTS、ISDN 基本速率和主速率业务。所有协议的信令信息都是由 E1 链路集合中的专用 64 kb/s 信道承载的，而 E1 链路使用 LAP-D 模式的对等协议。标准的最小配置是两个 E1，其中每一个都包含一个信令链路和 30 个 64 kb/s 承载信道。而最大配置可以是 16 个 E1，至少有两个 E1 包含一个信令链路，但是每个 E1 最多只能有 3 个信令链路。这样，最多可以包含 48 个信令链路。

V5.2 协议包含几种离散协议，而所有协议都是由封装帧功能（EF）来承载的。这些协议分别是：

链路控制协议；

保护协议；

承载通路控制（BCC）协议；

控制协议（ISDN 或者 PSTN 端口控制）；

PSTN 协议；

ISND LAP-D 和 LAP-F 帧协议。

一个无冗余的最小配置可以只有一个链路，但不包括保护协议。

主用 C 通路总是承载链路控制协议、控制协议和 BCC 协议以及保护协议。备用的 C 通路为这些协议提供备用通路。PSTN 协议和 ISDN 分组类型也可以在 C 通路上传输或者被分配到其他的信令链路上。

6.6.2　基于分组网络的接入网

当核心网采用分组技术时，则可以用单个网络来提供所有类型的业务。分组网络可以根据媒体的需求动态分配和收回带宽，从而还可以充分利用网络带宽。

分组网中最流行的协议是 IP，它是轻量级无连接网络层协议，被广泛应用于无线/有线/卫星、宽带/窄带、电缆/光纤等传输媒介上。IP 能用来传输多种类型的媒体，像语音，视频和数据等。而且，随着 DSP 技术和 RTP/RTCP 标准的发展，VoIP 技术也有了很大的进步，可用来传输信令和分组化语音。

为了实现不同厂家设备之间的互通，分布式体系结构（软交换体系结构）在接入网中的部署也显得越来越重要。其中，MGC 和信令网关接口可以支持 V5.2 信令消息，MGC 通过 MGCP 或者 H.248/MEGACO 控制媒体网关。

基于 IP 的接入网如图 6-22 所示，接入网络的语音和数据交换技术都是基于分组交换的。核心网络采用 IP 技术，传输技术是 ATM、Ethernet 或光波长等。图中包括两种媒体网关：住户网关和中继网关。其中，住户媒体网关具有模拟环路和地气启动的 POTS 接口，能够执行 BORSCHT 功能，而且可以将模拟语音流转换为 RTP/RTCP 分组，反之亦然。另外，住户媒体网关通过各种具有语音动态预测编码技术的 CODECS（如 G.711、G.723 和 G.726 及其变种）来优化带宽。

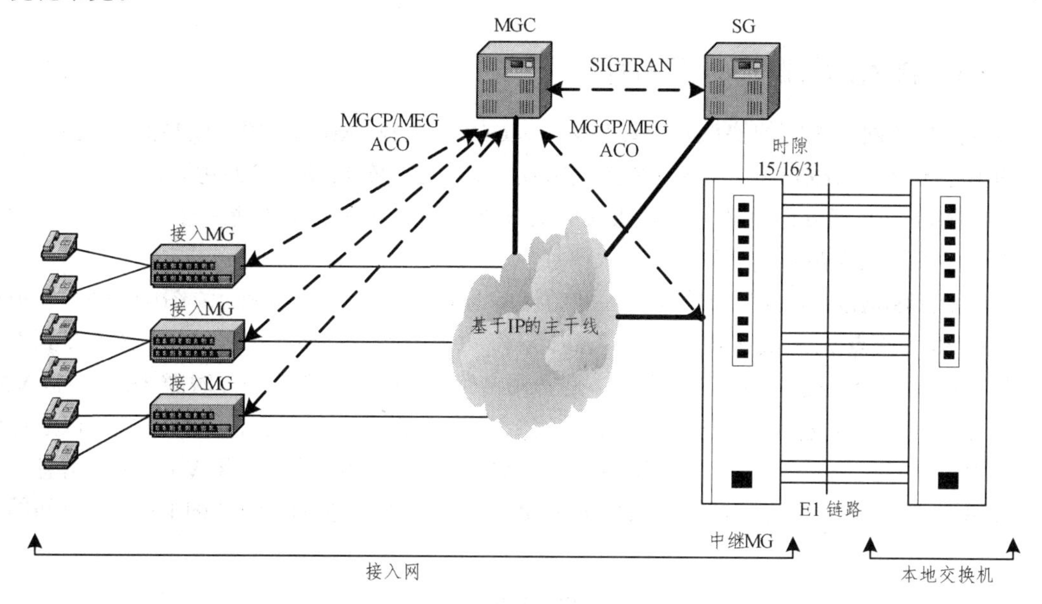

图 6-22　基于 IP 的接入网组织结构

中继媒体网关（也称为接入网关）提供 DS1/E1 接口（并非 POTS），处理 DS1/E1 帧定位和时钟同步功能，将基于 DS0 的语音流转换为 RTP/RTCP 分组进行发送，反之亦然。和住户网关相同，中继网关也可以通过各种具有语音动态预测编码技术的 CODECS（如 G.711、G.723 和 G.726 及其变种）来优化带宽。

在 V5.2 接口侧，中继网关配置了 E1 接口，它将媒体流和 V5.2 信令转送给本地交换机，并不终接 V5.2 信令。基于 IP 的接入网的信令路径和协议分层结构如图 6-23 所示。这里，中继媒体网关终接 E1 流并执行同步、帧定位等功能，将信令时隙 15、16 和 31 交换到信令网关。信令网关终接 LAPV5 协议，并使用 SIGTRAN 协议将第三层信令消息传送到 MGC。

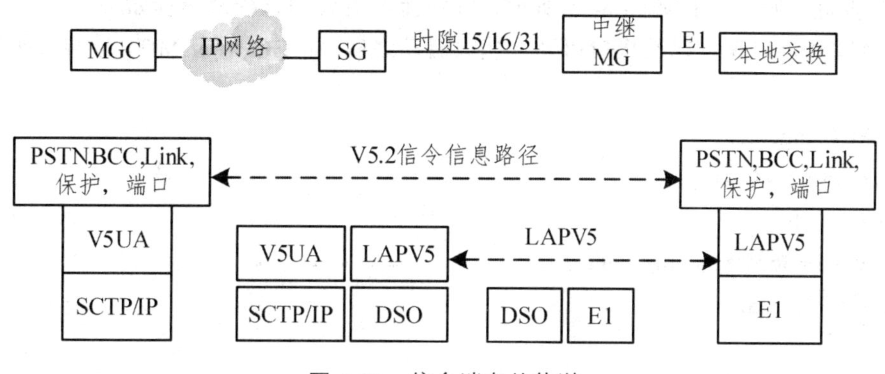

图 6-23　信令消息的传送

MGC 执行 PSTN、BCC、控制、链路和保护协议等第三层功能，也提供 V5.2 和 H.323 或 MGCP 或 H.248/MEGACO 之间的交互。

基于 IP 的分布式接入网具有很强的可伸缩性、高可用性、低成本和大容量配置等特点。

V5 接口的可伸缩性可以通过部署更多的中继媒体网关来实现，而用户的可伸缩性则可以通过增加住户媒体网关来实现。一个 MGC 能控制两个或者更多的媒体网关，高可用性很容易达到。

6.6.3 接入网关呼叫处理流程

在 MGC 和网关之间的协议有四种可能：MGCP、H.248/MEGACO、H.323 和 SIP。下面以采用 H.248/MEGACO 作为媒体网关控制协议（MGCP）实现接入网关功能作为示例来介绍接入网关的呼叫处理流程原理。其他协议的处理模式与其相似，需要进一步了解这方面内容的读者可参考相关文献或白皮书。

采用 H.248/MEGACO 协议实现接入网的设备配置情况如图 6-24 所示。图中，两个模拟用户（端点 20 和端点 21）被连接到网关“mg1.net”，E1 链路（链路 1 和链路 2）被连接到本地交换机 LE，而链路 1 是主用链路，链路 2 是备用链路，这两条链路都通过时隙 16 来传输 V5.2 信令。另外，为了简化问题，图中没有显示信令网关。实际上，V5.2 信令消息既可以通过信令网关到达 MGC，也可以将信令时隙直接选路到 MGC。MGC 不但包含 V5.2 配置信息（如时隙可用性、时隙和 L3 地址之间的映射等），也具有端点标识符和 PSTN 的 L3 地址之间的映射图。

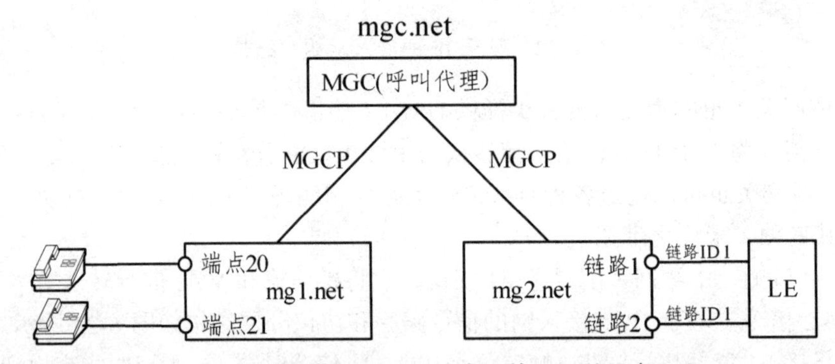

图 6-24　采用 MEGACO 协议实现接入网的设备配置

从 LE 发起的呼叫流程如图 6-25 所示，呼叫流程的处理过程及解释如下：

（1）链路和端口定位以及接口启动。接口启动之后，MGC 请求 MG1 检测摘机信号并报告事件：

```
MEGACO mgc.net
Transaction = 43444 {
Context = - {
Modify = Endpoint20@mg1.net {
Events = 2222 {al/of}
}
}
```

}

MG1 确认请求。

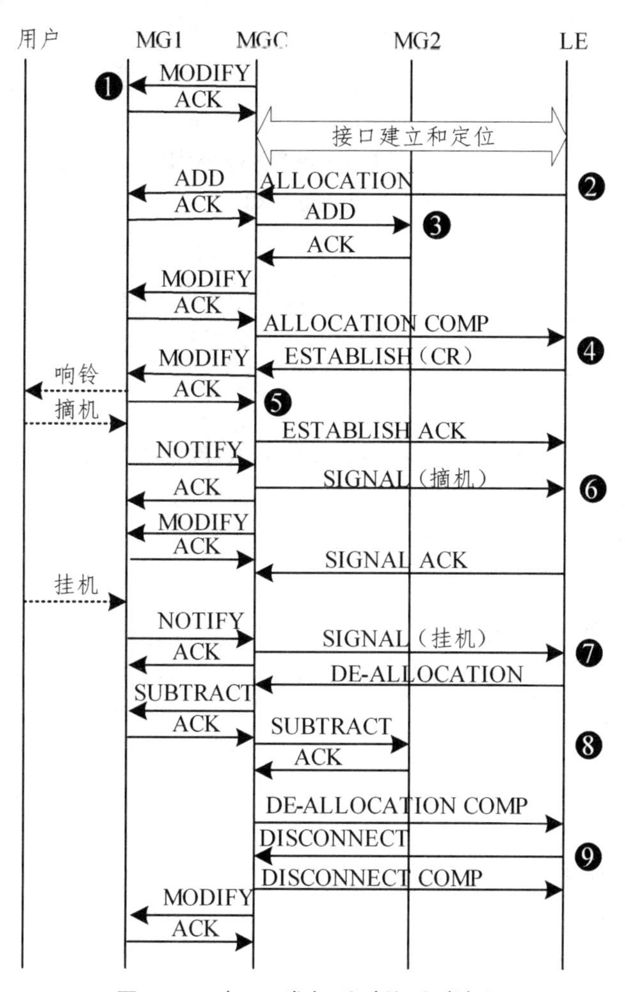

图 6-25　由 LE 发起呼叫的呼叫流程

（2）LE 发送 BCC“ALLOCATION”消息，该消息包含用于 L3 地址 3234（该地址在 MGC 中被映射为“端点 20”）的时隙 22（位于链路 1 的中）。

（3）MGC 将终接点“端点 20”加入关联域中，并指示 MG1 分配一个 RTP 短时终接点、使用 CODEC G.723 作为语音压缩算法：

```
MEGACO mgc.net
        Transaction = 43445 {
          Context = $ {
            Add = Endpoint20@mg1.net,
             Add = $ {
              Media {
               Stream = 1 {
                LocalControl {
```

```
Mode = ReceiveOnly
                    },
                    Local {
                      V=0
                        C=IN IP4 $
                        M=audio $ RTP/AVP 4
                        A=ptime：30
                    }
                }
            }
        }
    }
```

MG1 确认该消息并在确认消息中附加被分配的 RTP 端口 IP 地址：

```
MEGACO mg1.net
  Reply = 43445 {
    Context = 3234 {
      Add = Endpoint20@mg1.net
      Add = RTP_43553@mg1.net {
        Media {
        Stream = 1 {
        Local {
            V=0
            C=IN IP4 123.23.43.45
            M=audio 43432 RTP/AVP 4
            A=ptime：30
            A=Receiveonly
        }
       }
      }
     }
    }
```

同样的，MGC 也向 MG2 发送 ADD 命令，以便在关联域中增加一个 RTP 和一个 E1 终接点：

```
MEGACO mgc.net
  Transaction = 43446 {
    Context = $ {
      Add = link1/22@mg2.net {
        Media {
          Stream = 1 {
            LocalControl {
```

```
              Mode = SendReceive
            }
          }
        }
      },
      Add = $ {
        Media {
          Stream = 1 {
  LocalControl {
                Mode = SendReceive
              },
              Local {
                  V=0
            C=IN IP4 $
                  M=audio $ RTP/AVP 4
                  A=ptime：30
            }
            Remote {
                  V=0
                  C=IN IP4 123.23.43.45
                  M=audio 43432 RTP/AVP 4
                  A=ptime：30
            }
          }
        }
      }
```

MG2 发送一个确认，表明 RTP 端口已经成功分配、终接点已经加入关联域：

```
MEGACO mg2.net
  Reply = 43446 {
    Context = 5665 {
      Add = link1/22@mg2.net
        Add = RTP_43443@mg2.net {
          Media {
            Stream = 1 {
              Local {
                  V=0
  C=IN IP4 123.23.41.40
                  M=audio 23434 RTP/AVP 4
                  A=ptime：30
```

```
                    A=SendReceive
                  }
                }
              }
            }
          }
```

MGC 向 MG1 发送一个 MODIFY 命令，以提供远端详细描述符并改变连接为收发模式：

```
MEGACO mg1.net
  Transaction = 43446 {
    Context = 3234 {
      Modify = Endpoint20@mg1.net
        Media {
          Stream = 1 {
            LocalControl {
              Mode = SendReceive
            },
Modify = RTP_43553@mg1.net {
  Media {
    Stream = 1 {
      Remote {
            V=0
            C=IN IP4 123.23.41.40
            M=audio 23434 RTP/AVP 4
            A=ptime：30
            A=SendReceive
          }
        }
      }
    }
  }
}
```

（4）MGC 向 LE 发送“ALLOCATION COMP”命令后，LE 回送包含振铃方式的“ESTABLISH”消息。

（5）MGC 通过修改（“MODIFY”）命令（振铃信号嵌入在这种命令之中）向用户振铃。另外，该命令也包含检测和报告摘机事件的消息。

```
MEGACO mg1.net
              Transaction = 43447 {
                Context = 3234 {
```

```
                Modify = Endpoint20@mg1.net {
                    Events = 1234 {al/of}
                      Signals = {al/ri}
                    }
                }
            }
```

MG1 确认该请求。

（6）用户摘机后，MG1 向 MGC 发送一个通知命令（该命令中的被观测事件为摘机事件）：

```
MEGACO mgc.net
Transaction = 50034 {
Notify = Endpoint20@mg1.net {
        ObservedEvents = 1234 {al/of}
    }
  }
```

MGC 确认该通知并再次发送一个通知请求以检测挂机事件，同时命令 MG1 停止所有应用于终接点的信号：

```
MEGACO mgc.net
Transaction = 43448 {
    Modify = Endpoint20@mg1.net {
      Events = 1235 {al/on}
        Signals {}
    }
  }
```

MG1 进行确认。MGC 向 LE 发送一个 SIGNAL 请求消息以指示摘机事件。LE 为主被叫建立通话路径后。

（7）MG1 检测到用户挂机后通知 MGC：

```
MEGACO mgc.net
Transaction = 50035 {
    Notify = Endpoint20@mg1.net {
      ObservedEvents = 1235 {al/on}
    }
  }
```

MGC 确认该消息后向 LE 回送 SIGNAL 请求消息（包含挂机事件）。

（8）LE 回送“DE-ALLOCATION”消息。接收到该消息后，MGC 通过“SUBTRACT”命令从 MG1 和 MG2 中删除相应的终接点并向 LE 发送一个“DE-ALLOCATION COMP”消息。

（9）LE 向 MGC 发送“DISCONNECT”消息以拆除 PSTN 信令通路。MGC 回送“DISCONNECT COMP”消息后向 MG1 发送“MODIFY”命令，为端点 20 的下一次呼叫做好准备。

技能训练　IAD-I508C 设备的硬件结构

一、实训项目单

编制部门：　　　　　　　　　　　　　　编制人：　　　　　　　　　　　　编制日期：

<table>
<tr><td>项目编号</td><td>6</td><td>项目名称</td><td colspan="2">I508C 的硬件结构</td><td>学时</td><td>4</td></tr>
<tr><td>学习领域</td><td colspan="3">VoIP 系统组建、维护与管理</td><td>教材</td><td colspan="2">《NGN 之 VoIP 技术应用实践教程》</td></tr>
<tr><td>实训目的</td><td colspan="6">通过本单元实习，熟练掌握以下内容：
（1）熟悉掌握 I508C 的硬件结构；
（2）熟悉掌握 I508C 的指示灯的状态；
（3）熟悉掌握 I508C 的接口配置；
（4）熟悉掌握 I508C 的接口功能；
（5）掌握 I508C 的登录方法；
（6）掌握 I508C 的数据配置。</td></tr>
<tr><td colspan="7">◘实训内容
（1）观察 I508C 的前视图；
（2）观察并记录 I508C 的指示灯的状态；
（3）观察 I508C 的后视图；
（4）观察 I508C 的接口配置；
（5）掌握 I508C 的接口功能。
数据要求：老师统一分配数据，每个小组按照任务完成实验。
实验要求：IAD 之间相互 ping 通，IP 网络电话互通，IP 电话和模拟电话互通。
注：模拟电话的配置在以后的实验中有详细讲解。
◘实训设备与工具
（1）I508C 综合接入设备 5 个；
（2）AC-DC 电源适配器 5 个；
（3）RJ-45 10/100BaseT Ethernet 连接线若干根；
（4）计算机若干台。
◘注意事项
（1）要求注意规范用电；
（2）要求注意规范用电；
（3）注意保护设备及连接线；
（4）注意合理使用计算机。
◘方法与步骤（见详细步骤说明）
（1）观察 I508C 的前视图并记录 I508C 的指示灯的状态；
（2）观察 I508C 的后视图及接口配置；
（3）掌握 I508C 的接口功能；</td></tr>
</table>

（4）计算机设置；
（5）配置 TCP/IP；
（6）登录；
（7）WAN 连接配置；
（8）通用配置；
（9）语音配置；
（10）协议配置。
评价要点
（1）熟悉掌握 I508C 的指示灯的状态。（10 分）
（2）熟悉掌握 I508C 的接口配置。（10 分）
（3）熟悉掌握 I508C 的接口功能。（10 分）
（4）掌握计算机设置及 TCP/IP 配置。（20 分）
（5）熟悉登录及 WAN 口连接配置。（20 分）
（6）熟悉掌握语音配置及协议配置。（30 分）

二、实施向导

1. IAD 功能简介

IAD（Integrated Access Device），即综合接入设备，主要功能是完成终端用户的语音、数据等业务接入，作为下一代网络（NGN）用户接入设备。目前市面上有两种类型的 IAD：一种是仅能提供用户端语音接入；另一种可提供用户端语音和数据的综合接入。

IAD 设备位于用户侧，一般放置在离用户较近的地方，如：家庭、企业办公室、小区或商业楼宇的楼道等。

IAD 的语音传送可以基于多种传输方式，如 XDSL、HFC、无线传输等。

中兴通讯提供 ZXECS AG 系列的 IAD 设备基于 VoIP 技术的，目前提供用户端语音端口。

2. IAD 设备的分类

（1）按 IAD 设备的端口数量分，可分为：

低端口：一般指 32 口及以下的 IAD 设备，如单口、2 口、4 口、8 口、16 口、24 口、32 口等；

高端口：一般指 32 口及以上的 IAD，如 32 口、48 口、96 口等。

备注：ZXECS AG 的 8 端口及以下的 IAD 主要是 ZXECS AG I7 系列，8 口以上到 24 口高端口 IAD 设备主要为 ZXECS AG I8 系列，32 口以上的主要是 ZXECS AG I9 系列产品。

（2）按 IAD 支持的端口类型分，可分为 FXS 口、FXO 口。

FXS 口：FXS 指 Foreign Exchange Station，相当于 PBX 或交换机的 POTS（Plain Old Telephony Service 传统电话业务）口，可接普通电话机、传真机、调制解调器、集团电话设备或 PBX 的模拟中继线。

FXO 口：FXO 指 Foreign Exchange Office，相当于 PBX 或交换机的模拟中继口，可接集团电话设备或 PBX 的分机口（POTS 口），或交换机的 POTS 口用户线。

简单地说，在模拟（Analog）线路上，FXS 的设备会对 Station 端送出铃流，而 FXO 的设备会接收来自 CO 端（例如：局用交换机、商用交换机…）的铃流。因此，可简单认为 FXS 口相当于交换机的一个分机端口，FXO 相当于一台普通电话机。

3. ZXV10 I508C 产品简介

ZXV10 I508C（V1.0）综合接入设备（以下简称 I508C）是面向个人用户及小型企业用户的接入设备，将用户端各类终端设备（电话机、传真机）接入到分组交换网中，基于 IP 网的 IAD（Integrated Access Device）可对语音进行 VoIP 处理，能为用户提供多项业务。

I508C 具有如下特性：

支持 ITU-T G.711A、ITU-T G.711μ、ITU-T G.723.1、ITU-T G.729 的语音编码。

支持双音多频（DTMF）收号和脉冲收号。

具有摘挂机检测、振铃、振铃截停、话机馈电等基本的用户电路的功能。

支持传真（T.30/T.38）。

提供呼叫进展提示音，包括拨号音（Dial Tone）、忙音（Busy Tone）、等待音（Waiting Tone）、回铃音（Alerting Tone）、空号音、嗥鸣音等。

满足 ITU-T G.168 的回声抑制。

具有动态 Jitter Buffer 能力，消除网络抖动。

支持静音检测，可产生舒适背景噪声（Comfortable Noise）。

网管中心可通过 TR069 管理本设备，实现告警、通报消息、性能管理、统计信息、诊断及数据配置等功能。

支持 VLAN 的划分，并且可设置语音的 TOS 优先级，保证语音的畅通。

采用授权认证等网络安全机制。

支持在线软件升级。

支持来电显示功能。

支持区分振铃功能。

支持反极性控制功能。

支持呼叫等待、呼叫转移、呼叫转接、三方通话、电话会议等新业务。

4. 计算机系统要求

通常情况下，I508C 在出厂前已经配置完毕，用户在连接完成后就可以使用。但在某些情况下，可能需要用户对 I508C 进行配置，此时，需要确认以下内容。

用一根交叉或直连的以太网线将一台计算机直接与 I508C 的以太网口连接。

需要供应商提供一些数据，用户可以向供应商咨询。

确认计算机至少可运行 Windows 98/Windows Me/Windows 2000/Windows NT/Windows XP 或 Linux 操作系统中的一种。

计算机安装了支持 10 Mb/s、100 Mb/s 或者是 10/100 Mb/s 的以太网卡。

确认计算机的 TCP/IP 设置已经正确安装。

关闭任何已经运行的防火墙软件或者 VPN 软件。

关闭 IE 等浏览器的代理服务器设置。

若要以 Web 界面进行系统设置，需要安装的浏览器为 Microsoft Internet Explorer 6.0 或以上、Netscape Communicator 4.0 或以上。

5. 系统应用环境

IAD 在网络中的位置如图 6-26 所示。

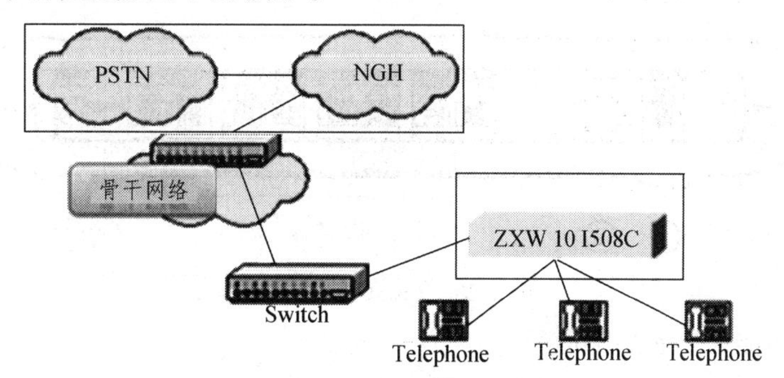

图 6-26　IAD 在网络中的位置

三、掌握 I508C 的接口及指示灯

1. 观察 I508C 的前视图并记录 I508C 的指示灯的状态

I508C 的前视图如图 6-27 所示。

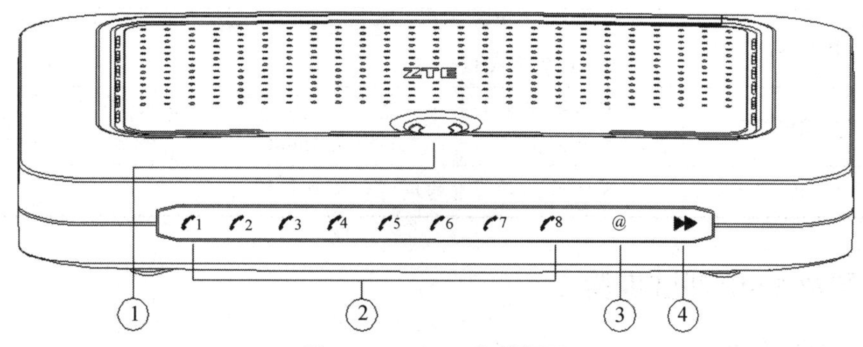

图 6-27　I508C 的前视图

指示灯如表 6.1 所示。

表 6.1　指示灯的含义

序号	指示灯	标识	说明
1	Power		蓝色灯常亮：I508C 接通电源； 灭：I508C 未接通电源或电源适配器异常
2	Phone	✆	绿灯常亮：VoIP 账号注册成功且处于空闲状态； 绿灯闪烁：VoIP 账号注册成功且正在使用中； 灭：VoIP 账号未注册或注册未成功
3	WAN	@	绿灯常亮：物理链路连接正常； 绿灯闪烁：根据网络流量闪烁； 灭：网线未连接或连接的设备电源未开启等
4	Run	▶▶	绿灯常亮：I508C 加电启动，版本加载中或升级版本； 绿灯闪烁：I508C 运行正常； 灭：I508C 未接通电源或电源适配器异常

2. 观察 I508C 的后视图及接口配置

I508C 后视图如图 6-28 所示。

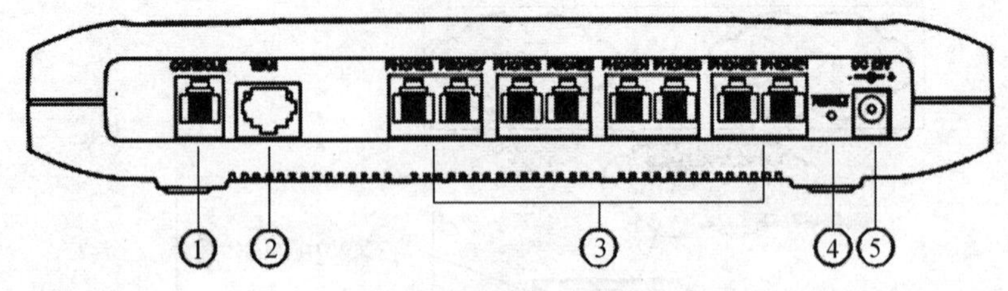

图 6-28　I508C 的后视图

I508C 接口功能如表 6.2 所示。

表 6.2　I508C 的接口功能

序号	标识	描述
1	CONSOLE	配置串口，通过 RS-232 串口线与 PC 串口连接，实现对各种业务的管理与配置
2	WAN	通过 RJ-45 网线与以太网接口连接
3	PHONE1 ~ 8	FXS 接口，用于连接普通电话机。I508C 上电且网络正常时，用户可以使用 VoIP 呼入和呼出
4	RESET	当 I508C 处于上电运行状态时，持续按住该按键 10 秒以上，可将当前配置恢复为出厂缺省配置，然后 I508C 会自动重新启动
5	DC 12V	电源插槽，与所附的电源适配器连接

四、图解 VoIP 调试步骤

1. 软调前注意事项

（1）检查 PC 的 IE 浏览器是否正常：

① IE6.0 以上版本；

② 关闭代理服务器选项；

③ 关闭 VPN 程序；

④ 关闭电脑开机运行的防火墙软件。

（2）检查 IAD 设备 I508C 物理配置是否正常：

① 蓝色 POWER 灯是否正常；

② 绿色@灯是否闪烁正常；

③ WAN 口连线是否正常；

④ IP 电话（SIP 版本）是否连接正常；

⑤ 注意不要将电话线插入到任何一个 RJ45 接口，否则会损坏 I508C 设备；

（3）登录准备：

① I508C 缺省配置：IP 192.168.1.1

MASK 255.255.255.0

GW 192.168.1.1

② Ping 通 192.168.1.1；

③ 登录。

2. 数据配置

I508C 登录界面示意图如图 6-29 所示。

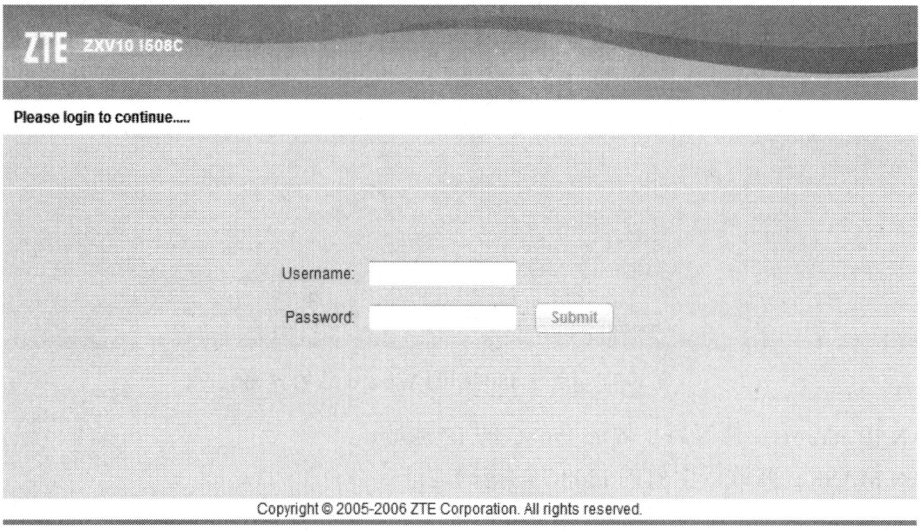

ZTE ZXV10 I508C

Please login to continue.....

Username:

Password: Submit

Copyright © 2005-2006 ZTE Corporation. All rights reserved.

图 6-29　I508C 登录界面

缺省用户名：admin

缺省密码：admin（根据需求，是否更改）

点击 Submit（提交），I508C 的主配置界面如图 6-30 所示。

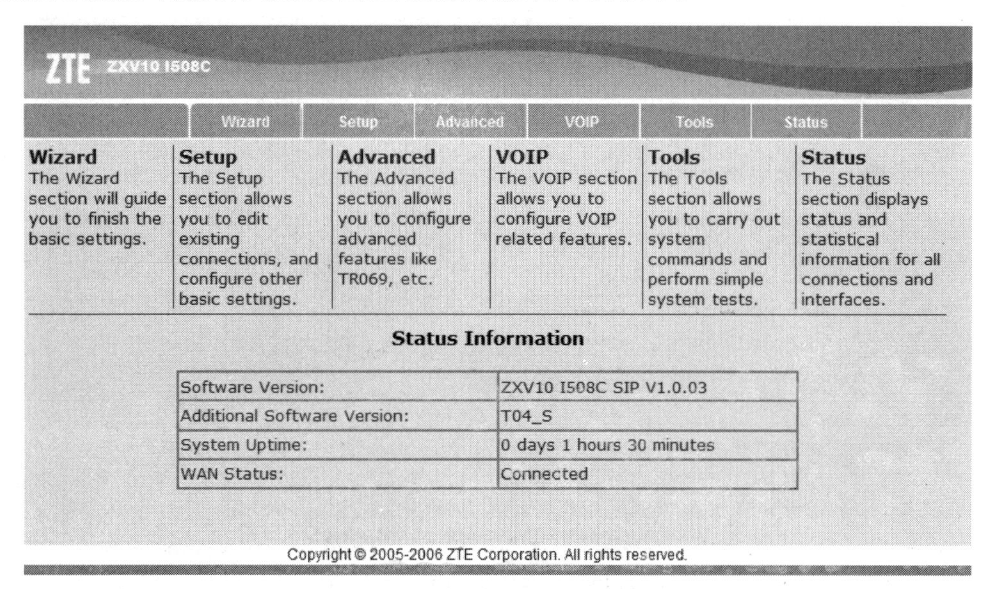

图 6-30　I508C 的主配置界面

1）进入 Wizard 选项

点击 I508C 的 Wizard 后的界面如图 6-31 所示。

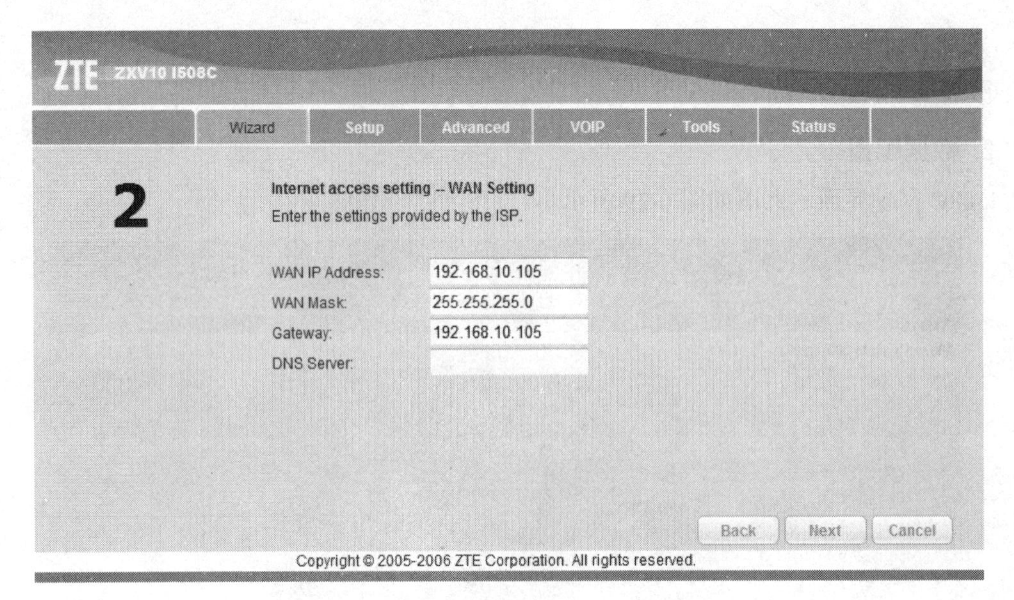

图 6-31　点击 I508C 的 Wizard 后的界面

WAN IP address：修改后生效的 I508C 的 IP 地址；
WAN MASK：修改后生效的 I508C 的掩码地址；
Gateway：网关地址，默认指向 IBX1000 的 MCU 地址；
是否指向路由器网关地址，联网调试时需验证；
DNS Server：静态 Staic 选项时，不需要 DNS，不填；
联网调试时需验证；
点击 NEXT，I508C 的 SIP 配置界面如图 6-32 所示。

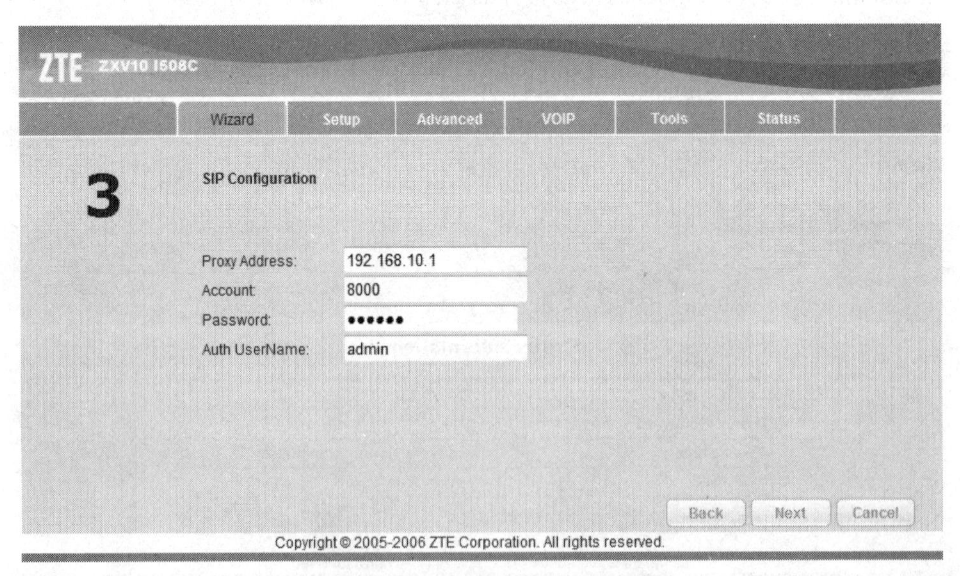

图 6-32　I508C 的 SIP 配置界面

Proxy Address：实验室环境时 IBX1000 的 MCU 地址，此处需验证；
Account：按要求分配，默认为 I508C 第一个电话端口 Phone1 的电话号码；

Password：该密码为 IBX1000 的密码，缺省为 123456；

Auth UserName：为 IBX1000 的用户名，缺省为 admin。

Wizard-settings 配置界面如图 6-33 所示。

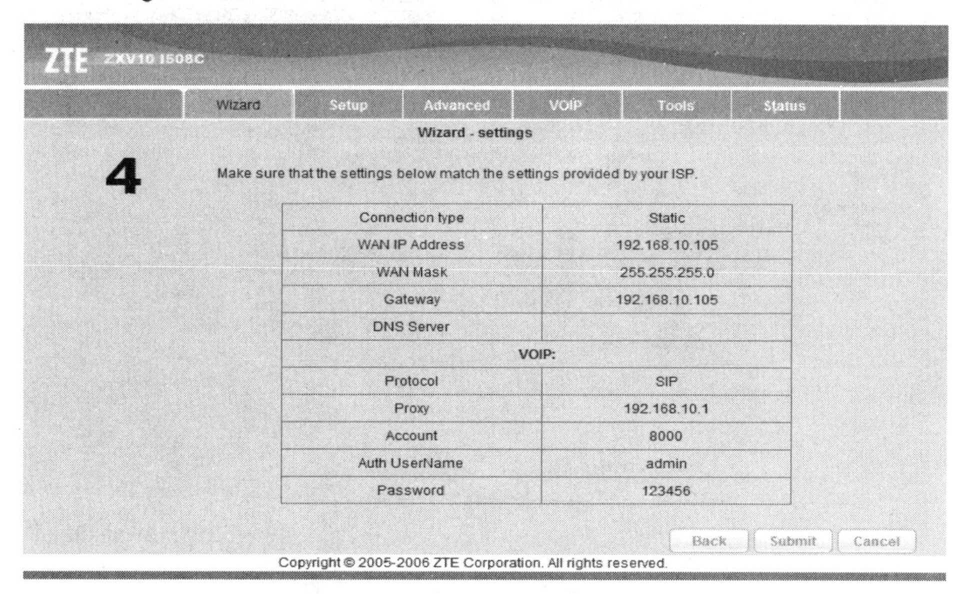

图 6-33　Wizard-settings 配置界面

初始向导配置信息列表配好后，可以再检查一遍。

注意点：网关地址和代理服务器地址要一致：都是 IBX1000 的 MCU 地址

点击 Submit，显示 Configuration Success 后，设备重新启动；再次登录时，要使用修改后的地址——WAN IP address 的地址登录；不在同一网段时，同时要修改 PC 的 IP 地址为同一网段，才能登录。

I508C 的 Setup 配置界面如图 6-34 所示。

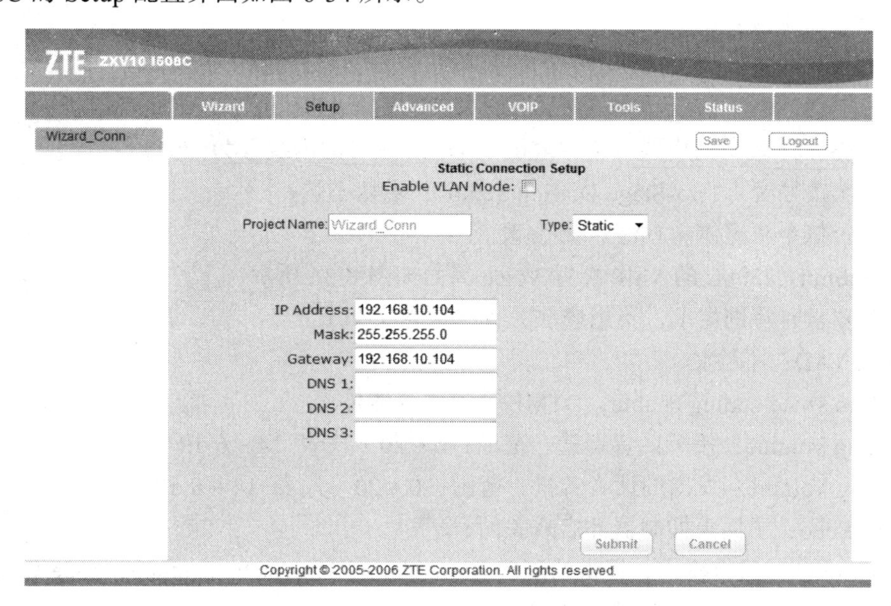

图 6-34　I508C 的 Setup 配置界面

再次修改 I508C 地址或者网关时，在 Setup 选项里直接修改 IP address 或 Gateway 即可；无须改动时，可以跳过。I508C 的 VoIP 配置 General 界面如图 6-35 所示。

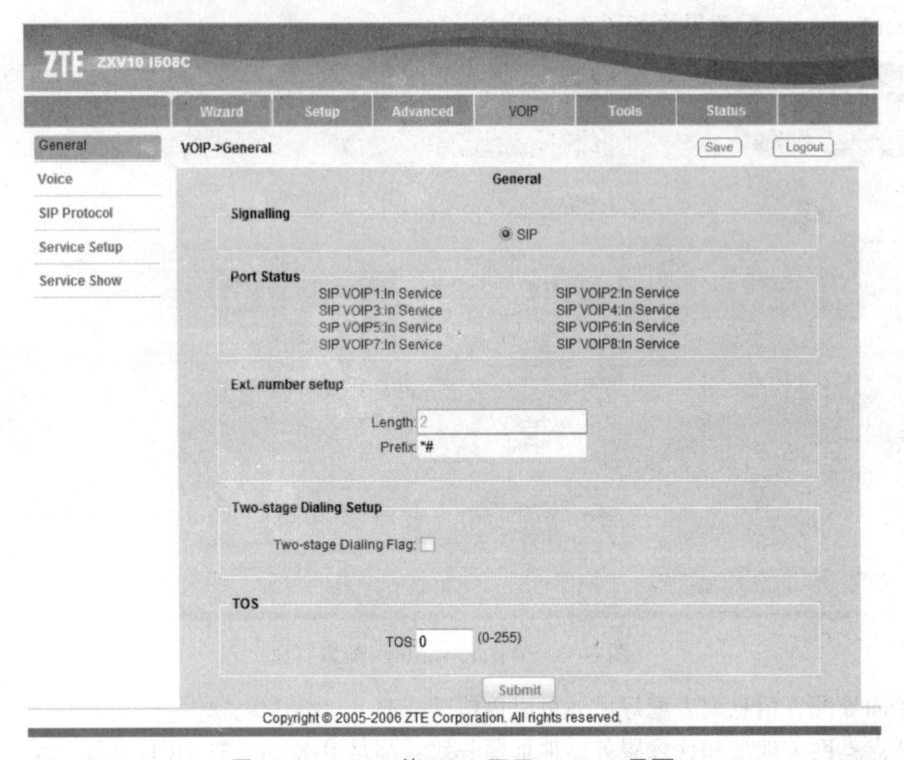

图 6-35　I508C 的 VoIP 配置 General 界面

直接进入 VoIP 选项：

（1）SIP 协议版本；

（2）通过 PORT Status 可以快速检查 SIP VoIP 账户的注册状态：In service 表示成功，Out service 表示注册未成功；

（3）length：2　　表示内线号码的字长是 2 位，不可修改；

　　Prefix：*#　　表示内线号码的前缀是*#，可以修改；

例如：phone1 端口的内线号为 *#00；phone2 端口的内线号为*#01；

（4）二次拨号音（Two-Stage Dialing Setup）：默认不选；

（5）语音信令和媒体（TOS）：不修改。

点击 Submit，I508C 的 VoIP 配置 Voice 界面如图 6-36 所示。

语音配置没有特别需求，不用修改，各选项含义如下：

Disable VAD：不检测；

DTMF in voice coding enable：DTMF 带内语音透传；

Listening Volume：接听话音音量，范围：0 ~ 20（代表-14 ~ 6 dB）；

Speaking Volume：发出的话音音量，范围：0 ~ 20（代表-14 ~ 6 dB）；

Master Echo：主回声抑制器开启或关闭；

Pass Through：透传模式，提供的配置有 No Controll、RTCP negotiated mode（RTCP 协商模式）和 Controlled by SS（受控于 SS）；

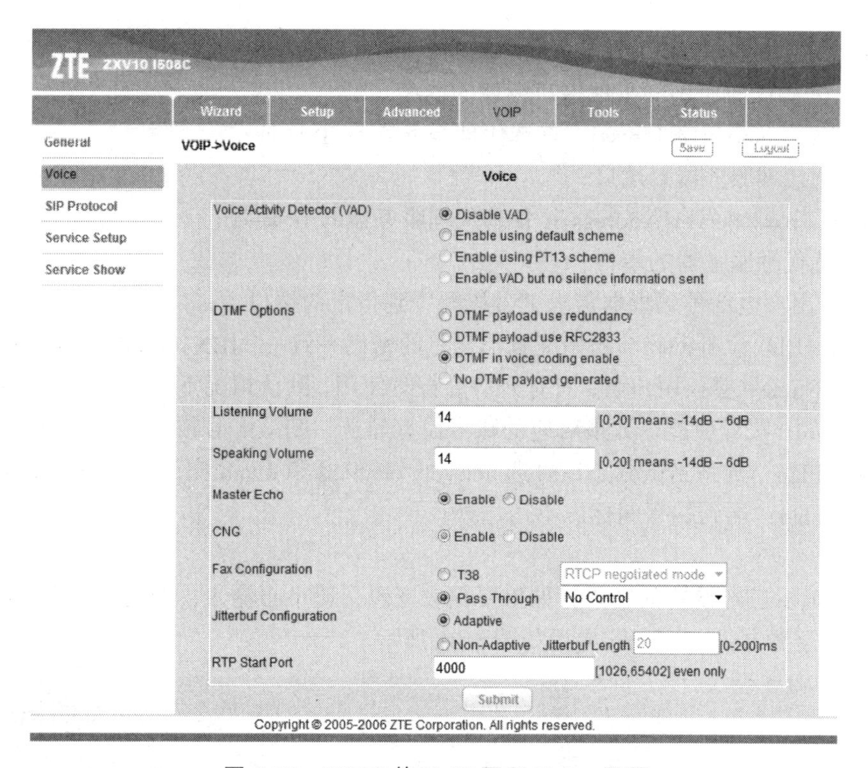

图 6-36　I508C 的 VoIP 配置 Voice 界面

Jitterbuf Configuration：Adaptive；

RTP Start Port：RTP 的起始端口，取值范围为 1 026 ~ 65 434 的偶数。

I508C 的 VoIP 配置 SIP Protocol 界面如图 6-37 所示。

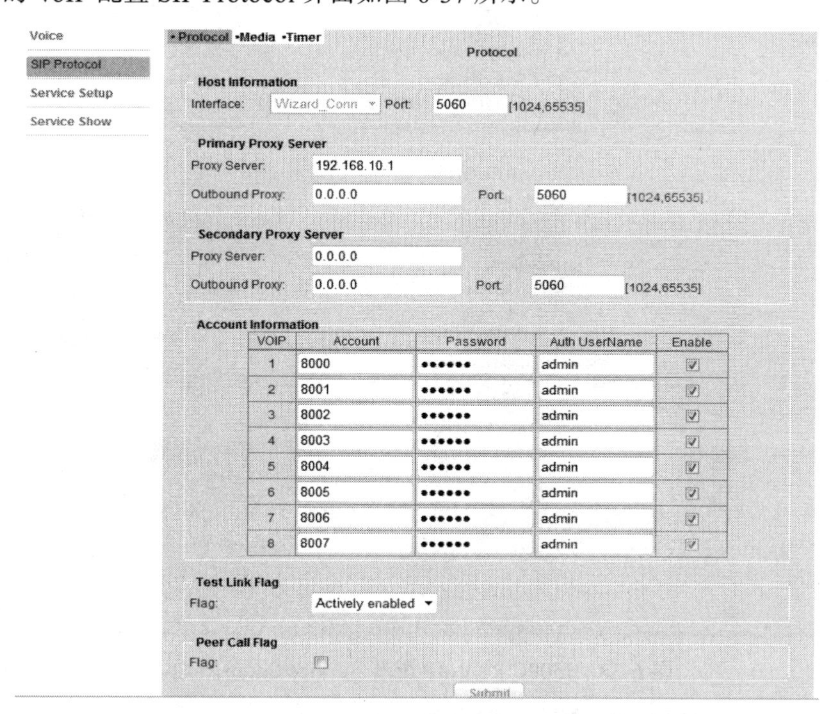

图 6-37　I508C 的 VoIP 配置 SIP Protocol 界面

Interface：VoIP 协议所使用的本地接口；

Port：VoIP 协议所使用的本地接口端口 5060；

Primary Proxy Server[Address]：首选代理服务器的 IP 地址；

Port：首选代理服务器的端口；

Secondary Proxy Server[Address]：备选代理服务器的 IP 地址；

Port：备选代理服务器的端口；

Account：用户电话号码根据需求把号码配置到指定的端口上；

Password：用户注册密码与初始配置信息里的密码一致——IBX1000 的密码：123456；

Auth UserName：鉴权用户名，只有开启鉴权时使用，默认情况下可与 Account 填写一致；

Enable：VoIP 账号使能，如果对应的账号没有勾选，则该账号被停用；

Test Link Flag：链路测试标志，可选 actively enabled 和 disabled，默认是 Actively；

Peer Call Flag：端到端呼叫标志不用选择；

注意：

密码框不显示已经设置的密码，如果要更改密码，请小心输入，否则，请将密码框留空。

I508C 的 VoIP 配置 Service Setup 界面如图 6-38 所示。

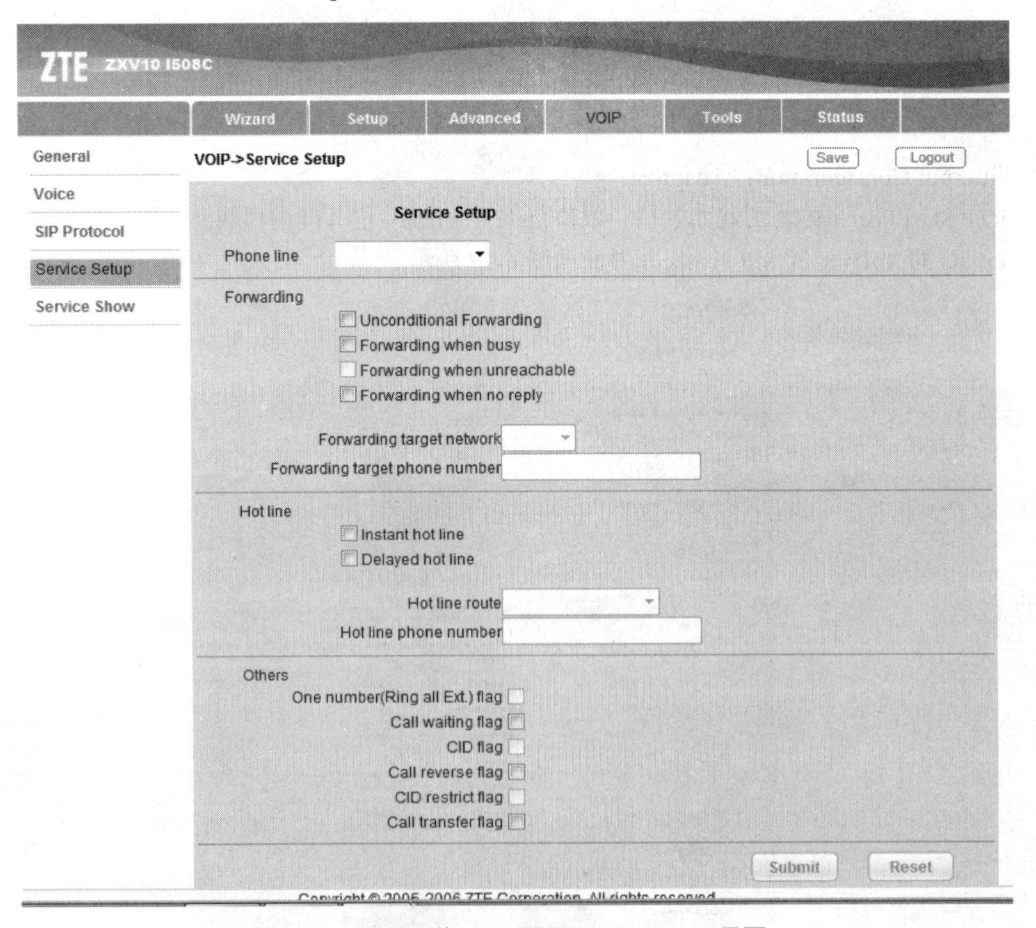

图 6-38　I508C 的 VoIP 配置 Service Setup 界面

Phone line：通过下拉框选择预开启服务的号码；

Forwarding：前转业务。包括 Unconditional Forwarding（无条件前转）、Forwarding when busy（遇忙前转）、Forwarding when unreachable（不在线前转）、Forwarding when no reply（无应答前转）

Hot line：热线服务。包括 Instant hot line（立即热线）和 Delayed hot line（延时热线）；

Others：其他业务。包括 One number（Ring all Ext.）flag（内线同振）、Call waiting flag（呼叫等待）、CID flag（来电显示）、Call reverse flag（极性反转）、CID restrict flag（来电显示限制）和 Call transfer flag（呼叫转接）；

注意：

业务配置栏有些为灰色的项目，表示当前信令协议版本还不支持此业务。有些业务在用户选择不同线路时变灰，表示此业务不能配置到当前线路上。

I508C 的 VoIP 配置 Service Show 界面如图 6-39 所示。

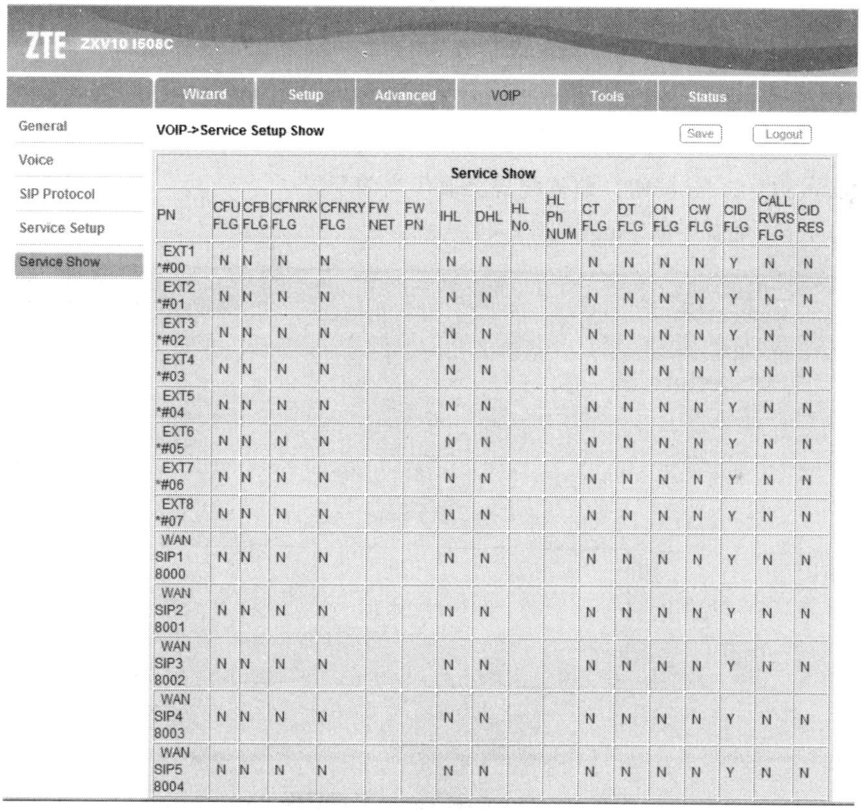

ZTE ZXV10 I508C

Wizard | Setup | Advanced | VOIP | Tools | Status

General
Voice
SIP Protocol
Service Setup
Service Show

VOIP->Service Setup Show　Save　Logout

Service Show

PN	CFU FLG	CFB FLG	CFNRK FLG	CFNRY FLG	FW NET	FW PN	IHL	DHL	HL No.	HL Ph NUM	CT FLG	DT FLG	ON FLG	CW FLG	CID FLG	CALL RVRS FLG	CID RES
EXT1 *#00	N	N	N	N			N	N			N	N	N	N	Y	N	N
EXT2 *#01	N	N	N	N			N	N			N	N	N	N	Y	N	N
EXT3 *#02	N	N	N	N			N	N			N	N	N	N	Y	N	N
EXT4 *#03	N	N	N	N			N	N			N	N	N	N	Y	N	N
EXT5 *#04	N	N	N	N			N	N			N	N	N	N	Y	N	N
EXT6 *#05	N	N	N	N			N	N			N	N	N	N	Y	N	N
EXT7 *#06	N	N	N	N			N	N			N	N	N	N	Y	N	N
EXT8 *#07	N	N	N	N			N	N			N	N	N	N	Y	N	N
WAN SIP1 8000	N	N	N	N			N	N			N	N	N	N	Y	N	N
WAN SIP2 8001	N	N	N	N			N	N			N	N	N	N	Y	N	N
WAN SIP3 8002	N	N	N	N			N	N			N	N	N	N	Y	N	N
WAN SIP4 8003	N	N	N	N			N	N			N	N	N	N	Y	N	N
WAN SIP5 8004	N	N	N	N			N	N			N	N	N	N	Y	N	N

图 6-39　I508C 的 VoIP 配置 Service Show 界面

业务配置显示不用修改。

所示界面中，显示 I508C 各个用户线的业务汇总，其中 PN 为 VoIP 业务的号码。

I508C 的 Tools 配置界面 System Commands 如图 6-40 所示。

单击左侧的 System Commands 链接，进入系统命令界面；

单击 Save All 按钮，保存用户当前所有的配置；

单击 Restart 按钮，由于 I508C 的重启过程需要一段时间，Web 页面的响应会停止一段时间，用户必须等待重启过程的完成；

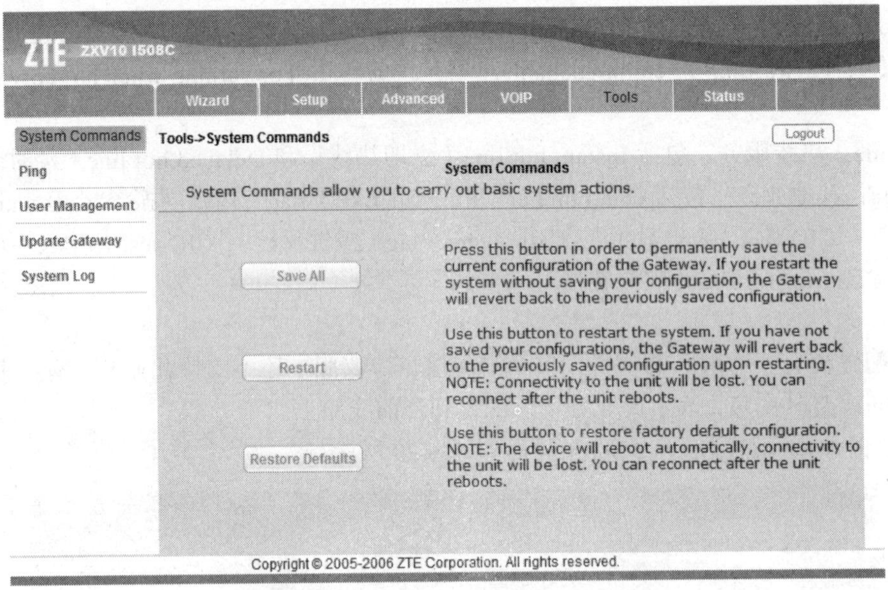

图 6-40　I508C 的 VoIP 配置 Tools 界面

单击 Restore Defaults 按钮，缺省配置会取代当前配置。

I508C 的 Tools 配置界面 Ping 如图 6-41 所示。

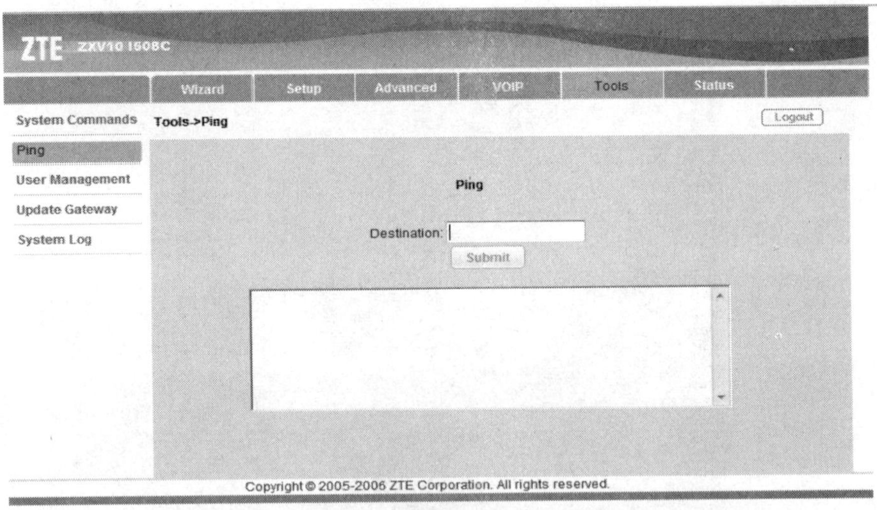

图 6-41　I508C 的 Tools 配置界面 Ping

可以使用 Ping 命令进行网络连通性测试。在 Destination 栏，直接输入需 Ping 的 IP 地址，单击 Submit 按钮，Ping 结果会显示在下侧的文本框内。

I508C 的 Tools 配置界面 User Management 功能如图 6-42 所示。

User Right：用户权限为 Administrator 或 User；

Username：用户名，超级用户为 admin，普通用户为 public，不可修改；

New Password：新密码；

Confirm Password：确认密码。

注意：具有“Administrator”权限的用户可对 I508C 进行完全配置，而具有“User”权限的用户只能对 I508C 进行部分配置管理。

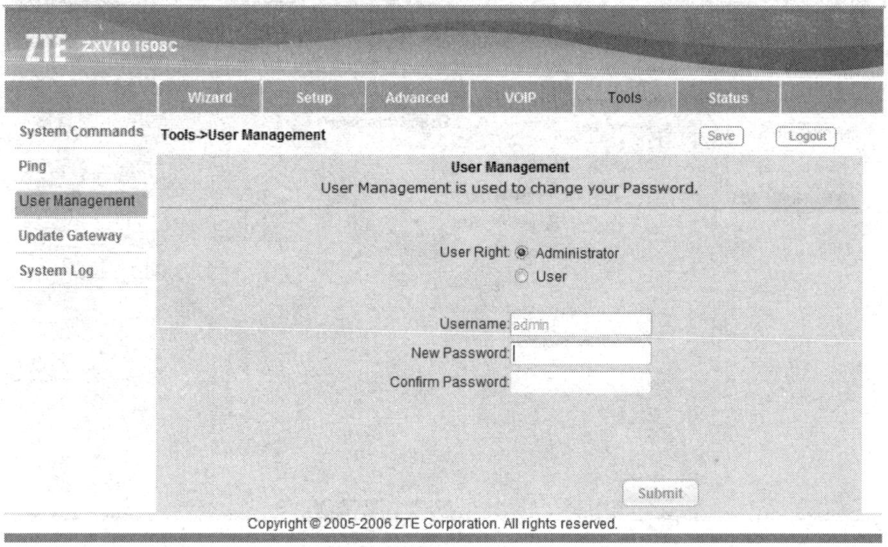

图 6-42　I508C 的 Tools 配置界面 User Management 功能

I508C 的 Tools 配置界面 Update Gateway 功能如图 6-43 所示。

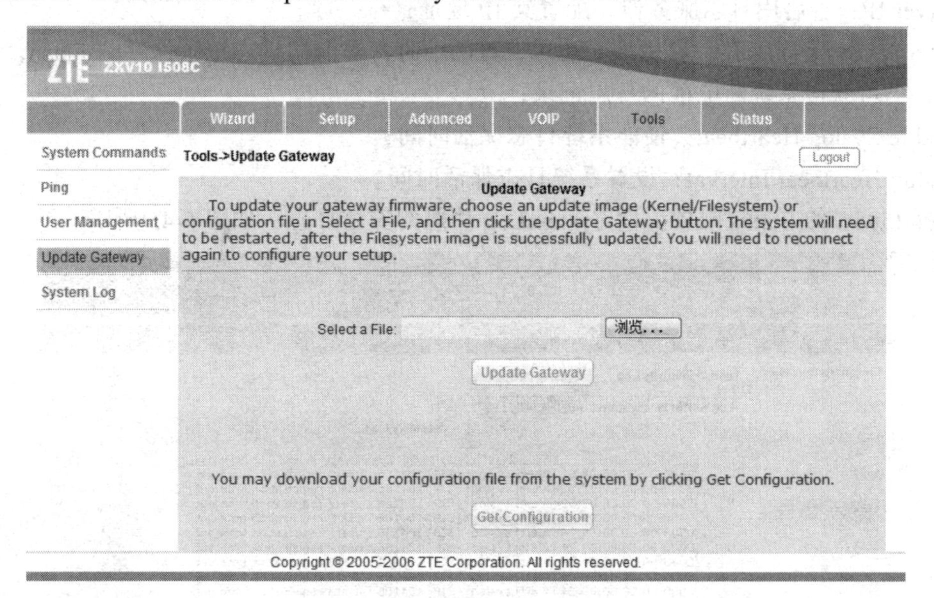

图 6-43　I508C 的 Tools 配置界面 Update Gateway 功能

版本升级选择相应的版本文件；

获取配置文件，保存至指定目录下。

选择 I508C 的 Tools 配置界面 System Log 功能如图 6-44 所示。

Enable application log：application log 应用日志使能；

Enable kernel log：kernel log 告警日志使能；

Log Level：日志的级别，依次是 info/notice/warning/error/crit /alert/emerg，从低到高。选择好级别后，日志仅记录本级别及其上级别的日志值；

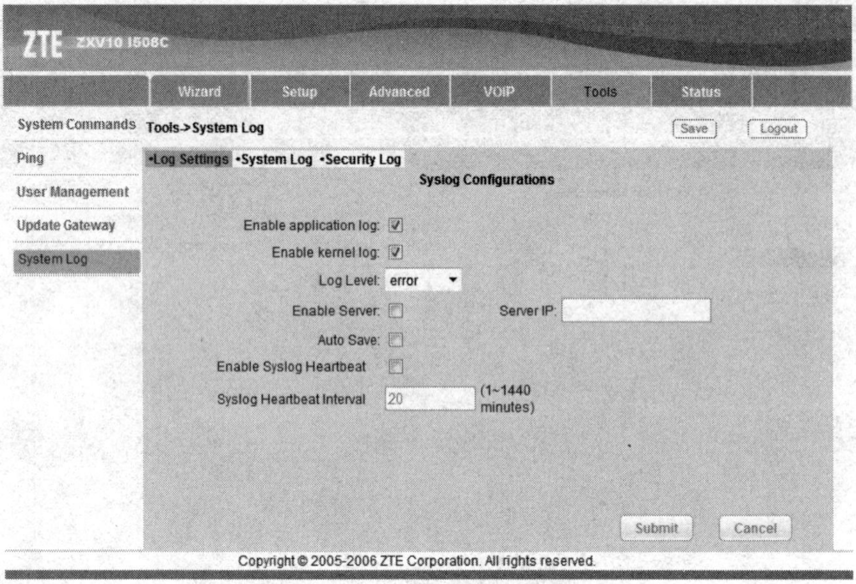

图 6-44　选择 I508C 的 Tools 配置界面 System Log 功能

Enable Server：是否启用日志服务器默认不用选；

Server IP：若启用日志服务器，配置其 IP 地址；

Auto Save：定时保存，启用该功能后，每两小时将当前的日志记录保存到 Flash，在系统断电后，仍可获得系统断电前的日志记录；

Enable Syslog Heartbeat：使能系统日志保活时间；

Syslog Heartbeat Interval：设置系统日志保活时间。

选择 I508C 的 Status 配置界面 SystemLog 功能的安全日志，如图 6-45 所示。

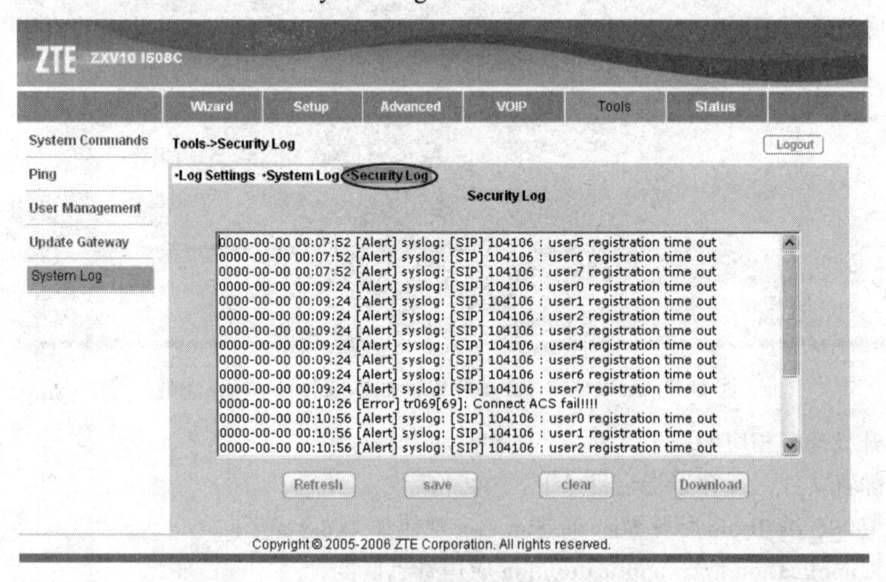

图 6-45　安全日志显示界面

单击 Security Log 链接，进入安全日志显示界面，该界面提供四个按钮，分别点击后可实现如下功能。

Refresh：显示当前最新的 20 条日志记录；

Save：将当前的日志记录保存到 Flash 中；

Clear：清除当前的日志记录，即此时日志记录为 0 条；

Download：将当前的日志记录下载到本地指定路径。

选择 I508C 的 Status 配置界面 System Status 功能，如图 6-46 所示。该界面显示系统运行时的基本状态，包括上电时间、内存及 CPU 的使用情况。

选择 I508C 的 Status 配置界面 PPP Status 功能，如图 6-47 所示。

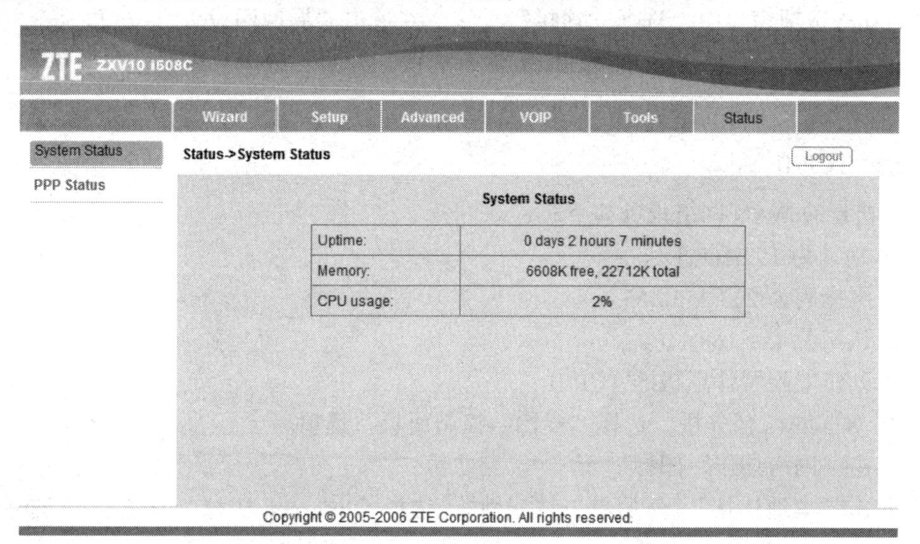

图 6-46　选择 I508C 的 Status 配置界面 System Status 功能

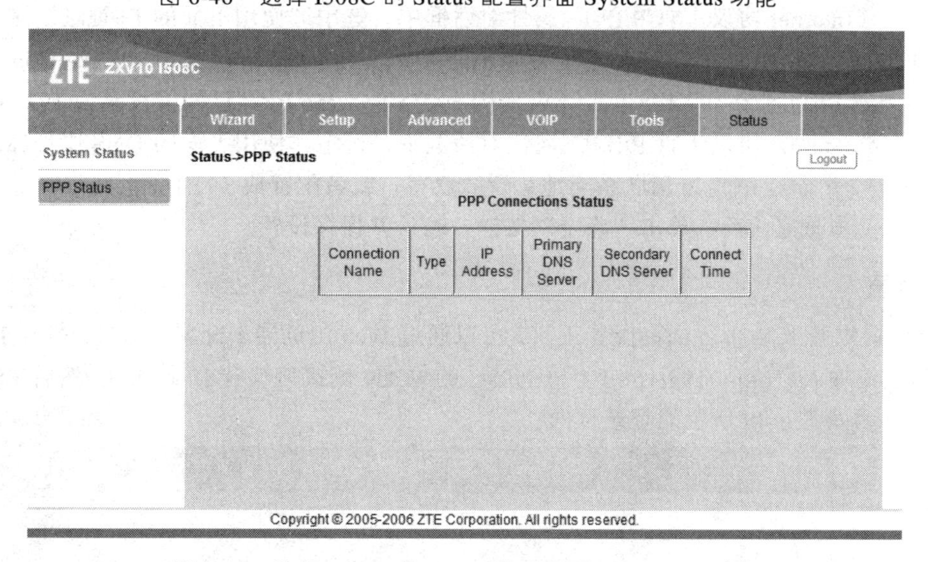

图 6-47　选择 I508C 的 Status 配置界面 PPP Status 功能

单击左侧的 PPP Status 链接，进入 PPP 状态信息界面，该界面显示了 PPP 连接的状态信息，包括 PPP 连接获得的 IP 地址、首选 DNS Server 和次选 DNS Server 的 IP 地址，以及 PPP 连接在线时长。

单击 Logout，退出登录。

五、配置总结

1. 计算机设置

如果当前计算机使用代理服务器访问互联网，则首先必须禁止代理服务，建议关闭当前计算机上 VPN 软件和相关的防火墙软件。例如在 Microsoft Internet Explorer 中，可以通过以下步骤检查代理服务设置情况：

在浏览器窗口中，选择“工具”→“Internet 选项”，进入 Internet 选项窗口。

在 Internet 选项窗口中，选择“连接”页签，并单击“局域网设置”按钮。

确认是否选中“为 LAN 使用代理服务器”选项，如果已选中，取消选中，单击“确定”按钮。

2. 配置 TCP/IP

I508C 缺省的 WAN 网络设置如下：

（1）IP 地址为 192.168.1.1；

（2）子网掩码为 255.255.255.0；

（3）默认网关 192.168.1.1。

请按下列步骤配置计算机的 TCP/IP：

（1）在 Windows 任务栏，选择“开始→控制面板”选项。

（2）双击“网络连接”图标。

（3）右击“本地连接”，然后单击“属性”，选择“Internet 协议（TCP/IP）”选项，再单击“属性”。

（4）在“Internet 协议（TCP/IP）”属性对话框中，选中“使用下面的 IP 地址”选项，指定本机 IP 地址与 I508C 的 WAN 口地址为同一网段，即 192.168.1.x（其中 x 为 2～254 的十进制整数）。例如 IP 地址为 192.168.1.2，子网掩码为 255.255.255.0，默认网关设置为 192.168.1.1。

（5）在“Internet 协议（TCP/IP）”属性对话框中，选中“使用下面的 DNS 服务器地址”选项，DNS 服务器的 IP 地址请联系当地运营商获得，或者配置成 192.168.1.1。

（6）以上步骤完成后，单击“确定”按钮，确认并保存设置。

3. 登录

I508C 提供基于 Web 界面的配置工具，可以通过 Web 浏览器来配置和管理。打开 IE 浏览器，在地址栏输入“http://192.168.1.1”（I508C 的 WAN 侧接口缺省 IP 地址），然后单击“回车”键，显示如图 6-48 所示的登录页面。

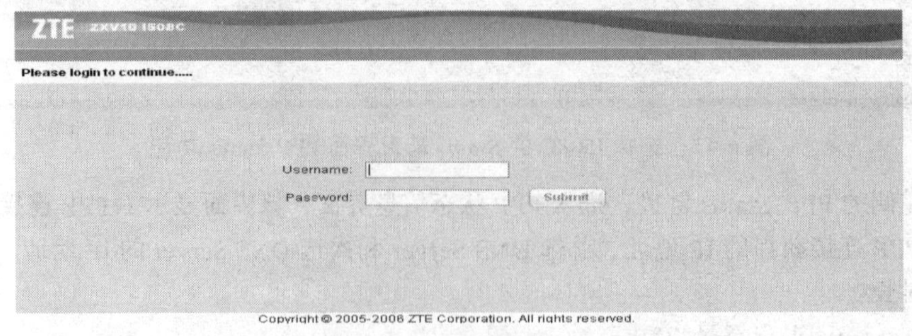

图 6-48　登录界面

4. WAN 连接配置

在 I508C 的总体功能界面单击“Setup”按钮，进入 I508C 的 WAN 连接配置，如图 6-49 所示。

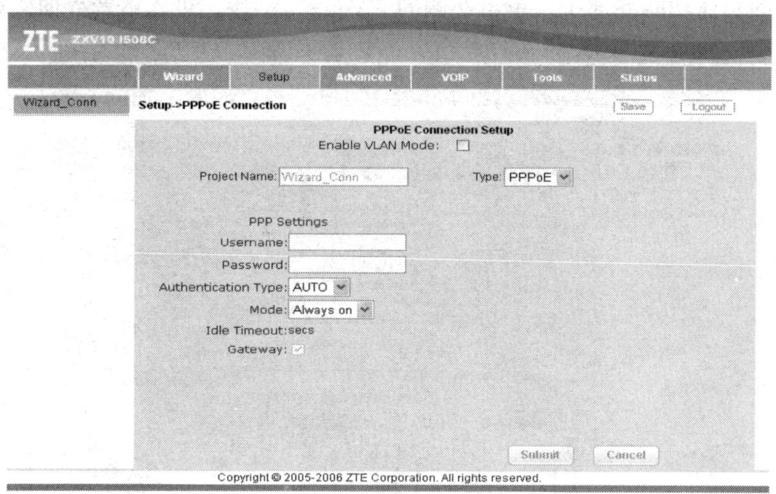

图 6-49　I508C 的 WAN 连接配置界面

当启用 Enable VLAN Mode 模式配置 WAN 连接时，上行报文中会包含 VLAN 标签和优先级字段，便于对不同的业务和优先级进行区分。对当前 WAN 连接配置的修改，需 I508C 重启后，配置才会生效。

5. 通用配置

在 I508C 的总体功能界面中，单击左侧的“General”链接，进入通用配置界面，如图 6-50 所示。

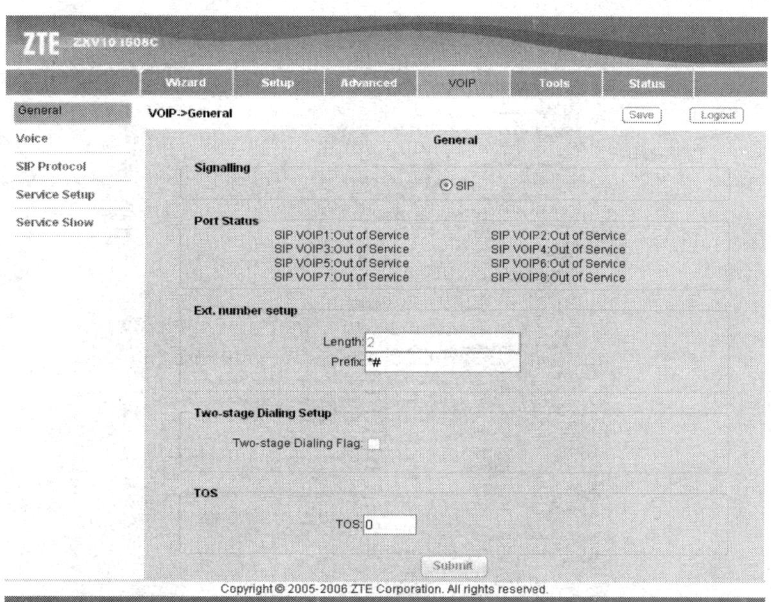

图 6-50　通用配置界面

在该界面中，显示 VoIP 使用的信令协议 SIP，用户线的注册状态，设置内部电话号码的字长和字冠，以及设置二次拨号音标志等。

6. 语音配置

在 I508C 的总体功能界面中，单击左侧的“Voice”链接，进入语音界面，如 6-51 所示。

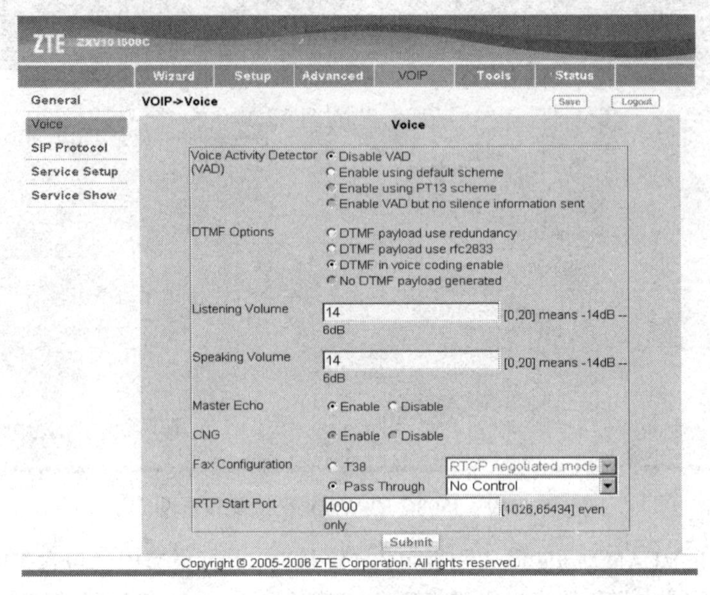

图 6-51　语音界面

在该界面中，可以配置跟 VoIP 语音相关的各项参数。

7. 协议配置

在 I508C 的总体功能界面中，单击左侧的“SIP Protocol”链接，进入 SIP 配置界面，如图 6-52 所示。

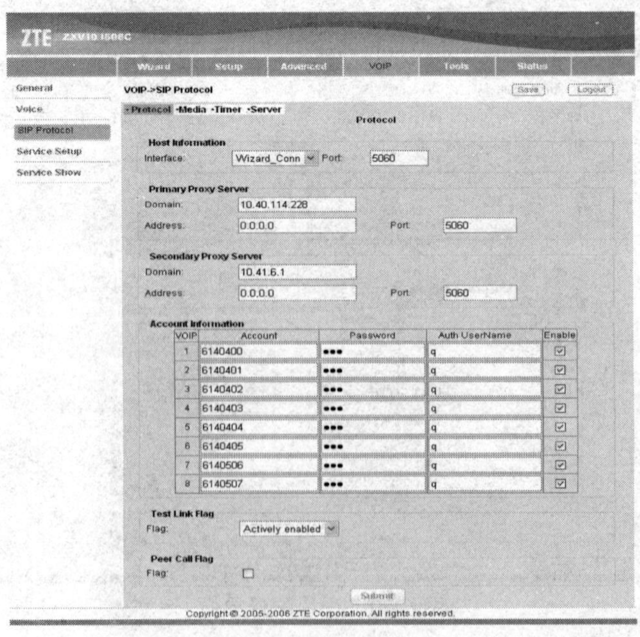

图 6-52　SIP 配置界面

在该界面中，用户可以配置有关 SIP 协议的相关参数，能和挂接在 IAD 下的模拟电话互打电话。

理论训练

1. 信令网关设备的组网应用主要分为____的组网应用和信令转接点组网应用。在信令转接点组网应用中，信令网关具有自己独立的____，提供完整的信令转接点功能。

2. No.7 信令网关通过其适配功能完成 No.7 信令层与 IP 网中____协议的互通，从而将 No.7 信令消息提供给软交换。

3. 简要说明媒体网关的类型和主要功能。

4. 简要说明移动媒体网关的功能。

5. 简要说明综合媒体网关设备的基本功能。

6. 简要说明综合媒体网关设备的数据有哪些？

7. 画图说明信令网关作为信令转接点组网应用时的组网结构。

8. 画图说明信令网关作为信令转接点组网应用时的协议栈结构。

项目 7　内网搭建 VoIP

【教学目标】

知识目标	技能目标
了解思科的 VoIP 解决方案； 理解将 IP 电话连接到 LAN； 理解 IP 电话的启动过程； 理解 CME IP 电话的基本配置； 了解 CME IP 电话的高级配置。	能规划 VoIP 网络拓扑； 能对带语音模块的路由器做配置实现语音传输； 能根据故障现象判断故障点并排查。

【项目引入】

在一个基本的 VoIP 架构中，大致包含 4 个基本元素：扮演将语音信号封装成 IP 数据包角色的媒体网关器 MG（Media Gateway）；负责管理信号传输与转换的媒体网关控制器，又称之为网守（Gate Keeper）或呼叫服务器（Call Sever）；提供电话通不通、占线或忙音的语音服务器（Voice Sever）；在交换过程中进行相关控制，以决定通话建立与否，以及提供相关应用的增值服务的信号网关器（Signaling Gateway）。那么很多时候，尤其是应用于内网时，很多厂家提供了集多种功能于一身的产品，如 Cisco 的多款路由器都可以配备语音功能模块，如 18、28、38 系列都具备相应功能，我们只需要在上面做少量的配置，就可以实现 VoIP，这在中小型的企事业单位和集团内部都能有广泛的应用，而且相比较于购买昂贵的 PBX（小型专用程控交换机）和昂贵话费，的确比较经济。

【相关知识】

7.1　思科的 VoIP 解决方案

思科开发出一种描述统一通信系统的模型，分为架构层、呼叫处理层、应用层和终端层。架构层表示建立数据网络基本结构的设备，这些设备有路由器、交换机、语音网关等，架构层最重要的是冗余和服务质量保障。

呼叫处理层负责处理呼叫和所有与之相关的功能，包括产生拨号音、建立呼叫、呼叫转移、结束呼叫等。思科最早提供呼叫处理层服务的产品是 Cisco CallManager，该产品安装在专用服务器上，提供大规模（30 000 名用户以上）的语音网络服务，但是由于价格很贵，该解决方案不被许多中小企业接受。Cisco 后来扩展了其呼叫处理产品组合，将其分成 4 种不同的产品，我们用的 Cisco Unified Communications Manager Express（CME），该版本支持 250

名用户，安装在路由器上，不需要专门的服务器。

应用层包括许多扩展语音功能的应用程序，如语音邮箱、电话会议、呼叫中心、911 服务等。这些应用服务器中有 3 个对于许多 VoIP 网络是“基本应用程序”：语音邮件（Cisco Unity）、交互式语音自动应答（Interactive Voice Response，IVR）、统一联系中心。

终端层包括了系统的各种终端，该层与用户直接接触，如 IP 电话、移动电话、视频电话、即时通信客户端等。

7.2　将 IP 电话连接到 LAN

部分的 Cisco IP 电话内置有交换机，电话通过线缆连接到网络，接口有三种：RS232 接口连接到 IP 电话的扩展模块、10/100SW 接口连接到交换机、10/100PC 接口连接到计算机。

将 IP 电话以物理方式链接到网络后，还需要以某种方式为其供电。在 Cisco 的 VoIP 网络中有以下 3 中供电方式：Cisco Catalyst 交换机以太网供电（Power over Ethernet，POE）、电源配线板 POE、IP 电话电源变压器。

以太网电缆中有 8 根线，其中 4 根用户传输数据，其他 4 根被保留未被使用。在线供电（POE）就是在这些被保留的以太网线上传输电力。通过以太网线缆供电有三个主要的好处：有一个集中的电力供应点，减少所需的不间断电源（Uninterruptible Power Supply，UPS）的数量；为那些不能方便连接电源插座的设备供电，如安装在天花板的无线接入点和摄像头；减少电缆的使用。POE 有多种标准：Cisco 预标准的 POE，这个是思科专有的标准；IEEE 802.3af，这个是官方的标准。两种标准都能发送 0 ~ 15.4 W 的功率。

7.3　IP 电话的启动过程

理解了 IP 电话的启动过程，才能理解 IP 电话的配置方法。Cisco IP 电话的启动过程如下：

（1）IP 电话连接到一个以太网端口，若该 IP 电话和交换机都支持 POE，则 IP 电话通过 Cisco 预标准的 POE 或 IEEE 802.3af 其中一种方式接收电源。

（2）交换机通过 CDP（Cisco Discovery Protocol）方式向 IP 电话传输语音 VLAN 信息，IP 电话就知道它该使用哪个 VLAN。

（3）IP 电话发送一个 DHCP 请求询问它的 IP 地址信息，连接到语音 VLAN 的路由器接收到该请求后，转发给 DHCP 服务器。

（4）DHCP 服务器向 IP 电话提供一个响应，包括 IP 地址、掩码、默认网关、DNS 服务器地址、选项 150 服务器地址。选项 150 地址指向一台保存有 IP 电话配置信息的 TFTP 服务器。

（5）IP 电话联系 TFTP 服务器，下载该型号的配置文件，配置文件中有一个有效呼叫处理代理（如 CME）列表。

（6）IP 电话尝试联系第一个呼叫处理服务器进行注册，若失败，转向下一台服务器，直至注册成功或呼叫处理代理列表用尽。

7.4 IP 电话的基本配置

在 CME 路由器的配置中，ephone 代表一个物理设备，ephone-dn 代表一条线路，即一个电话号码。一个 ephone-dn 可以被分配给一个或多个 ephone 上的一个或多个按钮，拨打该电话号码，所有电话一起振铃。

ephone-dn 有单线模式（single-line）和双线模式（dual-line）。在双线模式下，ephone-dn 能同时处理两个通话过程，这对呼叫等待、视频会议和咨询传输等辅助功能是很有用的。

在路由器上 ephone-dn 的总数不能超过 max-dn 指定的数目。可以使用 number 命令来指定电话号码，还可以指定一个次要号码，如

CME（config）#ephone-dn 2 dual-line

CME（config-ephone-dn）#number 1001 secondary 48051001

这样网络内部的用户可以使用 4 位的分机号或完整的 PSTN 直接拨入（DID）来拨通对应的分机。

在 CME 中，ephone 通过 IP 电话的 mac 地址来对应到一个物理设备。CME 上创建和管理的 ephone 数目受到 max-ephone 参数的影响。

在使用 IP 电话来打电话之前，必须把电话号码分配给 IP 电话，这就是关联 ephone 和 ephone-dn。通过 button 命令在 ephone 配置模式下分配 ephone-dn，语法如下：

button<physical button><separator><ephone-dn>

常用的 separator 如表 7.1 所示。

表 7.1　常用的 separator

符号	功能
:	标准化铃音。呼入通话时线路振铃，听筒指示灯闪烁
b	呼入通话时线路不振铃，但听筒指示灯闪烁，在通话进行时，呼叫等待蜂鸣
f	特征铃音。呼入通话时线路三倍振铃
m	监控模式。呼入通话时线路不振铃，且不能呼出通话，该模式简单监控共线状态
o	覆盖线路（Overlay line），无呼叫等待，用于在多个 ephone 中创建一个共享线路
c	覆盖线路，有呼叫等待
x	覆盖扩展/翻转。当某条覆盖线路已建立有效呼叫时，有接收到其他呼叫，则翻转到 IP 电话的其他线路上
s	静音模式，无振铃，无呼叫等待蜂鸣，可视灯和屏幕指示器仍可用

7.5 IP 电话高级配置

配置一个共享线路最简单的方法是将同一个 ephone-dn 分配到多部 ephone 中。多台电话会显示同样的号码，呼叫该号码时，多台 IP 电话同时振铃，先应答的用户处理该呼叫。配置

如下：

```
CME（config）#ephone-dn 10 dual-line
CME（config- ephone-dn）#number 1010
CME（config）#ephone 8
CME（config- ephone）#button 1：10
CME（config- ephone）#restart
CME（config- ephone）#exit
```

这一配置的主要问题是每次只能有一人可以使用共享链路，如果该线路正在使用，则其他电话无法接听以及呼叫。

某些应用环境要求共享线路正在使用的时候，共享线路仍然可用（呼叫和接听电话）。如有 5 个雇员的技术支持组，他们可以从共享线路 1010 上接听支持电话，有一个人正在通话的时候，其他人也能呼叫和接听电话。这时候可以使用有相同分机号码的多个 ephone-dn 进行呼叫。配置如下：

```
CME（config）#ephone-dn 10 dual-line
CME（config- ephone-dn）#number 1010
CME（config）#ephone-dn 11 dual-line
CME（config- ephone-dn）#number 1010
CME（config）#ephone 8
CME（config- ephone）#button 1：10
CME（config- ephone）#restart
CME（config- ephone）#exit
CME（config）#ephone 9
CME（config- ephone）#button 1：11
CME（config- ephone）#restart
CME（config- ephone）#exit
```

如果 CME 路由器接收到一个 1010 的呼叫，如何选择哪个 IP 电话呢？使用 preference 命令可以定义 ephone-dn 的优先级，数值越小，优先级越高。如果配置如下，则当 ephone-dn 10 总是接到呼入 1010 的电话，只有当 ephone-dn 10 处于繁忙状态或不可用时，ephone-dn 11 才开始接收呼入电话。

```
CME（config）#ephone-dn 10 dual-line
CME（config- ephone-dn）#number 1010
CME（config- ephone-dn）#preference 0
CME（config）#ephone-dn 11 dual-line
CME（config- ephone-dn）#number 1010
CME（config- ephone-dn）#preference 1
```

但是由于 ephone-dn 都是 dual-line 的，第二个电话呼叫进来时，会通过呼叫等待让 ephone-dn 10 来接收，而不是转向 ephone-dn 11。此时可以使用 huntstop 命令。huntstop 告诉路由器停止通过该 ephone-dn 寻找其他匹配。huntstop channel 命令告诉路由器停止通过该 ephone-dn 的一个信道（one channel）寻找其他匹配。

```
CME（config）#ephone-dn 10 dual-line
CME（config- ephone-dn）#number 1010
CME（config- ephone-dn）#preference 0
CME（config- ephone-dn）#hunstop channel
CME（config- ephone-dn）#no huntstop
CME（config）#ephone-dn 11 dual-line
CME（config- ephone-dn）#number 1010
CME（config- ephone-dn）#preference 1
CME（config- ephone-dn）#hunstop channel
```

通过将 huntstop channel 命令和 no huntstop 命令结合使用，可以告诉 CME 停止为 ephone-dn 10 的其他信道进行搜索，但不能完全停止搜索，还要寻找有相同 DN 号码的其他 ephone-dn。如果第三个电话打进来，将听到忙音。

对于共享链路的问题，还可以使用 o separator 和 c separator 来实现，将先前的配置变成共享链路配置，当呼入电话 DN1010 时，所有的 IP 电话都会振铃，配置如下：

```
CME（config）#ephone-dn 10
CME（config- ephone-dn）#number 1010
CME（config- ephone-dn）#preference 0
CME（config- ephone-dn）#no huntstop
CME（config）#ephone-dn 11
CME（config- ephone-dn）#number 1010
CME（config- ephone-dn）#preference 1
CME（config）#ephone 8
CME（config- ephone）#button 1o10，11
CME（config- ephone）#exit
CME（config）#ephone 9
CME（config- ephone）#button 1o10，11
CME（config- ephone）#exit
CME（config）#telephony-service
CME（config- telephony）#restart all
```

使用 o 关键字，做无呼叫等待覆盖，当接到 1010 的第一个来电时，两个电话都振铃，任意一个都可以接听，如果第二个来电进来时，未应答第一来电的 IP 电话会振铃，仍在通话的 IP 电话不会听到呼叫等待蜂鸣。如果想要呼叫等待有效，可以使用 c 关键字，则在通话中的 IP 电话会听到呼叫等待蜂鸣，这个蜂鸣不是由于 ephone-dn 10 产生的（接收了第一个来电），而是 ephone-dn 11 产生的（要接收第二个来电）。

上面的配置没有使用 dual-line 配置，这就使得 o 和 c 关键字发挥了原本的作用。如果两者都配置了，dual-line 配置会决定呼叫的处理过程。所以在使用 o 关键字的时候，不使用 dual-line 配置；如果要使用 dual-line 配置，则加入 huntstop channel 和 no huntstop 命令，以避免 dual-line 与 o 关键字的冲突。

最后需要提醒的是，将 ephone-dn 配置为 single-line 或 dual-line 模式后，需要先删除原来的 ephone-dn，再建立具有同样号码的 ephone-dn，才能改变模式。不删除原来的 ephone-dn，直接建立同样号码的 ephone-dn，不会覆盖原来的配置，反而会提示错误。

技能训练　Cisco Packet Tracer 里组建简单的 VoIP 语音网

一、实训项目单

编制部门：　　　　　　　　　　编制人：　　　　　　　　　　编制日期：

项目编号	7	项目名称	在 Cisco Packet Tracer 里组建简单的 VoIP 语音网	学时	4
学习领域	VoIP 系统组建、维护与管理		教材	NGN 之 VoIP 技术应用实践教程	
实训目的	通过本单元实习，熟练掌握以下内容：在 Cisco Packet Tracer 里组建简单的 VoIP 语音网的配置				

◘实训内容

在 Cisco Packet Tracer 里组建简单的 VoIP 语音网的配置。

◘实训设备与工具

Cisco Packet Tracer 软件，计算机若干台。

◘方法与步骤（见详细步骤说明）

（1）搭建硬件拓扑；

（2）使能路由器接口，使得物理线路通；

（3）创建 DHCP 地址池，使得相关端口和终端都能获取到 IP 地址；

（4）开启 2811 的语音服务功能；

（5）创建电话号码；

（6）查看电话终端的 MAC 地址；

（7）将电话号码绑定到电话；

（8）各种电话终端是否成功获取到电话号码；

（9）拨打电话号码测试所有节点语音联通性；

（10）排查故障，整理配置过程和要点。

◘评价要点

组建正确的拓扑图。（20 分）

正确规划 IP 地址和电话号码。（20 分）

正确配置交换机。（10 分）

正确配置 2811。（50 分）

二、实训拓扑搭建

本实训需要在内部网络之间实现 VoIP 通话，采用的是 Cisco 独有的 Callmanager 解决方案。用了一台 Cisco 的 2811 作为 Callmanager 服务器，提供电话号注册分配，完成电话的信令控制和通话控制等功能。为了更直观地分析问题和检验配置结果，此处我们是在思科的 Cisco Packet Tracer 软件里做的仿真，尽管是仿真，但配置过程和要点与真实环境中的如出一辙，其具体拓扑图如图 7-1 所示，此环境里 2811 是最核心的设备，实训的绝大部分配置都是建立在其上的。由于路由器的端口很宝贵，此处我们选择了一款普通的二层交换机 2950，它价格便宜，而且能提供较多的接口。此处的电话种类较多，有 IP 电话、模拟电话及安装在 PC 机和 PDA 上的软电话，PC 和 IP 电话可直接连向交换机，但模拟电话需要接入网关才能连向交换机，采用无线 AP 来提供移动办公或支持软 IPhone 的 PDA 设备很灵活地接入网络中，与内部网络各处电话通话。

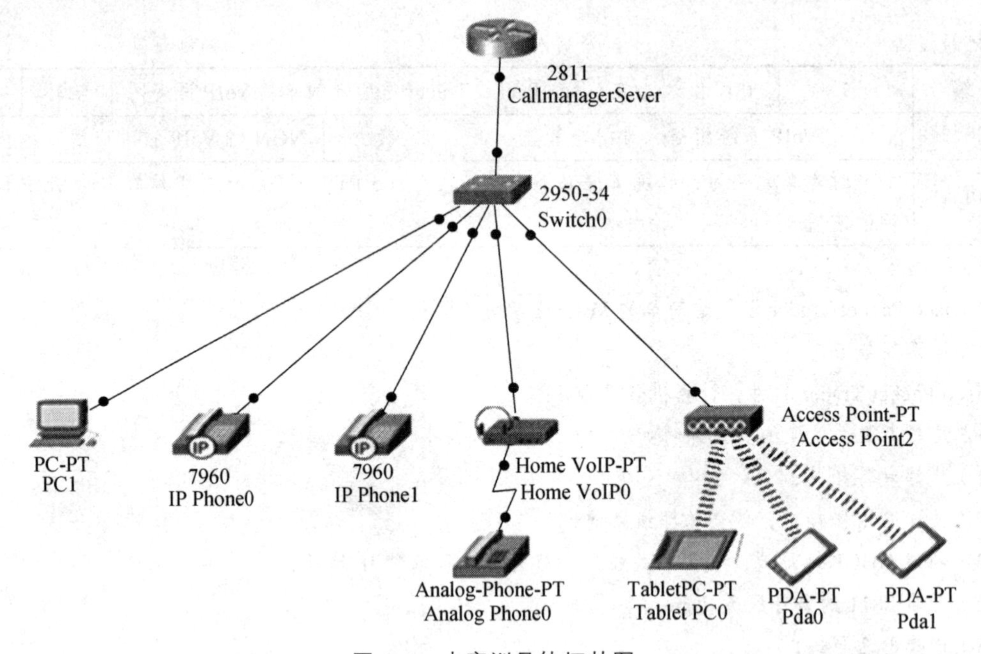

图 7-1　本实训具体拓扑图

三、参考配置过程

1. 交换机上做透传语音 VLAN 的配置

值得注意的是，在 Cisco Packet Tracer 模拟器中，物理 Iphone 接交换机的时候，交换机必须配置 Voice Vlan 才能通，具体命令如下：

Switch（config）#interface range fa0/1 –6　//批量进入所使用到的交换机 2950 的端口

Switch（config-if-range）#switchport mode access　//配置端口的模式为 A 口

Switch（config-if-range）#switchport voice vlan 1　//将端口 fa0/1 – 6 划入 VLAN 1，做配//置使其透传语音

2. 配置 CallmanagerSever（路由器 2811）

因为有些终端设备是无法配置静态 IP 的（如 7960），也无法接入网关及 PDA 设备，我们只能将 2811 配置成 DHCP 的服务器，形成一个地址池，而所有终端和路由器之间的联系都要通过路由器和交换机的连接接口，最终它也将成为下游网络的网关，其具体过程如下。

1）配置路由器和交换机的连接接口

CallmangerSever r（config）#int fa0/0　　//进入接口

CallmangerSever（config-if）#ipaddr 192.168.1.254 255.255.255.0　//配置 IP 地址和掩码

CallmangerSever（config-if）#no shutdown //启用配置

CallmangerSever（config-if）#exit

2）创建一个 DHCP 地址池（存放分配的 IP）

CallmangerSever（config）#ip dhcp pool VoIP　//创建名为 VoIP 的地址池，此名称为自定义的

3）创建池内的 IP 地址范围

CallmangerSever（dhcp-config）#network 192.168.1.0 255.255.255.0

4）创建分配的网关 IP

CallmangerSever（dhcp-config）#default-router 192.168.1.254

5）创建分配的 TFTP 的 IP

CallmangerSever（dhcp-config）#option 150 ip 192.168.1.254

3. 配置语音电话

1）启用语音服务

CallmangerSever（config）#telephony-service

2）配置支持最大的电话和号码数量

CallmangerSever（config-telephony）#max-ephones 10　//电话数

CallmangerSever（config-telephony）#max-dn 20　　//号码数

3）配置语音网关的 IP 和 Port

CallmangerSever（config-telephony）#ip source-address 192.168.1.254 port 2000

4）创建语音配置文件（供电话机下载）

CallmangerSever（config-telephony）#create cnf-files

5）创建电话号码

CallmangerSever（config）#ephone-dn 1//进入号码 1

CallmangerSever（config-ephone-dn）#number 8001//配置号码

CallmangerSever（config）#ephone-dn 2//进入号码 1

CallmangerSever（config-ephone-dn）#number 8002//配置号码

6）用如下命令查看 M A C 地址

CallmangerSever# show ip dhcp binding

7）绑定电话机和号码（根据 MAC 地址）

CallmangerSever （config）#ephone 1　　　　　//电话物理参数配置

CallmanagerSever（config-ephone） #mac-address 0090.217C.C07B //绑定 IP 电话的 MAC

CallmanagerSever（config-ephone） #type CIPC　　　　//IPhone 电话类型，CIPC 是软电话，7960 是 Cisco 物理 IP 电话，ata 是模拟的

CallmanagerSever（config-ephone） # button 1：1　　　　//电话按钮与电话目录号绑定

CallmangerSever（config）#ephone 2

```
CallmanagerSever（config-ephone）#mac-address 00D0.9747.7959
CallmanagerSever（config-ephone）#type 7960
CallmanagerSever（config-ephone）#button 1:2
```

四、实现结果测试

经过以上的配置，稍等几分钟，所有电话均能注册成功并获取到分别的电话号码，然后进行拨号测试，所有终端语音通信正常，测试结果如图 7-2，图 7-3 所示。

图 7-2　模拟电话和 IP 电话间的连通效果图

图 7-3　软电话和 IP 电话间的连通效果图

此呼叫的典型历程是：呼叫由网络里的某部电话发起，通过交换机接入到 CallmangerSever 路由器 2811，CallmangerSever 分析被叫号码后，进行查询被叫的 IP 地址，验证主被叫身份的合法性，并根据网络资源情况来判断是否应该建立连接。如果可以建立连接，则将被叫的 IP 地址通知给主叫，主叫在获取了被叫的 IP 地址后，通过 IP 网络与对方建立起呼叫连接，并由 CallmangerSever 向被叫用户振铃，被叫摘机后，话音通道被连通，双方利用协议进行能力协商，确定通话使用的编解码，完成后即可开始通话。

我们配置的关键步骤也是遵循上述历程的，因为要在 CallmangerSever 上放号，或者说建立号码簿，然后将号码绑定到响应终端电话，上述配置过程，对 VoIP 在内网中的实现有一定的借鉴作用，在此基础上，我们可以做更加深入的研究。

理论训练

1. 写出下列缩写的英文全称即中文名称。

CME：______________________________

POE：______________________________

UPS：______________________________

2. ____层负责处理呼叫和所有与之相关的功能，包括产生拨号音、建立呼叫、呼叫转移、结束呼叫等。

3. 批量进入所使用到的交换机 Fa0/1-24 号端口的命令为：___。

4. 当模式提示符为 Switch（config-if-range）#时，输入 switchport voice vlan 1 命令所做的操作的效果是____。

5. 创建一个名为 dianzhichi 地址池的命令为____。

6. IPhone 电话类型中 CIPC 是电话，7960 是 Cisco 物理电话，___是模拟电话。

7. 在路由器上 ephone-dn 的总数不能超过指定的数目。

项目 8　跨网段实现 VoIP

【教学目标】

知识目标	技能目标
了解思科的 VoIP 解决方案； 了解语音端口和语音模块的功能； 了解拨号方案和拨号对等体的概念。	能在 PT 里创建正确的拓扑图； 能正确规划数据，使得数据通路联通正常； 能在路由器上做正确的语音配置； 能根据故障现象判断故障点并排查。

【项目引入】

公司有多个分支机构分布在全国各地，每年机构间的长途电话费用非常高昂，小李决定在公司部署 VoIP，实现公司内部长途零话费。

【相关知识】

8.1　语音端口和语音模块

8.1.1　语音端口

有几种不同类型的语音端口，以下部分将对它们进行详细的讨论。

1. 局外交换站接口

局外交换站接口（Foreign Exchanges Station FXS）配置了标准 RJ-11 连接端口，FXS 端口用来将路由器连接到标准电话设备和终端局，如：基本电话设备、键盘装置、传真机。FXS 端口提供振铃电压，拨号音和其他到终局的基本信号。

2. 局外交换局接口

局外交换局接口（Foreign Exchanges Office FXO）端口也配置了 RJ-11 连接端口。然而，FXO 端口并不支持基本电话设备所需的信号和电压，它用来将 IP 网络连到诸如 PSTN（公共交换电话网）和 CO（办事处）之类的备用设备上，或者连接到 PBX 专用线路接口。可以设置几个与 PBX 专用线路特征值兼容的不同参数。

3. 听说接口

听说接口（Ear and Mouth E&M）是 RJ-48C 型的连接器，允许到 PBX 干线（又称专用线路）的连接。E & M 接口可以使用特定的用来指示不同 PBX 系统特殊属性的衰减、增益、阻抗设置来编程。E & M 是有关 2 线、4 线电话线和干线的信令技术器件。

4. T1 语音连接

Cisco2600、3600、7200 和 AS5300 系列设备具有 T1 语音连接能力。2600、3600、7200 系列路由器具有 VoFR 和 VoIP 功能。AS5300 能实现 VoIP、VoHDLC 或 VoFR 技术。T1 内的语音信道（DS0 信道）是为 VoFR 或 VoHDLC 而配置的。

Controllert10 命令用来为本地干线连接到 PBX 或电话公司的交换机的 T1 语音模块进行设置，mode 命令用来精确调整 T1 所希望的组帧和信令类型。

7200 系列和 AS5300 系列主要用作从 T1 中继线路到 PBX 和从 PSTN 到 IP 互联网的串联的交换点。2600 和 3600 路由器现在也能实现此功能，因为每个卡上增加了两个支持语音 T1/E1 接口的 T1/E1 电路。T1/E1VXC 网络模块卡也用于 7200 系列路由器，并且每块卡最多支持两个 T1。AS5300 系列接入交换使用最多支持 4 个 T1 的 T1 载波卡。

7200 用来实现 T1 终止语音流入 WAN 的功能，并能转发信号到 3600、2600 和 AS5300 系列路由器以完成整个处理过程。

8.1.2　语音模块

为了在 Cisco 路由器实现 VoIP，首先需要理解 VoIP 技术所需的不同类型的硬件和路由器端口。语音网络模块和语音接口卡（VIC，声卡）使用 VoIP 命令以实现语音在 Cisco 路由器上的通信。

1. 语音网络模块

语音是模拟信号，而 IP 网络传输的是数字信号，因此为使 3600 和 2600 系列路由器能够处理语音，必须安装能够将模拟信号解释成可以通过 IP 网络传输的数字格式的设备。语音网络模块（Voice Network Module，VNM）就是被设计成用来实现这一目的，并且每台路由器至少需要一个 VNM 以处理语音流量。2600/3600 系列路由器有两种不同的 VNM 模块：

NM-1V，即单插槽 VNM，如果在 NM-1V 上安装一个声卡（VIC），就有两个语音端口了。

NM-2V，即两插槽型的 VNM。如果在 NM-2V 上安装两个 VIC，就会有四个语音端口。

2. 把 VNM 和 VIC 连接到路由器

新的 Cisco 路由器标准将采用基于底板的硬件格式，它能够被定制成适合任何业务需要，并能量化成任何功能等级。根据不同业务的需要，可以有不同的底板格式适应 VoIP 的安装。系列路由器有多种基本配置，在目前可用的标准网络接口（RJ-45 端口，串口，ISDN 端口）的数量和/或类型上有所不同。在所有不同的配置中，只有一个额外的网络模块插槽。如果决定将网络模块插槽用作语音传输，那么，根据所用的 NVM 类型，该插槽将支持 2 ~ 4 个语音端口。

8.2 拨号方案和拨号对等体

现在准备开始对 VoIP 路由器进行编程，使路由能通过 I P 安置并连接语音呼叫。这就涉及拨号对等体的开发，它定义了由源和目标路由器启动的呼叫支路的属性。

8.2.1 拨号对等体

拨号对等体是 VoIP 路由器上的配置，它定义一组拨号数字在呼叫支路上是如何被翻译以及如何从路由器端口路由出去。拨号对等体定义了呼叫支路的各种属性，如 QoS（Quality of Service，服务质量）、压缩/解压缩（CODEC）、VAD（Voice Activation Detection 语音激活检测）以及其他属性。

8.2.2 呼叫支路

呼叫支路提到了前面描述的简易老式电话系统 POTS（Plain Old Telephone System）和 VoIP 拨号对等体的一种连接。呼叫支路是呼叫连接的两个连接点之间的分离部分，如一个电话设备、PBX、PSTN 或路由器。每个已建立的呼叫有 4 个呼叫支路，2 个从源路由器透视，2 个从目标路由器透视（见图 8-1 和图 8-2）。

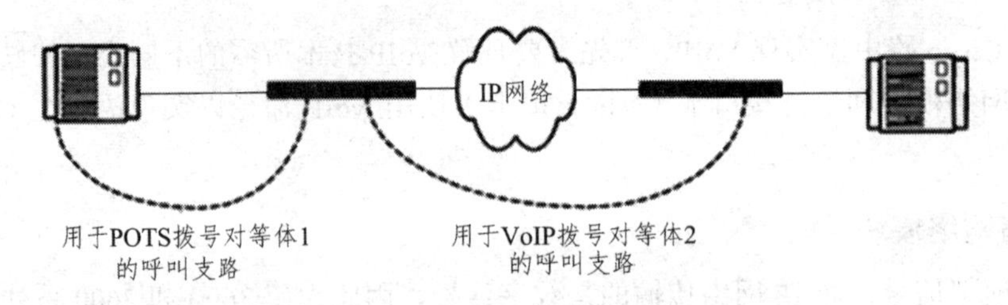

图 8-1　拨号对等体连接支路，从源路由器的透视

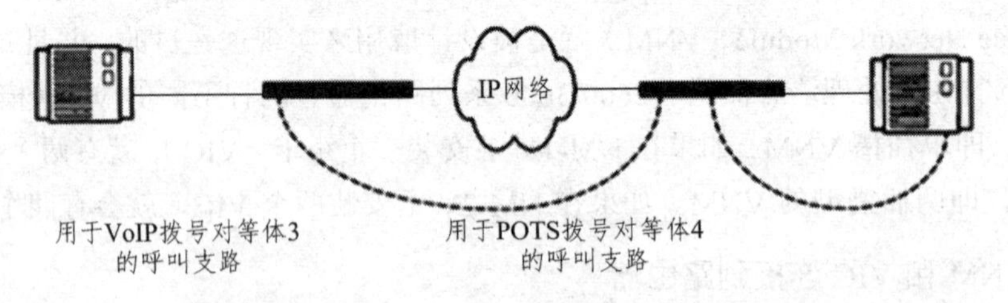

图 8-2　拨号对等体连接支路，从源路由器的透视

POTS 与语音网络拨号对等体可以在 VoIP 网络上配置的对等体有两种类型：POTS 和语音网络（VoIP）连接。

POTS（简易老式电话系统）拨号对等体代表接入端口，连在电话机或本地附属于路由器的相似电话设备。此连接将解释或“破译”从发送实体拨打出来的数字，并看它们是否是为拨号对等体的特定端口指定的。

VoIP 拨号对等体代表一个连接，此连接将被路由到网络中另一个允许语音的路由器。在这种情况下，就不必让端口翻译拨号数字，而由位于 VoIP 连接另一端的接收实体处理。因而 VoIP 拨号对等体只是简单地将所有数字传递到接收实体。

下面是在两个路由器之间建立 VoIP 呼叫的过程：

第 1 步：用户拿起电话机，从而触发了 Cisco 路由器的摘机状态，这发生在 VoIP 上 CiscoIOSIP 网络用于 VoIP 拨号对等体 2 的呼叫支路，用于 POTS 拨号对等体 1 的呼叫支路，IP 网络用于 POTS 拨号对等体 4 的呼叫支路，用于 VoIP 拨号对等体 3 的呼叫支路的信令应用层。

第 2 步：会话应用层发给电话的一个拨号音，并等待用户拨打目标电话号码。

第 3 步：用户拨打电话号码。这被看作是不连续的过程，因为如果有超时限制条件，那么拨号音就会失效，第 3 步就不会启动。

第 4 步：一旦拨出并存储了足够可翻译的数字，电话号码就由拨号方案映射表映射到一个 IP 主机，匹配上一个 VoIP 拨号对等体声明，并且导向终端语音路由器。接收路由器通过 FXS 端口、PBX，或者通过 FXO 或 E&M 端口的 PSTN，直接连到终点站。到目标电话号码的物理端口的映射是由拨号对等体的 POTS 命令来定义的。

第 5 步：会话应用程序将启动 H.323 通话协议来为网络上的每路呼叫建立收发通道。如果呼叫是由处于终点的 PBX 来处理，则 PBX 将处理到终端用户电话的发送。如果语音端口配置了 RSVP QoS，此时就激活保留。

第 6 步：CODEC 活动发生在传输的两端，以保证所支持的正确的压缩/解压缩算法。

第 7 步：建立完成，所有的呼叫进程指令和信令立刻传送到接收实体来译码或显示。

第 8 步：当呼叫会话两端中的任何一方发出“挂机”信号时，通话结束。如果呼叫中用到 RSVP 会话，那么此时就被终止。电路两端回都到"休止”状态，等待另一个初始会话开始。

8.2.3　创建并实现拨号方案

拨号方案是个标准框架，从中可实现公司的 VoIP 路由结构。每个路由的区域被分配了一组电话号码、区号，还有其他的捷径，如快速拨号特征值，允许呼叫者不必输入完整的电话号码，呼叫就能到达被呼叫区。在 VoIP 网络实现前，所有的语音参数、电话号码和拨号设备都需要指定，并提前作出计划。这将以指数级的速度缩短实现和调试新 VoIP 网络所需的时间，如图 8-3 所示）。

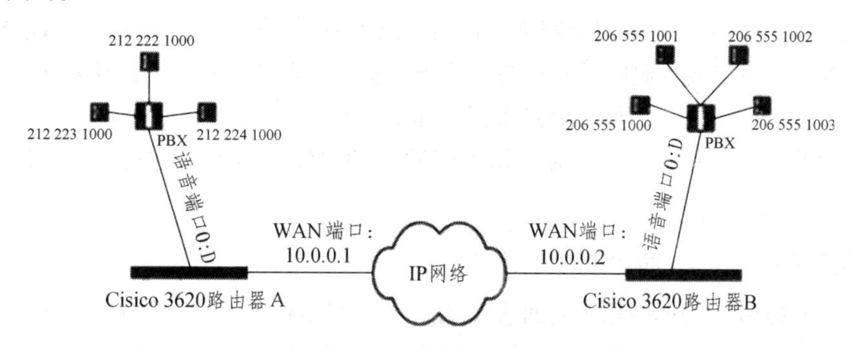

图 8-3　一个简单的 VoIP 网络的示意图

对图 8-3 所示中的网络，一个拨号方案的例子可以像表 8.1 列出的那样实施。

表 8.1　一个简单的 VoIP 网络拨号方案

路由器	拨号对等体的标识号	号码扩展分机	目标模式	对等体类型	语音端口	通话对象	CODEC	QoS 方式
A	1	1…	+1212222…	POTS	1/0/0	IPv4：10.0.0.2	G.729	最佳效果
	2	2…	+1212223…	POTS	1/0/1			
	3	3…	+1212224…	POTS	1/1/0			
	4		+1212225…	VoIP				
B	1		+1206555 1000	POTS	1/0/0	IPv4：10.0.0.1	G.729	最佳效果
	2		+1206555 1001	POTS	1/0/1			
	3		+1206555 1002	POTS	1/1/0			
	4		+1206555 1003	POTS	1/1/1			
	5		+1212….	VoIP				

该拨号方案将简化所涉及到的路由器的设计和安装以及使 Vo I P 工作于网络的编程。

8.2.4　号码扩展

在大多数公司中，如果是公司内部之间的拨号，则不必拨整个号码。相反，可以只拨电话号码的一小部分，对那个站来说，这部分号码是唯一的。

假定西雅图的用户 A 试图与纽约的用户 B 通过 VoIP 网络建立联系。如果没有号码扩展，用户 A 必须拨用户 B 的整个目标号码：1 212 222 1000。为了简化该过程，并增加网络的可用性，在拨号对等体的配置中使用 num-exp 命令进行如下编程：

num-exp 2□ +1212222□

“□”是扩展号码的通配符，现在，当用户 A 拨目标模式“2□”时，序列自动扩展成目标模式“+ 1 2 1 2 2 2 2□”。这可用于网络上任何一组唯一的号码。为了正确激活此特征，需要考虑一些因素。并不需要号码扩展在网络上是唯一的。有可能是在一个路由器上把“2□”扩展成“+ 1 2 1 2 2 2 2□”，而在另一个路由器上却把“2□”扩展成“+ 1 2 0 6 2 2 2□”。但这会引起用户环境的混乱，所以应该避免。当制定拨号方案时，尽量使 VoIP 网络的号码扩展是唯一的。

1. 拨号对等体 POTS 命令的基本语法

我们已经对拨号对等体使用的各种参数有了一些基本概念。现在是将参数付诸行动的时候了。为了进入 POTS 端口的拨号对等体配置模式，使用来自全局配置模式的过程，如表 8.2 所示。

表 8.2　为 POTS 端口输入拨号对等体配置模式

步骤序号	相关命令	描述
1	dial-peervoicetag-numberVoIP	输入 VoIP 对等体的拨号对等体模式。特征号码 tag-number VoIP 是个表示对等体的唯一的十进制数。仅由本地路由器持有，因此可在另一路由器上使用这个数字，而不影响当前配置
2	destination-patternstring	定义 POTS 对等体的电话。例如：+12065551111。目标模式中没有破折号和空格，前面总有一个“+”号
3	Portslot-num/VNM-num/port	特定的语音端口号
4	direct-inward-diall	（可选的）仅用于指定端口的直接内部拨号活动

2. VoIP 拨号对等体命令的基本语法

为了输入 VoIP 端口的拨号对等体配置模式，使用来自全局配置模式的过程，如表 8.3 所示。直接内部拨号 DID（Direct Inward Dialing）是一个系统，它允许语音客户有许多分配给公司的专用语音号码，同时，通过降低这些号码所需的真正线路数来减小成本。

表 8.3　使 VoIP 端口进入拨号对等体配置模式

步骤序号	相关命令	描述
1	dial-peer voice tag-number VoIP	输入 VoIP 对等体的拨号对等体模式。特征号码 tag-number VoIP 是个表示对等体的唯一的十进制数。仅由本地路由器持有，因此可在另一路由器上使用这个数字，而不影响当前配置
2	destination-pattern string	定义 POTS 对等体的电话，例如：+12065551111。目标模式中没有破折号和空格，前面总有一个“+”号
3	session target [ipv4：destinaton-address |dns：host-name]	为处理定义的目标模式的呼叫而指定的远程 IP 主机。对象可由 IP 地址或 DNS 名指定

如果没有 DID，则客户需要供应商为每个专用扩展号安装一条线路。如果每条线路的成本是 45 元，客户至少需要定义 100 条，那么客户的账单将是每月 4 500 元。使用 DID，供应商分配给本地链接至 DID 存储单元的企业一个专用扩展号存储单元和一个缩简的 DID 中继号。当有人呼叫了 DID 存储单元中的一个号码时，检查 DID 中继的第一个电路看是否开路。如果开路，呼叫就被连接上；如果不是开路，继续检查 DID 中继的其他电路直到找到一个开路，并把呼叫连接上。当所有的电路都忙时，呼叫者就会收到一个忙音信号。采用这种方案，如果 DID 中继有 10 条线路，每条 85 元，有 100 个号码的存储单元收费是每个号码 0.15 元，那么使用 DID 的同样数目的线路的总成本是每月 850 元，成本大为减少。

在 VoIP 上使用 DID 的诀窍是路由器必须知道将 DID 信息直接传送至允许 DID 的 PBX 来进行处理，并且不损失包中的数据。为此，必须使拨号对等体允许 DID。

在一个正常的呼叫建立过程中，处理呼叫的交换设备给呼叫者发一个拨号音，开始接收代表目标电话号码的数字。一旦收集到号码，交换设备将翻译号码并将其传输发送到正确的 IP 终端。

有些情况下，不需要给呼叫者提示拨号音，例如交换设备已经知道的一个预先设计好的扩展号。在这些情况下，使用直接内部拨号 DID 算法来路由呼叫。算法采用三个不同的输入和拨号对等体，四个不同的属性将来话呼叫连接到一个直接拨号实体。

三个输入值是：

（1）被叫号码 DNIS 代表传输目标的一组号码。

（2）主叫号码 ANI 代表传输源的一组电话号码。

（3）语音端口承载呼叫。

四个指定的拨号对等体属性是：

（1）目标模式代表对等体能连接到的电话号码。

（2）应答地址代表对等体连接起始的电话号码。

（3）来话呼叫号代表将一个来话呼叫支路连到基于 DNIS 的对等体的电话号码。

（4）端口呼叫从其中发起的语音端口。

对所有匹配拨号对等体呼叫类型（VoIP 或 POTS）的对等体，算法遵循以下伪码：

如果类型匹配上了，以来话呼叫号码匹配被叫号码；

否则如果类型匹配上了，以应答地址匹配主叫号码；

否则如果类型匹配上了，以目标模式匹配主叫号码；

否则如果类型匹配上了，将语音端口匹配到端口。

该算法将用一个预先定义的参数来匹配 DNIS，并自动路由呼叫。

技能训练　在 Cisco Packet Tracer 里实现跨网段 VoIP 语音网

一、实训项目单

编制部门：　　　　　　　　　　编制人：　　　　　　　　　　编制日期：

项目编号	8	项目名称	在 Cisco Packet Tracer 里组建简单的 VoIP 语音网		学时	4
学习领域	VoIP 系统组建、维护与管理			教材	NGN 之 VoIP 技术应用实践教程	
实训目的	（1）熟练掌握配置 VoIP 的基本过程； （2）能合理规划跨网段的 IP 地址和电话号码； （3）会配置拨号电话号码对； （4）根据故障现象判断故障点，并排除故障、实现功能。					
◘实训内容 通过本单元实习，熟练掌握以下内容：在 Cisco Packet Tracer 里组建跨网段的 VoIP 语音网，能正确地在路由器上做开启语音服务，创建电话号码并将其绑定到指定电话的配置，跨网段建立拨号电话号码对，使得跨网段实现语音通信。 ◘实训设备与工具 Cisco Packet Tracer 软件；计算机若干台。						

◎方法与步骤（见详细步骤说明）

（1）搭建硬件拓扑；

（2）使能路由器接口，使得物理线路通畅；

（3）创建 DHCP 地址池，使得相关端口和终端都能获取到 IP 地址；

（4）配置必要的路由使得数据链路跨网段能互联互通；

（5）开启 2811 的语音服务功能；

（6）创建电话号码；

（7）查看电话终端的 MAC 地址；

（8）将电话号码绑定到电话；

（9）各种电话终端是否成功获取到电话号码；

（10）创建拨号电话号码对；

（11）跨网段拨打电话号码测试联通性；

（12）排查故障，整理配置过程和要点。

◎评价要点

组建正确的拓扑图。（20 分）

正确规划 IP 地址和电话号码。（20 分）

正确配置交换机。（10 分）

正确配置 2811。（50 分）

二、实训拓扑搭建

在全网 IP 化的大背景下，基于 IP 网来传送语音是逐步成熟起来的技术，当前炙手可热的第四代移动通信技术 VoLTE，其英文缩写为 Voice Over LTE，可直译为通过 LTE 网络传送语音信号，由此可以看出这是一项语音技术。而如果将 VoIP 通俗理解为打 IP 电话，大家更是耳熟能详，提到其优点大家首先想到的是：资费低廉，的确相比较走电路域的专用语音通信，走分组域的 IP 公网的语音通信因为提高了线路的利用率等原因更加经济。

由于通信自身的技术不断发展，IP 网的 QoS 有了更多行之有效的确保方案，随着大容量密集波分复用技术等的日益成熟，经由 IP 网来传送语音的方案也备受青睐，业务的类型也不仅仅局限于语音了，对视频等其他数据量大、数码率高、对实时要求还高的其他流媒体 IP 网传送起来也游刃有余。VoIP 涉及的关键技术有：语音编解码技术，发送端需要采用压缩技术将数码率降下来，这样从一定程度上节约了带宽；实时传输技术，如 RTP/RTCP 技术和资源预定协议等来从一定程度上保障实时性；信令技术，如 H.323 和 SIP 等，这些协议负责解决在 IP 网上发起和终结各类会话呼叫，甚至还肩负着实现 IP 分组承载与其他各种承载之间的转换，根据业务部署和会话层的控制实现各种 QoS 策略，完成与传统 PSTN/PLMN 间的互联互通等功能。技术是用来解决问题的，有这些关键技术的存在说明有这些核心问题需要解决，落脚到实施、应用或开展业务就会有相应的网络组件，如各种服务器、数据库、控制器、网关等，各大通信设备制造商都有自己的有代表性的产品来提供施展 VoIP 的方案，甚至是一些一体化的设备，当然依照他们的参数、性能、应用场景的不同，在费用方面也有差距，本项目提供的是一种在小园区、规模不大的机构部署 VoIP 的一种经济型的方案，需要的只是配备了语音模块的性能稍高一点的路由器设备，可以实现公司或机构内部长途零话费。

语音是模拟信号，而 IP 网络传输的是数字信号，因此为使路由器能够处理语音，必须安装能够将模拟信号解释成可以通过 IP 网络传输的数字格式的设备。语音网络模块（Voice Network Module VNM）就是被设计成用来实现这一目的，并且每台路由器至少需要一个 VNM 以处理语音流量。为了在 Cisco 路由器实现 VoIP，首先需要理解 VoIP 技术所需的不同类型的硬件和路由器端口。语音网络模块和语音接口卡使用 VoIP 命令以实现语音在 Cisco 路由器上的通信。在没有购买相对来说比较昂贵的基于 IP 的语音服务器的情形下，可以选择配备了语音功能模块的路由器来搭建企业或机构内多个园区间的 VoIP。本文选择的是 Cisco 的 2811，这也是考虑到在 Cisco Packet Tracer 模拟器里可以仿真。Cisco 的多款路由器都可以配备语音功能模块，如 18、28、38 系列都具备相应功能，我们只需要在上面做相应的配置，就可以实现 VoIP，搭建的跨网段 VoIP 拓扑图如图 8-4 所示。

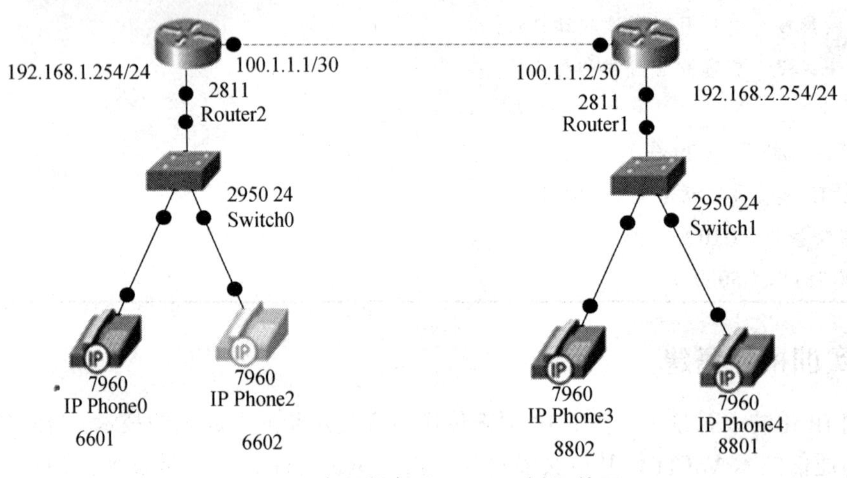

图 8-4　跨网段实现 VoIP 示例拓扑图

图 8-4 中左边可以示意公司的一个园区，右边是另外一个园区，中间通过 IP 网络连接。此环境里 2811 是最核心的设备，我们的绝大部分配置都是建立在其上的。由于路由器的端口很宝贵，此处我们选择了一款普通的二层交换机来提供较多的接口。此处的电话种类较多，有 IP 电话、模拟电话及安装在 PC 机和 PDA 上的软电话，PC 和 IP 电话可直接连向交换机，但模拟电话需要家用型的接入网关才能连向交换机，采用无线 AP 来提供移动办公或支持软 IPhone 的 PDA 设备很灵活的接入网络中，此处需要完成相应的配置后使得两园区间可以任意通信。

三、参考配置过程

本实现的数据规划如表 8.4 所示。

表 8.4　跨园区实现 VoIP 数据规划

	园区 1	园区 2
IP 地址	园区内网：192.168.1.0/24	园区内网：192.168.2.0/24
	园区 WAN 口：100.1.1.1/30	园区 WAN 口：100.1.1.2/30
电话号码	6666****	8888****

1. 交换机上做透传语音 VLAN 的配置

值得注意的是，在 Cisco Packet Tracer 模拟器中，物理 Iphone 接交换机的时候，交换机必须配置 Voice Vlan 才能通，具体命令如下。

Switch（config）#interface range fa0/1 –6　//批量进入所使用到的交换机 2950 的端口

Switch（config-if-range）#switchport mode access　//配置端口的模式为 A 口

Switch（config-if-range）#switchport voice vlan 1　//将端口 fa0/1 – 6 划入 VLAN 1，做配//置使其透传语音

2. 配置 CallmanagerSever（路由器 2811）

因为有些终端设备是无法配置静态 IP 的（如 7960，接入网关及 PDA 设备），我们只能将 2811 配置成 DHCP 的服务器，形成一个地址池，而所有终端和路由器之间的联系都要通过路由器和交换机的连接接口，最终它也将成为下游网络的网关，其具体过程如下：

（1）配置路由器和交换机的连接接口。

CallmangerSever r（config）#int fa0/0　//进入接口

CallmangerSever（config-if）#ipaddr 192.168.1.254 255.255.255.0　//配置 IP 地址和掩码

CallmangerSever（config-if）#no shutdown //启用配置

CallmangerSever（config-if）#exit

（2）创建一个 DHCP 地址池（存放分配的 IP）。

CallmangerSever（config）#ip dhcp pool VoIP //创建名为 VoIP 的地址池，此名称为自定义的

（3）创建池内的 IP 地址范围。

CallmangerSever（dhcp-config）#network 192.168.1.0 255.255.255.0

（4）创建分配的网关 IP。

CallmangerSever（dhcp-config）#default-router 192.168.1.254

（5）创建分配的 TFTP 的 IP。

CallmangerSever（dhcp-config）#option 150 ip 192.168.1.254

3. 配置语音电话

（1）启用语音服务。

CallmangerSever（config）#telephony-service

（2）配置支持最大的电话和号码数量。

CallmangerSever（config-telephony）#max-ephones 10　//电话数

CallmangerSever（config-telephony）#max-dn 20　//号码数

（3）配置语音网关的 IP 和 Port。

CallmangerSever（config-telephony）#ip source-address 192.168.1.254 port 2000

（4）创建语音配置文件（供电话机下载）。

CallmangerSever（config-telephony）#create cnf-files

（5）创建电话号码。

CallmangerSever（config）#ephone-dn 1//进入号码 1

CallmangerSever（config-ephone-dn）#number 8001//配置号码

CallmangerSever（config）#ephone-dn 2//进入号码 1

CallmangerSever（config-ephone-dn）#number 8002//配置号码

（6）用如下命令查看 MAC 地址。

CallmangerSever# show ip dhcp binding

（7）绑定电话机和号码（根据 MAC 地址）。

CallmangerSever（config）#ephone 1 //电话物理参数配置

CallmanagerSever（config-ephone）#mac-address 0090.217C.C07B //绑定 IP 电话的 MAC

CallmanagerSever（config-ephone）#type CIPC //IPhone 电话类型，CIPC 是
//软电话，7960 是 Cisco 物理
//IP 电话，ata 是模拟的

CallmanagerSever（config-ephone）# button 1：1 //电话按钮与电话目录号绑定

CallmangerSever （config）#ephone 2

CallmanagerSever（config-ephone）#mac-address 00D0.9747.7959

CallmanagerSever（config-ephone）#type 7960

CallmanagerSever（config-ephone）#button 1：2

4. 配置拨号电话对

本实现中园区内的关键配置包括路由器端创建 DHCP 的地址池和启用语音服务器等配置，其次还有创建电话号码以及将电话号码和电话机绑定的配置，做完这些配置后可以测试园区内的通信。要实现跨园区的通信还需要做拨号电话对的配置，此处重点展示拨号电话对的配置，在园区 1 的 2811 的路由器上的关键配置如下：

Router（config）#dial-peer voice 1 VoIP

Router（config-dial-peer）#destination-pattern 8888....

Router（config-dial-peer）#session target ipv4：192.168.2.254

要进入拨号对配置模式，可以使用 dial-peer voice TAG {VoIP | POTS | ivr}全局配置命令，TAG 是用户想要创建或配置的 dial-peer 的 ID 号，该 ID 号码是个表示对等体的唯一的十进制数。其取值从 1 ~ 2 147 483 647，即 2^{31}-1，注意该 ID 号仅由本地路由器特有，因此可在另一路由器上使用这个数字，而不影响当前配置。

VoIP 是通过 IP 网络连接的拨号对，POTS 是通过传统电信网络连接的拨号对，ivr 为互动式语音应答 ivr 连接类型的拨号对，缺省的话该参数为 all，即选择所有拨号对。要注意当用户输入的 ID 若在 dial-peer 表中已经存在，且模式匹配，则进入 dial-peer 配置模式对相应的 dial-peer 进行配置修改；而当用户输入的 ID 若在 dial-peer 表中已经存在，但模式不匹配，则提示用户是否需创建一个新的 dial-peer 并取代原有的 dial-peer，用户选择“yes”，则新建一个 dial-peer 并将原来的具有此 ID 的 dial-peer 删除，然后进入 dial-peer 配置模式进行配置。若选择“no”，则返回全局配置模式；用户输入的 ID 若在 dial-peer 表中不存在，则新建一个 dial-peer 并进入 dial-peer 配置模式对其进行配置。用户输入 no dial-peer voice 命令时，若制定 ID 的 dial-peer 存在，则删除，否则提示用户；若选择 all 则在提示确认后删除所有 dial-peer。同时只能有一个用户配置 dial-peer，否则若多个 telnet 用户同时对 dial-peer 进行配置，将会引起配置的错误。

用 destination-pattern 8888....命令来定义此对等体所呼叫的电话号码或号码前缀，匹配以 8888 为前缀的八位电话号码，每个点是一个通配符，代表一位电话号码。用 session target ipv4：192.168.2.254 命令来当匹配该对等体，即为处理该呼叫而指定的远程 IP 主机，可以指定主机的 IP 地址、域名、网守等。

同样在园区 2 的 2811 的路由器做相类似的配置，还可以在拨号对等体的配置模式下输入 req-qos controlled-load，用于在分配带宽时，启用 RSVP 协议来确保即使带宽发生拥塞与过载时，语音流能得到优先处理。同时可以使用 ip precedence 2 命令来设定指定的 VoIP 语音包的优先级，其取值范围是 0 ~ 7 的整数，值越小优先级越高，系统缺省设置为 0。启用以上配置可以保证语音流量在网络中获取特定的 QoS。

四、实现结果测试

经过以上的配置，稍等几分钟，所有电话均能注册成功并获取到各自的电话号码，然后进行拨号测试，所有终端语音通信正常，测试结果如图 8-5 所示。

图 8-5　园区 1 和园区 2 之间通信的效果

在特权模式下输入 show ephone 命令，可以看到所有电话的注册信息，要求定义的电话类型要和真实情况匹配，模拟电话的 type 为 ata，软电话的类型为 cipc，IP 电话的类型为 7960，此处我们是将电话先和 MAC 地址绑定再和电话号码绑定，关于电话机的 MAC 地址可以在特权模式下用 show ip dhcp binding 命令来查看，而且此处只做了单线路的号码绑定，实际上在此基础之上是可以做多线路的号码绑定的，即一个语音端口对应多个通道，多个通道间可以实现呼叫转移、呼叫等待、电话会议等功能。

五、项目小结

上述配置过程可以完成一个完整的在路由器建立 VoIP 通信的过程，从用户摘机开始就触发了 Cisco 路由器的 IOS 的应用信令层的功能，用户拨打了正确的电话号码，该号码就由拨号方案映射表映射到一个 IP 主机，匹配上一个 VoIP 拨号对等体声明，并且导向终端语音路由器。接收路由器通过相应端口直接连到终点站，随后会话应用程序将启动 H.323 协议来为网络上的每路呼叫建立收发通道，通道的两端编解码活动随即发生，以保证所支持的正确的压缩/解压缩算法。通道建立完成后，所有的呼叫进程指令和信令立刻传送到接收实体来译码或显示。当呼叫会话两端中的任何一方发出“挂机”信号时，通话结束，电路两端回到“休止”状态，等待另一个初始会话开始。

些许命令的正确配置和被执行，实现了一个小型 VoIP 环境的搭建，可见此文所实现的仅仅是在既有的平台和 IOS 上部署和开展业务，还有很多底层的网元、协议、服务等都各负其责，才使得整个系统有条不紊地工作、运行。在真实设备上应用该部署时，还要充分考虑拨号方案、号码扩展、租用线路上的 VoIP 上的 QoS 等。当然该部署仍然有其应用价值，例如很多公司、机构正在使用 PBX 来处理语音应用，使用该部署来弥补网络中的“空白”区域来实现双电路冗余备份是很明智的，万一 IP 网络出现了预想不到的问题，此时到 PBX 的连接仍然是可用的，反之亦然，此时进行离线故障排查难度大大降低了，而这些维护、检修的时间对端用户来说是完全透明的。

理论训练

1. 写出下列缩写的英文全称及中文名称。

FXS：______________________________

FXO：______________________________

E&M：______________________________

QoS：______________________________

POTS：______________________________

2. 2600 / 3600 系列路由器有两种不同的 VNM 模块，NM-1 V 和____。

3. POTS 与语音网络拨号对等体可以在 VoIP 网络上配置的对等体有两种类型：POTS 和____。

4. 输入 VoIP 对等体的拨号对等体模式的命令是____。

5. 启用语音服务是要在路由器的模式下输入____。

6. 分别说明下列命令的功能。

Router（config）#dial-peer voice 1 VoIP

Router（config-dial-peer）#destination-pattern 8888....

Router（config-dial-peer）#session target ipv4：192.168.2.254

7. 电话机的 MAC 地址可以在____模式下用命令来查看。

8. 在特权模式下输入____命令，可以看到所有电话的注册信息。

参考文献

[1] 赵学军，陆立．软交换技术与应用[M]．北京：人民邮电出版社出版，2004.

[2] 桂海源，张碧玲．软交换与 NGN[M]．北京：人民邮电出版社出版，2009.

[3] 桂海源．IP 电话技术与软交换[M]．北京：北京邮电大学出版社，2010.

[4] Wallace K. Cisco VoIP（CVOICE）学习指南[M]．3 版．北京：人民邮电出版社，2010.

[5] 张玲丽．企业网内 PSTN 向 VoIP 演进的方案[J]．武汉职业技术学院学报，2014．10，15（3）：57-59.

[6] 张玲丽．基于 Cisco 语音路由器的内网 VoIP 实现[J]．宿州学院学报，2014，27（11）：84-86.

[7] 张文雅．Cisco 统一 CME 系统级功能的配置过程分析[J]．信息通信，2009（4）：27-29.

[8] 王宏群，尹向兵．基于 Packet Tracer 的 VoIP 实训教学设计[J]．宿州学院学报，2012，27（11）：92-94.

[9] 李志浩，唐红．基于校园 LAN 的 IP 电话设计与实现[J]．计算机系统应用，2005（7）：53-56.

[10] 李长林，李宗文．吉林省气象部门 IP 电话网络系统简介[J]．吉林气象，2005（2）：35-36.

[11] 郑庆忠．利用 VoIP 构建校园 IP 电话系统的研究与实现[J]．计算机与数字工程，2009（05）：189-192.